岩土工程损伤力学基础

张我华　王　军　符洪涛　倪俊峰　著

科学出版社

北　京

内 容 简 介

本书讨论了延伸性的岩土工程连续损伤力学基础理论,并提供了与结构分析有限元技术相结合的分析方法。针对岩土工程、水利工程、矿山工程、海洋工程等学科中的结构安全问题,提供了一种新的数值模拟分析、研究手段。此外,本书还以混凝土重力坝、拱坝的抗爆炸冲击荷载的攻击为代表,对地震荷载导致的破坏等重大安全问题的评价与设计,具有重要的参考价值。

本书可供工程力学等相关专业的高校本科生、研究生以及科研人员使用和参考。

图书在版编目(CIP)数据

岩土工程损伤力学基础/张我华等著. —北京: 科学出版社,2018.2
ISBN 978-7-03-056493-1

Ⅰ.①岩…　Ⅱ.①张…　Ⅲ.①岩土工程–损伤(力学)–研究　Ⅳ.①TU4

中国版本图书馆 CIP 数据核字(2018) 第 022783 号

责任编辑:刘凤娟/责任校对:杨 然
责任印制:吴兆东/封面设计:无极书装

科 学 出 版 社 出版
北京东黄城根北街 16 号
邮政编码:100717
http://www.sciencep.com

北京虎彩文化传播有限公司 印刷
科学出版社发行　各地新华书店经销
*
2018 年 2 月第 一 版　开本: 720 × 1000 B5
2022 年 1 月第三次印刷　印张: 18　插页: 2
字数: 350 000
定价:128.00 元
(如有印装质量问题,我社负责调换)

前　言

　　作者在 Lemaitre 损伤力学理论体系的基础上，提出了广义损伤的观念，将导致材料或结构的力学性能劣化的各种效应统称为损伤。依此观念发展了一套形式统一的、各向同性及各向异性协调的弹性、弹-塑性、黏-弹-塑性损伤模型和损伤材料的本构方程，并建立了其与本构关系相适应的材料性能劣化 (损伤发展) 的演化方程。指出了在各向异性损伤力学中被广泛采用的对称化处理所引起的缺失和在剪切效应中的谬误，为克服这一不足，发展了一种非对称的各向异性损伤力学模型，结果得到的本构关系和演化方程的形式是对称、完备、正交的，从而克服了非对称性给各向异性损伤力学数学分析造成的困难。

　　作者根据岩石-岩体内节理、裂隙的尺寸相对于岩体本身的尺寸足够小的地质特征，将岩石-岩体的节理、裂隙等缺陷，唯象地简化处理为岩体的损伤，这样，岩体中的这些不连续缺陷，可以唯象化地描述为岩体中连续的、非均匀分布的缺陷场。因此，分析数学的理论和连续介质力学的基本分析手段，便在岩石-岩体的损伤 (缺陷) 问题中发挥了极其优越的作用。由此形成了本书。

　　本书通过建立岩石-岩体的损伤模型，计算岩石-岩体的损伤变量或损伤张量，通过岩石-岩体的有效应力、损伤应变等概念，建立岩土材料的各种损伤本构关系，并提出与本构关系相适应的岩土材料性能劣化 (损伤发展) 的演化方程。将这种岩土工程的连续损伤力学理论基础与结构分析的有限元技术相结合，可以广泛地为岩土工程、水利工程、矿山工程、海洋工程等学科中结构安全问题的研究，提供一种新的数值模拟分析、研究手段。

　　本书还引入了能代表材料的微观缺陷状态的、双标量参数的广义损伤模型；建立了与广义双参数损伤变量耦合的本构方程；提出了与广义双参数损伤相应的损伤演化模型。将材料渗透特性中有效面积折减率的观念与损伤力学中有效面积折减率的概念相结合，给出了一种裂隙损伤介质的孔隙率演化与损伤演化的关系；对裂隙损伤孔隙介质引入有效渗透系数和有效压力传导系数的定义，由此对裂隙损伤孔隙介质提出了一种新的、完备的、有效渗流的达西 (Darcy) 定律公式。对岩土材料提出了一种有孔压的莫尔-库仑 (Mohr-Coulomb) 脆性损伤破坏准则，在其中引入了孔隙压力与损伤共同造成的有效应力和由孔隙水压造成的有效黏聚力及有效内摩擦角的劣化效应，建立了有效剪切强度参数与损伤和孔隙水压耦合的失效破坏过程模型；提出了一种有效黏聚力、有效内摩擦角、有效孔隙率和脆性损伤相互耦合的演化模型，来描述莫尔-库仑材料性能的劣化机理。本书讨论了在由损伤演化导致的材料碎裂过程中岩土介质动力碎裂过程的特征，以及碎裂过程中裂纹聚结、增长、扩展所产生的碎裂效应，来定量地模拟碎裂的分布和碎片的尺寸大小；并以此为基础论述了岩土工程材料在冲击荷载的攻击下，发生的侵彻、损伤、碎裂、崩落等现象的机理和数值模拟技术。

本书应用连续损伤力学理论基础，对岩土材料和工程中的一些典型问题与结构的损伤现象，进行了数值分析研究。内容包括：在地震荷载下龙滩碾压式混凝土重力坝与岩基的二维脆性动力损伤有限元分析和二维黏–弹–塑性动力损伤有限元分析；混凝土重力坝和拱坝在爆炸冲击荷载攻击下，三维脆性动力损伤的动位移、动应力和材料性能损伤、劣化、破坏过程的数值模拟分析；拱坝结构系统 (混凝土坝体和周围的岩石基础) 在地震荷载激励下与库水静压力、动压力共同作用下的非线性动力损伤三维有限元模拟分析。通过这些模拟分析，得出了坝体和岩基内动力损伤破坏过程的三维全部信息，这将为混凝土重力坝、拱坝的抗爆炸冲击荷载的攻击，抗地震荷载的破坏等重大安全问题的评价与设计，提供一些非常有价值的参考。

本书内容的研究和撰写得到了温州大学建筑工程学院的大力支持和赞助，在此谨表衷心的感谢。

张我华

2018 年 2 月

目　　录

彩图

第1章　岩石-岩体损伤力学引论

　　各种材料或构件，其内部或表面都存在着由各种原因产生的微小的缺陷 (指小于 1mm 的裂纹或空隙)，微缺陷的存在与扩展是材料或构件强度参数、使用寿命等指标降低的原因 (图 1-1)，这些导致材料或结构力学性能劣化的微观结构的变化被称为损伤 [1]。也就是说，在材料或结构受载变形宏观裂纹出现之前，损伤早已对材料或结构的力学性质和寿命产生了影响，这和工程岩体普遍带有节理、裂隙承受荷载的情况十分相似 [2]。在岩体内的节理、裂隙的尺寸相对于岩体的尺寸相当小的情况下，可将节理裂隙理想地简化为岩体的损伤，通过研究岩体的损伤模型来确定岩体强度，进行工程岩体的稳定性分析 [3]。

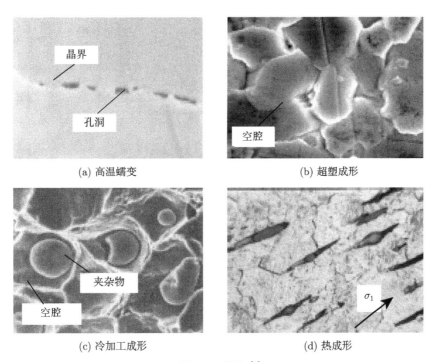

(a) 高温蠕变　　　　　　　　　　　　　　　(b) 超塑成形

(c) 冷加工成形　　　　　　　　　　　　　　(d) 热成形

图 1-1　损伤 [1]

　　损伤理论用固体力学的方法研究受损材料的宏观力学性能，这和经典的固体力学理论研究无损材料的力学性能，在研究对象上有所区别。同时，在研究内容上与断裂力学有所不同，断裂力学主要是研究裂纹端部的应力、位移和能量释放率，以建立宏观裂纹的断裂判据，它没有涉及宏观裂纹出现以前微裂隙或缺陷对材料力学性能的影响；损伤理论研究材料的损伤演变规律和破坏机理，建立受损材料的本构方程，使计算结果更符合实际情况。

岩石–岩体由于地壳的运动而天然地赋存内应力，以后又经历多次地质构造运动，应力场变得复杂化，而且破坏了岩体的完整性和连续性，产生了许多裂隙、节理和断层。岩体就是由许多这样的结构面和被其切割的最小岩块集合组成的岩体结构 [4](图 1-2)。所有的岩石，都有其构造和结构上的特点。岩体中的裂隙、节理、断层、层理等都被称为地质上的结构面。岩石–岩体的力学性质就是岩体结构的力学性质的综合反映。人们习惯上将具有这种结构特征的岩体形象地称为节理岩体，它们更符合受损材料的实际情况。

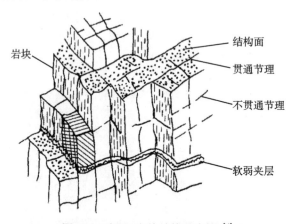

图 1-2 岩石–岩体结构示意图 [4]

地壳中的岩石–岩体经历了漫长的地质历史过程，经受过各种地质作用，在地应力的长期作用下，在其内部保留了各种各样的永久变形的现象和地质构造形迹，使地质体内部存在着各种各样的地质界面，也就是如上所述的不整合、褶皱、断层、层理、片理、劈理和节理等。

岩体内存在的各种各样的褶皱、断层、层理、片理、劈理、节理和裂隙也称为结构面。所谓岩体结构面，是指具有极低的或没有抗拉强度的不连续面，包括一切地质分离面。结构面的存在使岩体具有不连续性，因而，这类岩体被称为不连续岩体，也被称为节理–裂隙岩体。一般来说，结构面是岩体中的软弱面，它的存在增加了岩体中应力分布及受力变形的复杂性，同时，还降低了岩体的力学强度和稳定性能。对岩体的强度和稳定性能起作用的不仅是岩石材料本身，还是岩石块与结构面的综合体，且在大多数情况下，结构面所起的作用更大。许多工程实践表明，在某些岩石强度很高的洞室工程、岩基或岩坡工程中，发生大规模的变形破坏，甚至崩塌、滑坡，分析其原因，不是岩石强度不够，而是岩体的整体强度不够，岩体中结构面的存在将极大地削弱岩体整体的强度，导致工程结构的稳定性降低。

　　岩体中的节理和裂隙本身有的是连续贯通的，也有不连续间断的。但不连续间断的在适当条件下，如长期风化、温度或应力变化等，又有可能变成连续贯通的。在许多实际工程中，往往由于节理裂隙形成了连续的破裂面。一旦被黏土矿物充填或挤压破碎之后，则有可能形成力学性能最差的软弱夹层或破碎带，这成为工程稳定性的关键，也是岩石力学研究的重点。

　　岩石在岩浆形成的过程中，受高温高压的作用，矿物颗粒内部产生内应力，而颗粒的不均匀和晶体之间存在一定的摩擦力，往往导致颗粒内部和颗粒之间出现缺陷或裂纹，在颗粒的边界或沿裂纹处，又易产生滑移或位错。因此，就岩石材料本身来讨论，它是由许多造岩矿物晶体颗粒组成的集合体。在这些颗粒内部和颗粒与颗粒之间的边界上，又贯穿了许多微观的裂隙，而其边界层的强度，随着胶结物材料的不同，其力学性质也有所不同，因此很容易产生错动 [4,5]。颗粒内部也会有错动，叫做裂纹。在裂纹尖端由应力集中引起的错动称为位错 (图 1-3)，但是这种形变和位错是不协调的，一部分受到阻碍，造成应力积聚仍处于平衡状态，形成封闭应力，表现为岩石–岩体的弹塑性变形性质；另一部分即便产生形变或位错，也需要较长的时间调整应力，这就反映了岩石具有流变的性质。因此，岩石也是一种流变体。

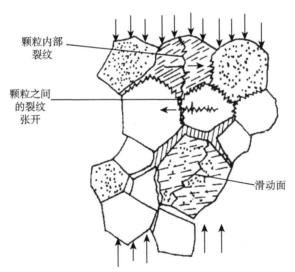

颗粒内部
裂纹

颗粒之间
的裂纹
张开

滑动面

图 1-3　岩石颗粒内的裂纹和位错 [4]

　　岩石–岩体中存在的这种褶皱、断层、层理、片理、劈理、节理和裂隙等结构面，其相对于实际岩体工程的尺寸，可以当作足够小的缺陷来处理。这样一来，岩体中的这些不连续的缺陷，可以唯象化地处理为岩体中非均匀分布的缺陷场。因为缺陷的统计尺寸相对于岩体工程的尺寸足够小，因此岩体中的这种非均匀分布的缺陷，可以唯象地用一种连续的损伤场变量来量化描述。因此，分析数学的理论和连续介质力学的基本分析手段，便在岩石–岩体的损伤 (缺陷) 问题中发挥了极其优越的作用，这便形成了岩石–岩体的连续损伤力学基础。

通过建立岩石–岩体的损伤模型，计算岩石–岩体的损伤变量或损伤张量，确定岩石–岩体的有效应力、损伤应变等参数，从而得到工程岩体的力学性能参数，这是岩石–岩体损伤理论的主要任务。岩石–岩体是经历过多次变形和破坏的地质体的一部分，在地应力的作用下，节理、裂隙的逐渐发育，降低了岩体变形模量和各种强度参数，这种现象可以唯象地描述为损伤发展。因此损伤力学被引入岩石–岩体力学中，以研究岩石–岩体工程的这种劣化性质和过程。

作者在其专著 *Continuum Damage Mechanics and Numerical Application* 中系统地研究了损伤力学基础理论和应用。主要的工作特点有以下几个方面 [3]：

(1) 在 Lemaitre 体系基础上，建立与发展了一套形式统一的、以各向同性及各向异性弹塑性损伤的本构方程与发展方程为模型的损伤力学理论 [3,6]。

(2) 在损伤力学领域内，首先提出并建立了一些关于岩石随机损伤力学的基本概念与问题，提出并验证了随机损伤变量满足的概率分布 [6-8]。

(3) 证明了在各向异性损伤力学中被普遍采用的对有效性张量函数 (effective tensor function, ETF) 进行对称化处理引起的缺失和在剪切效应中的谬误。发展了一种非对称的各向异性损伤力学理论模型，形式对称、完备、正交。克服了非对称性给数学分析造成的困难 [3,6,9,10]。

(4) 给出了双标量参数的各向同性损伤模型下的损伤力学理论，提出了损伤孔隙介质完备有效渗流动力学理论框架 [12-15]。

(5) 和博士研究生团队一起提出了模糊随机损伤力学的基本理论和模糊随机损伤有限元理论与程序 [11]，并将其应用于分析各种工程问题中的不确定损伤与损伤发展 (如大坝、隧道、边坡、锻锤基础等结构的损伤分析)。

(6) 在现有成熟的材料破坏模型基础上，发展了新的损伤扩展模型，以适应对大多数工程材料的分析与应用。将损伤力学应用于岩土工程问题、水利工程问题、矿山工程问题、海洋工程问题等，在国内外学术专著出版社出版相关的学术专著 5 本；在国内外学术刊物发表相关的学术研究论文 120 多篇。

参 考 文 献

[1] Tvergaard V. Material failure by void growth to coalescence. Adv. App. Mech., 1990, 27: 83–147.

[2] Lin J, Liu Y, Dean T A. A review on damage mechanisms, models and calibration meth-

ods under various deformation conditions. International Journal of Damage Mechanics, 2005, 14: 299-319.

[3] Zhang W H, Cai Y Q. Continuum Damage Mechanics and Numerical Application. Berlin-Heidelberg: Springer-Verlag GmbH, 2008.

[4] 耶格 J C, 库克 N G W. 岩石力学基础. 北京: 科学出版社, 1981.

[5] 周思孟. 复杂岩体若干岩石力学问题. 北京: 中国水利水电出版社, 1998.

[6] Zhang W H. Numerical analysis of continuum damage mechanics. Sydney: University of New South Wales, Australia, 1992.

[7] Zhang W H, Valliappan S. Analysis of random anisotropic damage mechanics problems of rock mass, part I-probabilistic simulation. Int. J. Rock Mech. and Rock Engg., 1991, 23: 91-112.

[8] Zhang W H, Valliappan S. Analysis of random anisotropic damage mechanics problems of rock mass, part II-statistical estimation. Int. J. Rock Mech. and Rock Engg., 1991, 23: 241-259.

[9] Zhang W H, Valliappan S. Continuum damage mechanics theory and application-part I: theory; part II-application. Int. J. of Damage Mech., 1998, 7: 250-273, 274-297.

[10] Zhang W H, Chen Y M, Jin Y. Effects of symmetrisation of net-stress tensor in anisotropic damage models. International Journal of Fracture, 2001, 106(109): 345-363.

[11] 张我华, 孙林柱, 王军, 等. 随机损伤力学与模糊随机有限元. 北京: 科学出版社, 2011.

[12] Tang C Y, Lee W B. Effects of damage on the shear modulus of aluminum alloy 2024T3. Scripta Metallurgica Et Materialia, 1995, 32: 1993-1999.

[13] Tang C Y, Jie M, Shen W, et al. The degradation of elastic properties of aluminum alloy 2024T3 due to strain damage. Scripta Materialia, 1998, 38: 231-238.

[14] 薛新华, 张我华. 岩土渗流损伤力学——理论与数值分析. 成都: 四川大学出版社, 2012.

[15] 薛新华, 张我华. 双标量损伤模型及其对 Biot 固结的有限元应用. 岩土力学, 2010, 31(1): 20-26.

第 2 章 岩石-岩体损伤力学的概念

起初的损伤力学模型是建立在材料内的损伤是各向同性假设的基础上的，测量损伤的变量是标量参数。对于复杂的缺陷及其分布，使用损伤张量来描述是必要的。

在损伤的几何建模中，引入二维和三维模型后清楚地表现出一维标量模型的局限性，直言不讳地讲，仅在球形空腔缺陷和理想的随机微裂纹场的情况下，标量损伤参数才在几何上有意义。因此，在较复杂的情况下，损伤变量必须被考虑为矢量或张量。例如，在各向异性情况下，在材料内的损伤状态必须用一套状态变量–张量函数来描述，这种表示首先是由 Leckie 和 Onate[1]，Cordebois 和 Sidoroff[2]，Murakami 和 Ohno[3] 等分别提出的。Murakami 和 Ohno 建议了一个有点不同处理的，类似二阶张量表示的损伤，以后其数学上更严密的表达式又被 Betten[4] 给出。由 Kachanov[5] 引进的，随后被 Murakami [6] 所发展的模型，是一个对称的裂缝密度的二阶张量。这个二阶张量模型成功地用于描述金属中的各种损伤，其损伤张量的元素被描述为 6 个独立的函数 (元素)。

当损伤发展时，材料可能会变得各向异性，并且损伤也能由 4 阶对称化张量来表示 [2,7,8]，它对应于弹性的系数张量，并且包含 21 个独立的元素。这是一种更一般地用 4 阶张量来进行数学表示的损伤张量，它们首先由 Tamuzh 和 Lagsdinsh 建议于文献 [9] 中。他们用围绕物体考察点的一个单位球面上给定的一套函数，来描述损伤张量元素。

Kawamoto 等 [10,11] 提出的二阶张量，是通过测量从母本岩体采样的岩石样本上裂纹的密度、方向与裂缝截面积来确定的。张我华等 [12-14] 采用了各向异性主损伤张量，并且在各向异性损伤力学的分析中提出一种直接使用非对称性的各向异性的损伤模型 [12-17]，讨论了对称化处理对各向异性损伤效果的影响 [16,17]。

2.1 损伤力学概念和岩体的损伤

一个称为连续损伤力学的新兴力学分支已经引起了很多力学工作者的广泛关注，连续损伤力学系统地研究材料中微观孔洞的增长及其对材料工程性能的影响。在连续损伤力学框架内，这个微观力学，有时要在宏观水平内，以内部状态变量的形式来量化材料缺陷的影响，引入一个损伤张量 (Ω_{ij}) 的概念来定义连续介质的损伤状态。

由于损伤显著地影响结构的安全性能，最近几年力学工作者在这方面进行了大量的研究工作 [17]。Kachanov [18] 首先将与微观缺陷密度相关的连续变量引入材料的损伤中，这些变量随后就体现在材料损伤状态的连续方程中，以便预测微观裂纹的起裂和增长。这个概念已经在热动力学框架内形成，并且热力学式已经在很多现象中识别出材料损伤 (Lemaitre[19]、Krajcinov 和 Fonseka[20]、Chaboche[21,22])，包括损伤和蠕变的耦合 (Murakami 和 Ohno[23]、Hult[24])，高周疲劳和蠕变疲劳的相互作用 [25]，延性塑性损伤 [26]。

损伤力学和断裂力学的相似之处在于，两者都是为了评估一个结构的安全性和服务年限而研究缺陷介质的状态特性。然而，这两种力学方法在处理这个问题上是完全不同的。在损伤力学中，认为在材料中缺陷存在于微观水平并且是连续分布的损伤材料的物理特性和力学特性依赖于微裂纹的分布 [7,8,12]。在断裂力学中，认为材料中的裂纹是不连续的，在裂纹尖端存在应力集中现象 [13,14]，在裂纹尖端附近，应力集中明显高，因此裂纹尖端附近的材料就变得比较脆弱 [18]。

与经典连续力学相比，连续损伤力学有以下的特征：

(1) 定义了一个适当的损伤变量，来表示材料中微观裂纹的宏观影响。

(2) 用损伤动力方程 (损伤增长方程) 描述损伤发生后的损伤增长率。

(3) 用包含损伤变量的损伤连续方程描述损伤材料的力学演化性能。

在实际工程中预测结构的性能，用各向同性损伤的假设一般是足够的。在损伤是各向同性的假设下，由于损伤变量是个标量，所以计算就比较简单，并且等效应变假设对于各向同性模型是有效的 [19]。然而，对于各向异性损伤，损伤变量是个张量，因此模型的确定是比较复杂的。在这种情况下，等效应变假设不能够被满意地应用，需要一个新的研究方法。

对于各向异性损伤，由于有效应力张量的非对称性，用等效弹性能的定义来代替等效应变的概念更合适。研究发现，在大多数的情况下，对称化处理明显地影响结果参数，这可能导致结果失真 [14,19]。因此，各向异性模型中的对称化处理应该谨慎进行 [14,17]。

工程材料的损伤问题已经可以根据连续介质的观点模型化后，成为可用数值计算方法分析的问题，尽管材料的微观结构在一定程度上存在一些非连续特征 [5,17,19]。现有的损伤模型可大致地归纳为以下三类。

唯象论 (纯现象学) 模型 [19,27]。根据一般的思考和拟合试验数据归纳出损伤率。它是根据材料科学模型得到的理论模型，是在统计观念基础上通过唯象处理得到的模型 [28]。

Kawamoto、Ichikawa 和 Kyoya [10,11] 首先把损伤力学的概念引入岩石工程问题，后来 Swoboda 等 [29] 成功地把损伤力学的这些概念发展为一个新的开挖隧道方法。在岩体中通常会遇到如开裂的裂缝和缺陷的非连续情况，并且它们明显地影响岩石的变形和失效特性。如果在一岩体内存在一些裂缝，并且裂缝与整体结构相比又是足够小的，那么这些非连续性就可认为是岩体的损伤。随后，含有这些裂缝的岩体的性能，可方便地由描述裂缝的几何特征来讨论。岩石的损伤状态可大致地由 Kawamoto、Ichikawa 和 Kyoya[10] 所给方法来评估。如果岩体中的非连续体是随机分布的，就可假设损伤是各向同性的。然而，如果它们是分布在有限的方向上，那么，各向异性的损伤模型是必须的 [13,14]。

从统计学的观点来看，影响强度的主要参数和工程材料中裂纹的增长都符合统计规律 [30-33]。由于材料的力学性能参数的离散性，所以缺陷所造成的影响在本质上是随机的。然而，在实际工程中，岩体中存在的损伤是随机状态 (如裂缝的数量和长度都是随机的) 和各向异性状态 (岩体内的裂纹大致是平行分布和层状分布的)。因此，岩体中裂纹的分布可以用随机理论和各向异性损伤状态结合来研究 [30,31,33]。

当材料发生损伤时，材料的微观结构将经历一些变化，微观结构的变化常常会引起材料力学性能的变化 [5,17,20,21,30,31]。因此，当分析损伤力学问题时，不仅需要考虑损伤的发生、增长和结构最终失效，还要考虑材料的一些其他力学性能的演化，这些性能可包括损伤材料的弹性模量、开裂强度、屈服应力、疲劳极限、蠕变率、阻尼比、频率谱和热传导性等。这些性能在各向异性情况下，受损伤的影响可能更加明显 [13,14]。

在岩石–岩体结构的损伤演变过程中，岩石材料的宏观性质随着它微观几何结构的变化而变化 [30]。对脆性岩石材料，动力破坏过程就是由新的微观裂纹群的产生与已有宏观裂纹群的增长所形成的。可以说岩石材料的非线性特性一般是伴随一种特殊形式的微观结构的不可逆变化而产生的。这种变化与损伤过程的发生是同一回事 [17,20]。因此，当分析岩石–岩体结构的损伤力学问题时，不仅要考虑岩石内的损伤的形成、发展和最终破坏与岩石材料的物理特性有关，同时损伤对岩石材料的弹性模量、破坏强度、屈服应力、疲劳极限、蠕变速率、阻尼比、频率特性和热传导系数等物理性质也会产生显著的影响，这种耦合现象在损伤力学研究中也必须重视。这种岩石材料的特性与岩体结构的损伤效应相互影响的非线性耦合特性是岩石–岩体结构损伤动力学的非线性关键所在。上述的特性在各向异性时可能更显著 [5,7,8,12,16,17,19]。

2.2　损伤力学有效应力的概念

一般应力张量被认为是与总面积 A 相关的力的密度，我们称之为柯西 (Cauchy) 应力张量。在考虑损伤的情况下，实际的应力张量必须考虑为与有效承载面积 A^* 相关的力的密度，我们称它为净应力，实际应力或者有效应力张量 σ^*。

根据作用在任何损伤部分的内力是由外力引起的，它是与损伤前相同的事实，有下面的关系：

$$\sigma nA = \sigma^* nA^* \tag{2-1}$$

把 $A^* = (1 - \Omega)A$ 代入式 (2-1) 得

$$\{\sigma^*\} = \frac{\{\sigma\}}{1 - \Omega} \tag{2-2}$$

我们得出有效应力张量 σ^* 与 Cauchy 应力张量 σ 有上述关系。

从方程 (2-2) 可以得出，有效应力 σ_{ij}^* 的所有分量可以通过 Cauchy 应力张量 σ_{ij} 的分量乘以一个因子 $\frac{1}{1 - \Omega}$ 得到 (如 $\sigma_{ij}^* = \frac{\sigma_{ij}}{1 - \Omega}$)，不过当损伤假定是各向同性时，$\sigma_{ij}^*$ 的方向仍与 σ_{ij} 保持一致。

图 2-1 给出了有效应力、Cauchy 应力的示意图，以及通过损伤率[23] 或者应变率[19] 等效定义有效应力 σ_{ij}^* 损伤材料和未损伤材料的关系。

各向异性损伤情况下的有效应力张量的表达式将在后面的章节中给出细节。

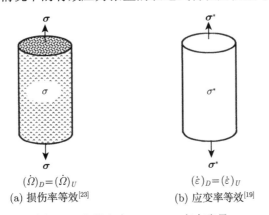

(a) 损伤率等效[23]　　　　(b) 应变率等效[19]

图 2-1　有效应力、Cauchy 应力张量

2.3　损伤力学的基本假定

为了得到与各向异性损伤模型相关的本构关系，必须要对受损伤物体的特性作一个合理的假设。

2.3.1　应变等效假定

Lemaitre 和 Chaboche[34,35] 建立了一种常用的应变等效基本假定，如下所示：

"任何对于损伤材料所建立的应变本构方程都可以用与无损伤材料同样的方式导出，只是其中的应力须用有效应力代替。"

对非损伤状态

$$\{\varepsilon\} = [D]^{-1}\{\sigma\} \tag{2-3}$$

对于损伤状态，根据这一假定，损伤状态的 Cauchy 应力$\{\sigma\}$可以被非损伤状态的有效应力$\{\sigma^*\}$替换为

$$\{\varepsilon\} = [D]^{-1}\{\sigma^*\} = \frac{[D]}{1 - \Omega}\{\sigma\} \tag{2-4}$$

因此，从应变等效这一观点出发，损伤材料的本构方程可表述如下：

$$\{\varepsilon\} = [D^*]^{-1}\{\sigma\} \tag{2-5a}$$

或

$$\{\sigma\} = [D^*]\{\varepsilon\} \tag{2-5b}$$

比较方程 (2-4) 和方程 (2-5)，可以得到下面的关系：

$$[D^*]^{-1} = \frac{[D]^{-1}}{1 - \Omega} \tag{2-6a}$$

或

$$[D^*] = (1 - \Omega)[D] \tag{2-6b}$$

这里的 $[D^*]$ 被称为损伤特性矩阵。对于弹性损伤体，损伤状态和非损伤状态的材料特性之间的关系可表述如下：

$$E^* = (1 - \Omega)E \tag{2-7}$$

$$\nu^* = \nu \tag{2-8}$$

$$G^* = (1 - \Omega)G \tag{2-9}$$

其中，E^*、ν^*、G^* 分别为损伤材料的有效弹性模量、有效泊松比以及有效剪切模量，它们分别与非损伤的特性 E、ν、G 相对应。

从式 (2-7)~式 (2-9) 可知，在应变等效假设下，各向同性损伤材料的有效弹性模量和有效剪切模量是非损伤情况的弹性模量和剪切模量的 $1 - \Omega$ 倍，但泊松比却没有改变。

2.3.2   余应变能等效假定

虽然应变等效假设在大多数各向同性损伤模型中是合理有效的，但如果考虑到材料的各向异性，则其有效性就不能够保证。由于有效应力张量的不对称性，其适用性较难在实际上得到验证 [12~14]。

根据应变等效的假定，在有效应力 σ^* 作用下的各向异性非损伤物体的变形和在 Cauchy 应力 σ 作用下的各向异性损伤物体的变形也应相同。然而，对于在

Cauchy 应力张量 (剪应力互等) 作用下的各向异性损伤物体的变形特性与在相应的有效应力张量 (有效剪应力不互等) 作用下的非损伤物体的变形特性有明显的不同, 应变等效基本假定的应用受到了限制。

为了求得对所有损伤状态均合理的假设, Lee 等 [36], Valliappan 和 Zhang[37], Zhang 等 [12,13] 提出了应变余能等效的基本假定:

"损伤状态下的应变余能等于在有效应力作用下非损伤状态的应变余能。"

利用应变余能等效假设, 可给出

$$\Pi_e(\{\sigma^*\}, 0) = \Pi_e(\{\sigma\}, \Omega) = \frac{1}{2}\{\sigma^*\}^T[D]^{-1}\{\sigma^*\} \tag{2-10}$$

将式 (2-2) 代入式 (2-10) 得

$$\Pi_e(\{\sigma\}, \Omega) = \frac{1}{2}\{\sigma\}^T\frac{[D]^{-1}}{(1-\Omega)^2}\{\sigma\} = \frac{1}{2}\{\sigma\}^T[D^*]^{-1}\{\sigma\} \tag{2-11}$$

采用关系

$$\{\varepsilon\} = \frac{\partial \Pi_e(\{\sigma\}, \Omega)}{\partial\{\sigma\}} \tag{2-12}$$

可得下式:

$$\{\varepsilon\} = [D^*]^{-1}\{\sigma\} \tag{2-13a}$$

或

$$\{\sigma\} = [D^*]\{\varepsilon\} \tag{2-13b}$$

其中,

$$[D^*]^{-1} = \frac{1}{(1-\Omega)^2}[D]^{-1} \tag{2-14}$$

或

$$[D^*] = (1-\Omega)^2[D] \tag{2-15}$$

是损伤物体的弹性特性矩阵。在应变余能等效的假设下, 损伤和非损伤状态的各向同性材料特性参数的关系为

$$E^* = (1-\Omega)^2 E \tag{2-16}$$

$$\nu^* = \nu \tag{2-17}$$

$$G^* = (1-\Omega)^2 G \tag{2-18}$$

从式 (2-16)、式 (2-18) 可以看出, 在应变余能等效的基本假设下, 各向同性损伤材料的有效弹性模量和有效剪切模量是非损伤情况时的弹性模量和剪切模量的 $(1-\Omega)^2$ 倍, 这与前面应变等效假设所得的结论不同。

2.3.3　基于两种假设的损伤变量

如 Lemaitre 指出，通过用材料弹性模量的变化量来衡量损伤变量 Ω 是容易可行的 [38]。从式 (2-7)及式 (2-8) 中的关系看出，损伤变量可以根据上述两种基本假设定义为两种不同的形式，即模型 A 与模型 B：

$$\Omega_{\mathrm{A}} = 1 - E^*/E \tag{2-19}$$

$$\Omega_{\mathrm{B}} = 1 - \sqrt{E^*/E} \tag{2-20}$$

损伤材料的有效弹性模量 E^* 可以通过常规的拉伸试验测得，试件的试样可按图 2-2 所示给出。一般来讲，延塑性损伤是在颈缩时形成的。有效弹性模量 E^* 按图 2-2 所示卸载过程来测量。Lemaitre 和 Chaboche[8] 给出的纯度为 99.9%的黄铜在室温下的实验结果如图 2-3 中的子图所示。由式 (2-19) 和式 (2-20) 确定的模型 A 与 B 的损伤变量与用真实应变计算的对数值 $\lg(1+\varepsilon_{\mathrm{p}})$ 绘于图 2-3。图中，ε_{d} 定义为当

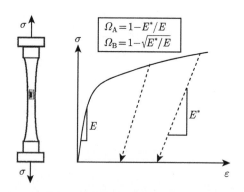

图 2-2　通过弹性模量变化测各向同性损伤变量

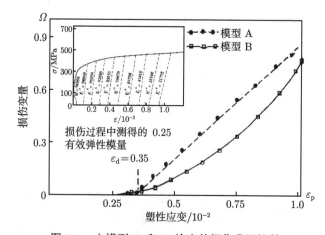

图 2-3　由模型 A 和 B 给出的损伤发展比较

微分 $(\mathrm{d}\Omega/\mathrm{d}\varepsilon_\mathrm{p})$ 的值变为大于零时塑性应变 (ε_p) 的一种损伤门槛值 (即 ε_d 为实验数据的最佳拟合曲线与 ε_p 轴相交点所示的应变门槛值)。如果 $\varepsilon_\mathrm{p} < \varepsilon_\mathrm{d}$，则可认为损伤不增长。

从图 2-3 中曲线可看出，在正常范围内由式 (2-19) 确定的模型 A 给出的 Ω 和 ε_p 呈线性关系，但由式 (2-20) 确定的模型 B 给出的 Ω 和 ε_p 则呈现出很明显的非线性特征。由式 (2-20) 所确定的模型 B 的损伤变量值小于由式 (2-19) 所确定的模型 A 的损伤变量值。这意味着，基于不同的损伤力学基本假定，通过测量损伤弹性模量的变化所确定的损伤变量的值是不同的。

2.4　岩体的各向异性损伤张量

2.4.1　各向异性损伤张量

如果各向异性的材料 (如岩体) 由与结构相比并非足够小的裂缝群组成，则材料内的不连续性能被归结为一个连续的张量变量，并被认为是损伤。然后，包含这种裂缝的各向异性材料的行为能方便地被这些裂缝的几何学所描述，并且各向异性材料中的损伤状态能近似用 Murakami[39]，Kawamoto 等 [10,11] 给出的方法估计。

在 Murakami[40]，Chaboche[41,42] 等提出的模型中，由很多晶格和颗粒的边界空腔组成的特征体积 V 用图 2-4 来表示。用 $\mathrm{d}A_k$ 与 $\boldsymbol{n}_k(k=1,2,\cdots,N)$ 分别表示第 k 个空腔所占据的颗粒边界元素的面积及其单位法线矢量，损伤状态可以首先考虑将第 k 个空腔单元看作一个四面体 $O\text{-}ABC$ 来考察，如图 2-5 所示。一般地，如果在某个单元体积中有 N 个空腔，材料损伤的状态可通过下面的 2 阶对称张量 [38] 来描述：

$$[\Omega] = \frac{3}{S^V} \sum_{k=1}^{N} \int_V (\boldsymbol{n}_k \otimes \boldsymbol{n}_k)\mathrm{d}A_k \qquad (2\text{-}21)$$

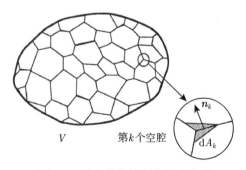

V　　　　　第k个空腔

图 2-4　具有晶格边界空腔的单元

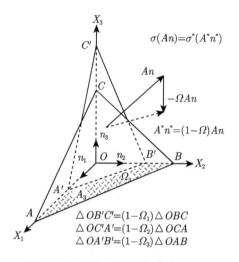

图 2-5　任意截面上有效面积折减与损伤

其中，S^V 是单元体积 V 中所有颗粒边界的面积；2 阶对称张量 $[\Omega]$ 有三个实主值 $\Omega_i(i=1,2,3)$，且其对应的方向为 n_i，该张量能被主损伤状态重新表示如下：

$$[\Omega] = \sum_{i=1}^{3} \Omega_i(n_i \otimes n_i) \tag{2-22}$$

图 2-5 中的三角形 $\triangle ABC$ 也可看作一般的截面积。该截面积的面积矢量可用其主分量写为

$$A\boldsymbol{n} = A_1 n_1 + A_2 n_2 + A_3 n_3 \tag{2-23}$$

因为

$$A_i n_i = A(\boldsymbol{n} n_i) n_i = (n_i \otimes n_i) A\boldsymbol{n} \tag{2-24}$$

如果由主损伤的状态引起的折减主面积 A_1, A_2, A_3 用 $\Omega_i A_i$ $(i=1,2,3)$ 表示，则三角形 $\triangle ABC$ 面积矢量

$$\boldsymbol{A}^* \boldsymbol{n}^* = \sum_{i=1}^{3} A_i n_i - \sum_{i=1}^{3} \Omega_i A_i n_i \tag{2-25}$$

$$\boldsymbol{A}^* \boldsymbol{n}^* = \boldsymbol{A}\boldsymbol{n} - \sum_{i=1}^{3} \Omega_i(n_i \otimes n_i) A\boldsymbol{n} \tag{2-26}$$

从式 (2-26) 和式 (2-22)，损伤张量 $[\Omega]$ 可直接用面积矢量定义为

$$[\Omega] = (\boldsymbol{A}\boldsymbol{n} - \boldsymbol{A}^* \boldsymbol{n}^*)(\boldsymbol{A}\boldsymbol{n})^{-1} \tag{2-27}$$

该损伤张量可用 Kawamoto 等 [10,11] 给出的方法考察岩体内的不连续性的方法来定量计算。

假定在岩体有 N 个平面裂纹,其中第 k 个裂纹面积为 a_k,有单位法线矢量 $\boldsymbol{n}_k$,这第 k 个不连续的损伤变量可被写为

$$\Omega_k = \frac{a_k}{\left(\dfrac{S^V}{3}\right)} \tag{2-28}$$

由此,它的损伤张量为

$$[\Omega]_k = \frac{3}{S^V} a_k (\boldsymbol{n}_k \otimes \boldsymbol{n}_k) \tag{2-29}$$

对所有裂纹求和,岩体的最终损伤张量可表述如下:

$$[\Omega] = \frac{3}{S^V} \sum_{k=1}^{N} a_k (\boldsymbol{n}_k \otimes \boldsymbol{n}_k) = \frac{1}{V} \sum_{k=1}^{N} a_k (\boldsymbol{n}_k \otimes \boldsymbol{n}_k) \tag{2-30}$$

参考图 2-6 和图 2-7,如果裂缝在每个坐标面上的方向角为 θ_i,这组裂纹的单位法线矢量则可确定为

$$\boldsymbol{n} = \{n_1, n_2, n_3\}^{\mathrm{T}} = \{\bar{H} \cos\theta_i \cos\theta_j,\ \bar{H} \sin\theta_i \sin\theta_j - \bar{H} \cos\theta_i \sin\theta_j\}^{\mathrm{T}} \tag{2-31}$$

其中,

$$\bar{H} = \{\cos^2\theta_i + \sin^2\theta_i \sin^2\theta_j\}^{1/2} \tag{2-32}$$

$$(\tan\theta_i \tan\theta_j)^{-1} = \tan\theta_k \tag{2-33}$$

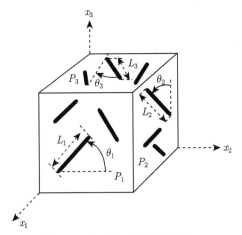

图 2-6 岩石单元表面上观测
到的裂纹

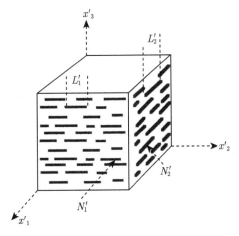

图 2-7 变换到主各向异性局部坐标系中的
岩石立方面上的裂纹

在所给的岩石体积 V 内引入裂缝的平均面积和裂缝的平均个数 (图 2-7)，估计的损伤张量可以用下式计算：

$$[\Omega] = \frac{1}{V} \bar{N} \bar{a} (\boldsymbol{n} \otimes \boldsymbol{n}) \tag{2-34}$$

$$[\Omega] = \frac{1}{V^{2/3}} \left\{ \frac{N_i N_j L_i L_j}{\sqrt{(1-n_i^2)(1-n_j^2)}} \right\}^{1/2} \quad (\boldsymbol{n} \otimes \boldsymbol{n}) \quad (\text{对 } i \text{ 与 } j \text{ 不求和}) \tag{2-35}$$

$$\bar{N} = V^{1/3} \left\{ \frac{N_i N_j}{L_i L_j \sqrt{(1-n_i^2)(1-n_j^2)}} \right\}^{1/2} \tag{2-36}$$

其中，$\bar{N}$ 为全部体积内裂缝条数的平均值; $\bar{a} = L_1 L_2$ 是裂纹的平均面积; L 为裂纹的间距; L_i 为在 n_i 平面上裂纹的平均长度; N_i 为在 n_i 平面上裂纹的平均裂纹条数。

如果裂纹平行于单位矢量 $\boldsymbol{m} = \{m_1, m_2, m_3\}$，损伤张量可被表示为

$$[\Omega] = \frac{1}{2V^{2/3}} \{N_i N_j L_i L_j\}^{1/2} \begin{bmatrix} 1-m_1^2 & -m_1 m_2 & -m_1 m_3 \\ -m_2 m_1 & 1-m_2^2 & -m_2 m_3 \\ -m_3 m_1 & -m_3 m_2 & 1-m_3^2 \end{bmatrix} \tag{2-37}$$

如果裂缝是理想的随机分布，整体损伤张量成为标量：

$$[\Omega] = \frac{1}{2V^{2/3}} \{N_i N_j L_i L_j\}^{1/2} [I] \quad (\text{对 } i \text{ 与 } j \text{ 不求和}) \tag{2-38}$$

例如，使用上面的公式，文献 [10]，[11] 中所示的裂纹样本的各向异性损伤张量能按图 2-6 中裂纹的取向估计出。

2.4.2 各向异性主损伤变量

因为损伤张量 $[\Omega]$ 是对称的，它有 3 个实特征值和相应的正交主轴 (图 2-8)。然

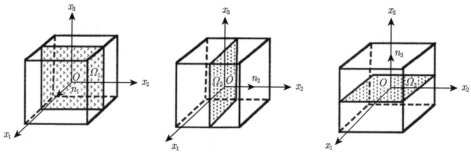

图 2-8 三个主各向异性损伤变量的示意图

而，如果上述的损伤张量不是在主损伤坐标系统给出的，则它可以在解损伤张量的特征值和特征向量问题后转换到正交的主坐标系统 (图2-8)。另外，各向异性损伤状态也可直接用 3 个主损伤变量在各向异性的主坐标系统来定义，如图 2-9 所示。

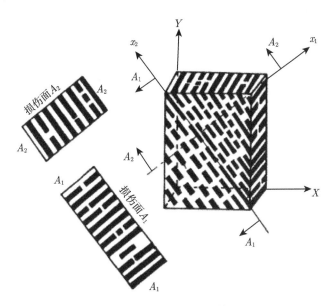

图 2-9　主各向异性损伤模型

2.4.3　岩体中损伤变量的确定方法

一般情况下，通过现场的工程地质调查，根据节理统计理论来确定岩体的损伤变量，由于节理几何分布的非确定性和节理性质的复杂多变，节理统计和调查工作十分困难。一方面是工作量大，另一方面是不可能把所有的节理全部描述出来，而节理调查窗的代表性很难估计。所以目前还未找到可以在工程中推广应用的节理统计方法。

文献 [43],[44] 的作者推荐了一种可以综合反映岩体损伤特性的方法，这就是声波试验法。岩体中的节理裂隙对超声波的反应非常敏感，节理裂隙发育时，波速降低；反之，波速增高。根据弹性波传播理论，弹性模量 E 和纵向波速 V_p、横向波速 V_s 及介质密度 ρ 之间有如下关系：

$$E = \frac{V_\mathrm{s}^2 \rho (3V_\mathrm{p}^2 - 4V_\mathrm{s}^2)}{V_\mathrm{p}^2 - V_\mathrm{s}^2} \tag{2-39}$$

如果认为室内试验的岩石试件代表了岩体的无损材料，现场的工程岩体代表岩体有损材料，按室内试验得到的各参数代入式 (2-39)，则得到无损材料的弹性模

量 E；按现场测试得到的各参数代入式 (2-39)，则得到岩体有损材料的有效弹性模量 E^*，由式 (2-19) 或式 (2-20) 进而确定岩体的有效应力 σ^* 和损伤变量 Ω。这说明损伤变量可以通过岩石试件和岩体的声波测试来确定。

2.5 各向异性主损伤的有效应力模型

2.5.1 三维空间模型

考虑一个立方样本 (如岩石) 沿着有一套平行的不连续裂纹的主各向异性坐标系切出，如图 2-10 所示。A_i 及 A_i^* ($i=1,2$) 分别代表无损伤及损伤面积，单位面积法向矢为 n_i 及 n_i^*。

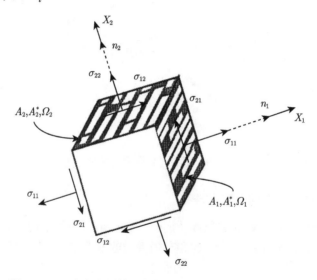

图 2-10 正交各向异性损伤单元及有效截面上应力的说明

假定损伤张量的主方向与各向异性主坐标方向相同。在这个坐标系的损伤状态能被理想化为一个正交各向异性损伤状态。让 ($x_1\ x_2\ x_3$) 为主损伤坐标系统，(XYZ) 为笛卡儿坐标系统 (图 2-9)。主损伤变量从几何上可被定义为 $\Omega_i=(A_i - A_i^*)/A_i$。这个表达方式也可以写为 $A_i^* = (1 - \Omega_i)A_i$。由此，引入损伤力学的不同基本假定是适当的。对各向同性，可以引入应变等效的假定，这就是说，应变响应仅由损伤通过实际应力控制 [5]。直观地说，该假定假设：有效应力对非损伤材料引起的应变与对应的 Cauchy 应力对该材料损伤后引起的应变相等。从图 2-11 可以看出，在建立各向同性的损伤模型时，应变等效的假定是相当有效的。然而，在各向异性的情况下，由于裂纹的取向和有效剪应力不互等的特性，在损伤状态的定义中引起了重要的非对称效应，所以应变等效的假定遇到了挑战。

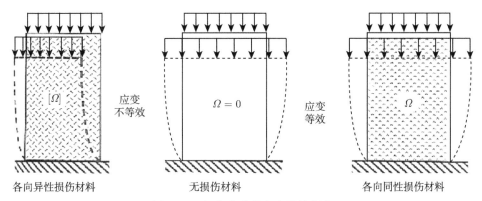

图 2-11 损伤力学的应变等效假定

为了研究各向异性损伤状态的基本概念, 考虑一个与正交各向异性方向一致的单元体, 如图 2-10 所示。显然, 作用于任何截面上的内力量在损伤前后是不变的, 这将给出下列关系:

$$\sigma_{ij}\delta_{jk}A_k = \sigma^*_{ij}\delta_{jk}A^*_k \tag{2-40}$$

其中, σ_{ij} 与 σ^*_{ij} 分别为 Cauchy 应力分量与有效 (净) 应力张量的分量。δ_{jk} 是 Kronecker 张量。式 (2-40) 可被重写为

$$\begin{bmatrix} \sigma^*_{11} & \sigma^*_{12} & \sigma^*_{13} \\ \sigma^*_{21} & \sigma^*_{22} & \sigma^*_{23} \\ \sigma^*_{31} & \sigma^*_{32} & \sigma^*_{33} \end{bmatrix} = \begin{bmatrix} \dfrac{\sigma_{11}}{1-\Omega_1} & \dfrac{\sigma_{12}}{1-\Omega_2} & \dfrac{\sigma_{13}}{1-\Omega_3} \\ \dfrac{\sigma_{21}}{1-\Omega_1} & \dfrac{\sigma_{22}}{1-\Omega_2} & \dfrac{\sigma_{23}}{1-\Omega_3} \\ \dfrac{\sigma_{31}}{1-\Omega_1} & \dfrac{\sigma_{32}}{1-\Omega_2} & \dfrac{\sigma_{33}}{1-\Omega_3} \end{bmatrix} \tag{2-41}$$

显然, 左端矩阵中的有效的应力 σ^*_{ij} 是处于各向异性损伤状态的非对称张量。然而, 右端矩阵中的 Cauchy 应力 σ_{ij} 是对称的张量, 于是下列关系一定是成立的:

$$\sigma^*_{ij} = \frac{1-\Omega_i}{1-\Omega_j}\sigma^*_{ji} \tag{2-42}$$

该关系可以被称为有效应力张量的协调关系, 因此, 考虑到有效应力张量的非对称性特征, 式 (2-41) 可以用连续性因子张量 $[\Psi]$, 改写为矢量形式:

$$\{\tilde{\sigma}^*\} = [\Psi]\{\tilde{\sigma}\} \tag{2-43}$$

其中, 应力矢量 $\{\tilde{\sigma}^*\}$ 与 $\{\tilde{\sigma}\}$ 分别为定义在各向异性坐标系统 $(x_1\ x_2\ x_3)$ 的有效的应力矢量和 Cauchy 应力矢量, 其分量形式分别为

$$\{\tilde{\sigma}^*\} = \{\sigma^*_{11}, \sigma^*_{22}, \sigma^*_{33}, \sigma^*_{23}, \sigma^*_{32}, \sigma^*_{31}, \sigma^*_{13}, \sigma^*_{12}, \sigma^*_{21}\}^T \tag{2-44}$$

$$\{\tilde{\sigma}\} = \{\sigma_{11}, \sigma_{22}, \sigma_{33}, \sigma_{23}, \sigma_{31}, \sigma_{12}\}^T \tag{2-45}$$

于是，式(2-43) 中的连续性因子张量 (或转换矩阵) $[\Psi]$，应当被定义为 9×6 阶矩阵：

$$[\Psi] = \begin{bmatrix} \dfrac{1}{1-\Omega_1} & 0 & 0 & 0 & 0 & 0 \\ 0 & \dfrac{1}{1-\Omega_2} & 0 & 0 & 0 & 0 \\ 0 & 0 & \dfrac{1}{1-\Omega_3} & 0 & 0 & 0 \\ 0 & 0 & 0 & \dfrac{1}{1-\Omega_3} & 0 & 0 \\ 0 & 0 & 0 & \dfrac{1}{1-\Omega_2} & 0 & 0 \\ 0 & 0 & 0 & 0 & \dfrac{1}{1-\Omega_1} & 0 \\ 0 & 0 & 0 & 0 & \dfrac{1}{1-\Omega_3} & 0 \\ 0 & 0 & 0 & 0 & 0 & \dfrac{1}{1-\Omega_2} \\ 0 & 0 & 0 & 0 & 0 & \dfrac{1}{1-\Omega_1} \end{bmatrix} \tag{2-46}$$

式 (2-43) 能作为在三维空间中各向异性的损伤模型的 Cauchy 应力矢量到有效 (净) 应力矢量在各主向异性坐标系中的转换关系。

式 (2-43)~式 (2-46) 是在主各向异性坐标系统 $(x_1\ x_2\ x_3)$ 中表达的。在实际应用中，它应该被转变到结构的笛卡儿整体几何坐标系统 (XYZ)。对 Cauchy 应力矢量的坐标转换表述为

$$\{\sigma\} = [T_\sigma]\{\tilde\sigma\} \tag{2-47}$$

其中，Cauchy 应力矢量在笛卡儿整体几何坐标系统 (XYZ) 中被定义为

$$\{\tilde\sigma\} = \{\sigma_x, \sigma_y, \sigma_z, \sigma_{yz}, \sigma_{zx}, \sigma_{xy}\}^{\mathrm{T}} \tag{2-48}$$

在三维空间中坐标转变矩阵的一般形式是

$$[T_\sigma] = \begin{bmatrix} l_1^2 & m_1^2 & n_1^2 & m_1 n_1 & n_1 l_1 & l_1 m_1 \\ l_2^2 & m_2^2 & n_2^2 & m_2 n_2 & n_2 l_2 & l_2 m_2 \\ l_3^2 & m_3^2 & n_3^2 & m_3 n_3 & n_3 l_3 & l_3 m_3 \\ 2l_2 l_3 & 2m_2 m_3 & 2n_2 n_3 & m_2 n_3 + m_3 n_2 & n_2 l_3 + n_3 l_2 & l_2 m_3 + l_3 m_2 \\ 2l_3 l_1 & 2m_3 m_1 & 2n_3 n_1 & m_3 n_1 + m_1 n_3 & n_3 l_1 + n_1 l_3 & l_3 m_1 + l_1 m_3 \\ 2l_1 l_2 & 2m_1 m_2 & 2n_1 n_2 & m_1 n_2 + m_2 n_1 & n_1 l_2 + n_2 l_1 & l_1 m_2 + l_2 m_1 \end{bmatrix} \tag{2-49}$$

其中，$\{l_i, m_i, n_i\}^{\mathrm{T}}$ 是单位法向矢量 $\boldsymbol{n}_i$ 的方向余弦。

有效应力矢量的坐标转变的一般形式是

$$\{\sigma^*\} = [T_\sigma]\{\tilde{\sigma}^*\} \tag{2-50}$$

有效应力矢量在笛卡儿整体几何坐标系 (XYZ) 中被定义为

$$\{\sigma^*\} = \{\sigma_x^*, \sigma_y^*, \sigma_z^*, \sigma_{yz}^*, \sigma_{zy}^*, \sigma_{zx}^*, \sigma_{xz}^*, \sigma_{xy}^*, \sigma_{yx}^*\}^{\mathrm{T}} \tag{2-51}$$

有效应力矢量的坐标转变矩阵 $[T_\sigma^*]$ 是 9×9 阶矩阵。

将式 (2-47) 与式 (2-50) 代入式 (2-43)，有效应力矢量和 Cauchy 应力矢量在笛卡儿整体几何坐标系 (XYZ) 中的关系为

$$\{\sigma^*\} = [\Phi^*]\{\sigma\} \tag{2-52}$$

其中，

$$[\Phi^*] = [T_\sigma^*][\Psi][T_\sigma]^{-1} \tag{2-53}$$

应该在这里指出，主损伤矢量 $\{\Omega\}$ 能通过对定义在式 (2-30)、式 (2-34)、式 (2-35)、式 (2-37) 和式 (2-38) 中的损伤张量 $[\Omega]$ 作特征值分析得到。但是要注意，有时求得的损伤张量的特征值大于 1，这显然是由式 (2-28) 和式 (2-30) 定义损伤张量时，近似处理的特性所致。因此，如果需要应用二阶对称损伤张量，则通过坐标转换从主损伤矢量获得更好一些。

2.5.2 二维空间模型

在工程应用中，有时可简化为二维空间问题，此时有效应力张量用二维主各向异性损伤变量表示为

$$\begin{bmatrix} \sigma_{11}^* & \sigma_{12}^* \\ \sigma_{21}^* & \sigma_{22}^* \end{bmatrix} = \begin{bmatrix} \dfrac{\sigma_{11}}{1-\Omega_1} & \dfrac{\sigma_{12}}{1-\Omega_2} \\ \dfrac{\sigma_{21}}{1-\Omega_1} & \dfrac{\sigma_{22}}{1-\Omega_2} \end{bmatrix} \tag{2-54}$$

或由转换矩阵表示为

$$\{\tilde{\sigma}^*\} = [\Psi]\{\tilde{\sigma}\} \tag{2-55}$$

其中，

$$\{\tilde{\sigma}^*\} = \{\sigma_{11}^*, \sigma_{22}^*, \sigma_{12}^*, \sigma_{21}^*\}^{\mathrm{T}} \tag{2-56}$$

$$\{\tilde{\sigma}\} = \{\sigma_{11}, \sigma_{22}, \sigma_{12}\}^{\mathrm{T}} \tag{2-57}$$

$$[\Psi] = \begin{bmatrix} \dfrac{1}{1-\Omega_1} & & & \\ & \dfrac{1}{1-\Omega_2} & & \\ & & \dfrac{1}{1-\Omega_2} & \\ & & & \dfrac{1}{1-\Omega_1} \end{bmatrix} \tag{2-58}$$

此时, 对应于式 (2-47), 有

$$\{\tilde{\sigma}\} = \{\sigma_x, \sigma_y, \sigma_{xy}\}^{\mathrm{T}} \tag{2-59}$$

在二维空间中的应力坐标转变矩阵的一般形式是

$$[T_\sigma] = \begin{bmatrix} \cos^2\theta & \sin^2\theta & -\sin 2\theta \\ \sin^2\theta & \cos^2\theta & \sin 2\theta \\ 0.5\sin 2\theta & -0.5\sin 2\theta & \cos 2\theta \end{bmatrix} \tag{2-60}$$

其中, θ 是 $\{x_1\ x_2\}$ 坐标系与 $\{XY\}$ 坐标系的夹角。

对应于式 (2-50), 有

$$\{\tilde{\sigma}^*\} = \{\sigma_{11}^*, \sigma_{22}^*, \sigma_{12}^*, \sigma_{21}^*\}^{\mathrm{T}} \tag{2-61}$$

$$[T_\sigma] = \begin{bmatrix} \cos^2\theta & \sin^2\theta & -\sin 2\theta & -\sin 2\theta \\ \sin^2\theta & \cos^2\theta & \sin 2\theta & \sin 2\theta \\ 0.5\sin 2\theta & -0.5\sin 2\theta & \cos 2\theta & \cos 2\theta \\ 0.5\sin 2\theta & -0.5\sin 2\theta & \cos 2\theta & \cos 2\theta \end{bmatrix} \tag{2-62}$$

对应变矢量, 转换形式为

$$\{\varepsilon\} = [T_\varepsilon]\{\tilde{\varepsilon}\} \tag{2-63}$$

其中,

$$[T_\varepsilon] = \begin{bmatrix} \cos^2\theta & \sin^2\theta & 0.5\sin 2\theta \\ \sin^2\theta & \cos^2\theta & -0.5\sin 2\theta \\ -\sin 2\theta & \sin 2\theta & \cos 2\theta \end{bmatrix} \tag{2-64}$$

下列关系是显然的:

$$\{\tilde{\varepsilon}\} = [T_\varepsilon]^{-1}\{\varepsilon\} = [T_\sigma]\{\varepsilon\} \tag{2-65}$$

并且

$$\{\widetilde{\sigma}^*\} = [\Phi^*][\widetilde{\sigma}] \tag{2-66}$$

在二维直角坐标系统中，式 (2-66) 对应的有效应力矢量和 Cauchy 应力矢量之间的关系如下：

对于平面应力情况，

$$\{\sigma_x^*, \sigma_y^*, \sigma_{xy}^*, \sigma_{yx}^*\}^{\mathrm{T}} = [\Phi^*]\{\sigma_x, \sigma_y, \sigma_{xy}\}^{\mathrm{T}} \tag{2-67}$$

其中，

$$[\Phi^*] = \begin{bmatrix} \dfrac{\cos^2\theta}{\psi_1} + \dfrac{\sin^2\theta}{\psi_2} & 0 & \left(\dfrac{1}{\psi_1} - \dfrac{1}{\psi_2}\right)\dfrac{\sin 2\theta}{2} \\ 0 & \dfrac{\sin^2\theta}{\psi_1} + \dfrac{\cos^2\theta}{\psi_2} & \left(\dfrac{1}{\psi_1} - \dfrac{1}{\psi_2}\right)\dfrac{\sin 2\theta}{2} \\ \left(\dfrac{1}{\psi_1} - \dfrac{1}{\psi_2}\right)\dfrac{\sin 2\theta}{2} & 0 & \dfrac{\sin^2\theta}{\psi_1} + \dfrac{\cos^2\theta}{\psi_2} \\ 0 & \left(\dfrac{1}{\psi_1} - \dfrac{1}{\psi_2}\right)\dfrac{\sin 2\theta}{2} & \dfrac{\cos^2\theta}{\psi_1} + \dfrac{\sin^2\theta}{\psi_2} \end{bmatrix} \tag{2-68}$$

对于平面应变情况，

$$\begin{Bmatrix} \sigma_x^* \\ \sigma_x^* \\ \sigma_z^* \\ \sigma_{xy}^* \\ \sigma_{yx}^* \end{Bmatrix} = [\Phi^*] \begin{Bmatrix} \sigma_x \\ \sigma_x \\ \sigma_z \\ \sigma_{xy} \end{Bmatrix} \tag{2-69}$$

其中，

$$[\Phi^*] = \begin{bmatrix} \dfrac{\cos^2\theta}{\psi_1} + \dfrac{\sin^2\theta}{\psi_2} & 0 & 0 & \left(\dfrac{1}{\psi_1} - \dfrac{1}{\psi_2}\right)\dfrac{\sin 2\theta}{2} \\ 0 & \dfrac{\sin^2\theta}{\psi_1} + \dfrac{\cos^2\theta}{\psi_2} & 0 & \left(\dfrac{1}{\psi_1} - \dfrac{1}{\psi_2}\right)\dfrac{\sin 2\theta}{2} \\ 0 & 0 & \dfrac{1}{\psi_2} & 0 \\ \left(\dfrac{1}{\psi_1} - \dfrac{1}{\psi_2}\right)\dfrac{\sin 2\theta}{2} & 0 & 0 & \dfrac{\sin^2\theta}{\psi_1} + \dfrac{\cos^2\theta}{\psi_2} \\ 0 & \left(\dfrac{1}{\psi_1} - \dfrac{1}{\psi_2}\right)\dfrac{\sin 2\theta}{2} & 0 & \dfrac{\cos^2\theta}{\psi_1} + \dfrac{\sin^2\theta}{\psi_2} \end{bmatrix} \tag{2-70}$$

式中，ψ_1 和 ψ_2 是损伤的连续因子：

$$\psi_1 = 1 - \Omega_1, \quad \psi_2 = 1 - \Omega_2 \tag{2-71}$$

2.6　各向同性材料的双标量损伤变量理论

2.6.1　各向同性材料的双标量损伤变量特征

前面已经介绍了以唯象学为基础的损伤变量可以简单地用有效杨氏模量 E^* 来表示，其相应的损伤本构关系已被广泛地应用于描述宏观损伤材料。然而，一些研究者 [45−47] 认为，在多维空间中如果仅靠取决于单个有效材料参数的单标量损伤变量去描述各种广泛的各向同性损伤材料是远远不够的，往往需要两个独立的有效材料参量来描述。在经典的各向同性损伤理论中，损伤是由单标量损伤变量来描述的。在单标量损伤模型中，有效泊松比在损伤前后是假设不变的，即 $\nu = \nu^*$，因此，可以得到以下公式：

$$K^*/K = \mu^*/\mu = E^*/E \tag{2-72}$$

式中，K、μ 和 E 分别是无损材料的体积模量、剪切模量和杨氏模量；K^*、μ^* 和 E^* 分别是相对应的有效损伤值。然而，对于分布着很多裂纹的各向同性固体材料而言，由细观力学可知，当裂纹密度参数 $0 < \beta < 1$ 时，$\mu^*/\mu > E^*/E$，如图 2-12 所示。利用 Mori-Tanaka [48] 的方法，含有球形孔隙的各向同性材料也可以得到类似的结果，如图 2-13 所示。

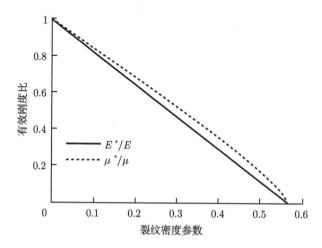

图 2-12　有效刚度比和裂纹密度关系图

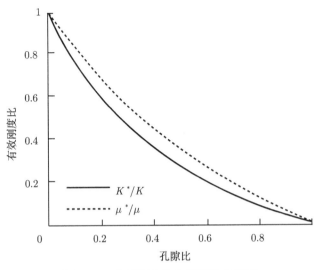

图 2-13 有效刚度比和孔隙比关系图

由经典的连续介质力学理论可知,从严格的意义上讲,各向同性材料必须由两个相互独立的标量参数表示。基于这个思路,对各向同性损伤材料,必须考虑由两个独立的有效材料参数的变化引起的损伤效应,因此,本节引入一种新的双标量变量描述的各向同性损伤模型。在该模型中,仍然是以不可逆热力学为基础的,但损伤应变能释放率的表达,被双标量损伤变量所修正。这种新的损伤应变能释放率表达,可以反映出各向同性材料中两个独立的有效特性参数变化所引起的双损伤变量演化过程的特性,并能够用于工程设计以及材料的加工过程中。

2.6.2 各向同性双标量损伤变量的定义

1. 各向同性损伤材料的双有效材料参数

根据经典弹性力学知识,各向同性材料的弹性刚度矩阵 $[D]$ 可以用拉梅常数 λ 和 μ 重新写成下式,即

$$
\begin{bmatrix} \sigma_x \\ \sigma_y \\ \sigma_z \\ \tau_{xy} \\ \tau_{yz} \\ \tau_{zx} \end{bmatrix} = \begin{bmatrix} \lambda+2\mu & \lambda & \lambda & & & \\ \lambda & \lambda+2\mu & \lambda & & 0 & \\ \lambda & \lambda & \lambda+2\mu & & & \\ & & & \mu & 0 & 0 \\ & 0 & & 0 & \mu & 0 \\ & & & 0 & 0 & \mu \end{bmatrix} \begin{bmatrix} \varepsilon_x \\ \varepsilon_y \\ \varepsilon_z \\ \gamma_{xy} \\ \gamma_{yz} \\ \gamma_{zx} \end{bmatrix} \quad \text{或} \quad \{\sigma\} = [D]\{\varepsilon\}
$$

$$(2\text{-}73)$$

式中，无损材料的刚度矩阵 $[D]$ 为对称的 4 阶张量，可以用下面的张量形式表示：

$$D_{ijkl} = \lambda\delta_{ij}\delta_{kl} + 2\mu\delta_{ik}\delta_{jl} \tag{2-74}$$

同理，各向同性损伤材料的有效弹性刚度矩阵 $[D^*]$ 可以用有效拉梅常数 λ^* 和 μ^* 重新写成下式，即

$$D^*_{ijkl} = \lambda^*\delta_{ij}\delta_{kl} + 2\mu^*\delta_{ik}\delta_{jl} \tag{2-75}$$

因此，对于各向同性材料，只需两个独立的常数即可，即

$$\lambda = \frac{vE}{(1+v)(1-2v)}, \quad \mu = \frac{E}{2(1+v)} \tag{2-76}$$

对于损伤的各向同性材料，也只需两个独立的有效材料常数即可，即

$$\lambda^* = \frac{vE^*}{(1+v^*)(1-2v^*)}, \quad \mu^* = \frac{E^*}{2(1+v^*)} \tag{2-77}$$

按照式 (2-73)，各向同性损伤材料的有效弹性刚度矩阵 $[D^*]$ 可以用有效拉梅常数 λ^* 和 μ^* 重新写成下式：

$$
\begin{bmatrix} \sigma_x \\ \sigma_y \\ \sigma_z \\ \tau_{xy} \\ \tau_{yz} \\ \tau_{zx} \end{bmatrix} =
\begin{bmatrix}
\lambda^*+2\mu^* & \lambda^* & \lambda^* & & & \\
\lambda^* & \lambda^*+2\mu^* & \lambda^* & & 0 & \\
\lambda^* & \lambda^* & \lambda^*+2\mu^* & & & \\
& & & \mu^* & 0 & 0 \\
& 0 & & 0 & \mu^* & 0 \\
& & & 0 & 0 & \mu^*
\end{bmatrix}
\begin{bmatrix} \varepsilon_x \\ \varepsilon_y \\ \varepsilon_z \\ \gamma_{xy} \\ \gamma_{yz} \\ \gamma_{zx} \end{bmatrix}
$$

或

$$\{\sigma\} = [D^*]\{\varepsilon\} \tag{2-78}$$

式中，各向同性损伤材料的有效弹性刚度矩阵 $[D^*]$ 也是对称的 4 阶张量。各向同性损伤材料的有效拉梅常数 λ^* 和 μ^* 与各向同性非损伤材料的常规拉梅常数 λ 和 μ 有如下的关系：

$$\lambda^* = (2\psi_1+\psi_2)\lambda + \mu\psi_1, \quad \mu^* = \mu\psi_2/2 \tag{2-79}$$

于是，各向同性损伤的影响张量 $[\Psi]$ 也可以用两个相互独立的连续因子变量 ψ_1 和 ψ_2 表示如下：

$$
[\Psi_{klmn}] =
\begin{bmatrix}
\psi_1 + \psi_2 & \psi_1 & \psi_1 & & & \\
\psi_1 & \psi_1 + \psi_2 & \psi_1 & & 0 & \\
\psi_1 & \psi_1 & \psi_1 + \psi_2 & & & \\
& & & \dfrac{\psi_2}{2} & 0 & 0 \\
& 0 & & 0 & \dfrac{\psi_2}{2} & 0 \\
& & & 0 & 0 & \dfrac{\psi_2}{2}
\end{bmatrix}
$$
$$
= [\psi_1 \delta_{kl} \delta_{mn} + \psi_2 \delta_{kl} \delta_{mn}] \tag{2-80}
$$

将式 (2-74) 和式 (2-80) 代入式 (2-79)，可以得到用各向同性损伤材料的双连续因子表达的损伤有效弹性矩阵为

$$
[D^*] =
\begin{bmatrix}
(3\psi_1+\psi_2)\lambda + 2\mu(\psi_1+\psi_2) & (3\psi_1+\psi_2)\lambda + 2\mu\psi_1 & (3\psi_1+\psi_2)\lambda + 2\mu\psi_1 & & & \\
(3\psi_1+\psi_2)\lambda + 2\mu\psi_1 & (3\psi_1+\psi_2)\lambda + 2\mu(\psi_1+\psi_2) & (3\psi_1+\psi_2)\lambda + 2\mu\psi_1 & & 0 & \\
(3\psi_1+\psi_2)\lambda + 2\mu\psi_1 & (3\psi_1+\psi_2)\lambda + 2\mu\psi_1 & (3\psi_1+\psi_2)\lambda + 2\mu(\psi_1+\psi_2) & & & \\
& & & \mu\psi_2 & 0 & 0 \\
& 0 & & 0 & \mu\psi_2 & 0 \\
& & & 0 & 0 & \mu\psi_2
\end{bmatrix}
$$
$$
\tag{2-81}
$$

其张量元素可以写成以下形式：

$$
D_{ijkl}^* = [(3\psi_1 + \psi_2)\lambda + 2\mu\psi_1]\delta_{ij}\delta_{kl} + 2\mu\psi_2\delta_{ik}\delta_{jl} \tag{2-82}
$$

式 (2-78) 就是各向同性损伤材料的有效弹性本构关系，其中，$\mu^* = \mu\psi_2 \lambda^* = (2\psi_1 + \psi_2)\lambda + 2\mu\psi_1$，称为各向同性损伤材料的有效拉梅常数。从该表达式中可以解出 ψ_1 和 ψ_2 的值为

$$
\psi_1 = \frac{\mu\lambda^* - \lambda\mu^*}{(3\lambda + 2\mu)\mu}, \quad \psi_2 = \frac{\mu^*}{\mu} \tag{2-83}
$$

2. 双标量损伤参数

习惯上，目前工程中常用的弹性材料参数主要有杨氏模量 E、泊松比 ν、剪切模量 μ(或 G) 和体积模量 K 等。根据工程中的有效弹性系数来描述损伤状态的四个损伤参数 Ω_E、Ω_ν、Ω_μ 和 Ω_K 分别定义如下：

$$
\Omega_E = 1 - E^*/E, \quad \Omega_\nu = 1 - \nu^*/\nu, \quad \Omega_\mu = 1 - \mu^*/\mu, \quad \Omega_K = 1 - K^*/K \tag{2-84}
$$

无损材料和损伤材料弹性参数之间的关系为

$$\lambda = \frac{\mu(E - 2\mu)}{3\mu - E}, \quad \lambda^* = \frac{\mu^*(E^* - 2\mu^*)}{3\mu^* - E^*} \tag{2-85a}$$

因此，有效弹性刚度矩阵的形式及其张量形式可以用有效材料参数 E^*, μ^* 改写成下式：

$$[D^*_{ijkl}] = 2\mu^* \left[\frac{E^* - 2\mu^*}{6\mu^* - 2E^*} \delta_{ij}\delta_{kl} + \delta_{ik}\delta_{jl} \right] \tag{2-85b}$$

或矩阵形式：

$$[D^*] = 2\mu^* \begin{bmatrix} \dfrac{E^* - 2\mu^*}{6\mu^* - 2E^*} + 1 & \dfrac{E^* - 2\mu^*}{6\mu^* - 2E^*} & \dfrac{E^* - 2\mu^*}{6\mu^* - 2E^*} & \\ \dfrac{E^* - 2\mu^*}{6\mu^* - 2E^*} & \dfrac{E^* - 2\mu^*}{6\mu^* - 2E^*} + 1 & \dfrac{E^* - 2\mu^*}{6\mu^* - 2E^*} & 0 \\ \dfrac{E^* - 2\mu^*}{6\mu^* - 2E^*} & \dfrac{E^* - 2\mu^*}{6\mu^* - 2E^*} & \dfrac{E^* - 2\mu^*}{6\mu^* - 2E^*} + 1 & \\ & & & \begin{matrix} 1 & 0 & 0 \\ 0 & 1 & 0 \\ 0 & 0 & 1 \end{matrix} \\ & 0 & & \end{bmatrix} \tag{2-85c}$$

上式中，有效弹性刚度矩阵及其张量是用两个相互独立的有效弹性系数 E^*, μ^* 来描述的。同理，将 ψ_1 和 ψ_2 以及式 (2-85) 代入式 (2-74) 可以得到

$$[\Psi] = \frac{\mu^*}{\mu} \begin{bmatrix} \dfrac{3(E^*/E - \mu^*/\mu)}{3\mu^*/\mu - E^*/\mu} + 1 & \dfrac{3(E^*/E - \mu^*/\mu)}{3\mu^*/\mu - E^*/\mu} & \dfrac{3(E^*/E - \mu^*/\mu)}{3\mu^*/\mu - E^*/\mu} & \\ \dfrac{3(E^*/E - \mu^*/\mu)}{3\mu^*/\mu - E^*/\mu} & \dfrac{3(E^*/E - \mu^*/\mu)}{3\mu^*/\mu - E^*/\mu} + 1 & \dfrac{3(E^*/E - \mu^*/\mu)}{3\mu^*/\mu - E^*/\mu} & 0 \\ \dfrac{3(E^*/E - \mu^*/\mu)}{3\mu^*/\mu - E^*/\mu} & \dfrac{3(E^*/E - \mu^*/\mu)}{3\mu^*/\mu - E^*/\mu} & \dfrac{3(E^*/E - \mu^*/\mu)}{3\mu^*/\mu - E^*/\mu} + 1 & \\ & & & \begin{matrix} \frac{1}{2} & 0 & 0 \\ 0 & \frac{1}{2} & 0 \\ 0 & 0 & \frac{1}{2} \end{matrix} \\ & 0 & & \end{bmatrix} \tag{2-86a}$$

$$[\Psi_{ijmn}] = \frac{\mu^*}{\mu} \left[\frac{3(E^*/E - \mu^*/\mu)}{3\mu^*/\mu - E^*/\mu} \delta_{ij}\delta_{mn} + \delta_{im}\delta_{jn} \right] \tag{2-86b}$$

因此，损伤影响张量 $[\Psi]$ 和双标量损伤变量 Ω_E、Ω_μ 之间的关系可以写成下式：

$$[\Psi] = (1-\Omega_\mu) \begin{bmatrix} \dfrac{\Omega_E - \Omega_\mu}{\dfrac{E}{3\mu}(1-\Omega_E)-(1-\Omega_\mu)}+1 & \dfrac{\Omega_E - \Omega_\mu}{\dfrac{E}{3\mu}(1-\Omega_E)-(1-\Omega_\mu)} & \dfrac{\Omega_E - \Omega_\mu}{\dfrac{E}{3\mu}(1-\Omega_E)-(1-\Omega_\mu)} & \\ \dfrac{\Omega_E - \Omega_\mu}{\dfrac{E}{3\mu}(1-\Omega_E)-(1-\Omega_\mu)} & \dfrac{\Omega_E - \Omega_\mu}{\dfrac{E}{3\mu}(1-\Omega_E)-(1-\Omega_\mu)}+1 & \dfrac{\Omega_E - \Omega_\mu}{\dfrac{E}{3\mu}(1-\Omega_E)-(1-\Omega_\mu)} & 0 \\ \dfrac{\Omega_E - \Omega_\mu}{\dfrac{E}{3\mu}(1-\Omega_E)-(1-\Omega_\mu)} & \dfrac{\Omega_E - \Omega_\mu}{\dfrac{E}{3\mu}(1-\Omega_E)-(1-\Omega_\mu)} & \dfrac{\Omega_E - \Omega_\mu}{\dfrac{E}{3\mu}(1-\Omega_E)-(1-\Omega_\mu)}+1 & \\ & & & \begin{matrix} \frac{1}{2} & 0 & 0 \\ 0 & \frac{1}{2} & 0 \\ 0 & 0 & \frac{1}{2} \end{matrix} \\ & 0 & & \end{bmatrix}$$

$$\tag{2-87a}$$

$$[\Psi_{ijmn}] = (1-\Omega_\mu)\left[\frac{\Omega_E - \Omega_\mu}{\dfrac{E}{3\mu}(1-\Omega_E)-(1-\Omega_\mu)}\delta_{ij}\delta_{mn}+\delta_{im}\delta_{jn}\right] \tag{2-87b}$$

如果将弹性关系式 $\nu = E/2\mu - 1$ 和 $K = E/(3-6\mu)$ 代入，可以得到类似的关系式为

$$\nu^* = \frac{E(1-\Omega_E)}{2\mu(1-\Omega_\mu)}-1, \quad K^* = \frac{\mu E(1-\Omega_\mu)(1-\Omega_E)}{3[3\mu(1-\Omega_\mu)-E(1-\Omega_E)]} \tag{2-88}$$

如果损伤变量 Ω_E 和 Ω_μ 已知，则根据式 (2-88) 可以求出有效泊松比 ν^* 和有效体积模量 K^* 的值。Ω_E 和 Ω_μ 可以根据式 (2-84) 求得。换言之，对于由双标量损伤变量 Ω_E 和 Ω_μ 表示的各向同性损伤材料而言，式 (2-88) 必须满足。

根据前面提到的损伤模型，各向同性损伤材料的性质可以由双标量损伤变量来表示。任何两个独立的损伤参数都可以用来描述各向同性损伤。表 2-1 列出了各种双标量损伤变量和相对应的各向同性损伤变量之间的换算关系。

表 2-1　双标量损伤变量之间的换算关系

编号	双标量损伤变量	各向同性损伤变量
1	$\Omega_E = 1 - E^*/E$ $\Omega_\mu = 1 - \mu^*/\mu$	$\Omega_\nu = 1 - \dfrac{E}{E-2\mu}\left(\dfrac{1-\Omega_E}{1-\Omega_\mu}-\dfrac{2\mu}{E}\right)$ $\Omega_K = 1 - \dfrac{(3\mu/E-1)(1-\Omega_E)}{3\mu/E-(1-\Omega_E)/(1-\Omega_\mu)}$
2	$\Omega_E = 1 - E^*/E$ $\Omega_\nu = 1 - \nu^*/\nu$	$\Omega_\mu = 1 - \dfrac{(1+\nu)(1-\Omega_E)}{1+\nu(1-\Omega_\nu)}$ $\Omega_K = 1 - \dfrac{(1-2\nu)(1-\Omega_E)}{1-2\nu(1-\Omega_\nu)}$

编号	双标量损伤变量	各向同性损伤变量
3	$\Omega_E = 1 - E^*/E$ $\Omega_K = 1 - K^*/K$	$\Omega_\nu = 1 - \dfrac{E}{3K-E}\left(\dfrac{3K}{E} - \dfrac{1-\Omega_E}{1-\Omega_K}\right)$ $\Omega_\mu = 1 - \dfrac{(9K/E-1)(1-\Omega_E)}{9K/E - (1-\Omega_E)/(1-\Omega_K)}$
4	$\Omega_\mu = 1 - \mu^*/\mu$ $\Omega_K = 1 - K^*/K$	$\Omega_E = 1 - \dfrac{[1+\mu/(3K)](1-\Omega_K)}{(1-\Omega_E)/(1-\Omega_K) + \mu/(3K)}$ $\Omega_\nu = 1 - \dfrac{\dfrac{3K+\mu}{3K-2\mu}\left(1 - \dfrac{2\mu}{3K}\dfrac{(1-\Omega_\mu)}{(1-\Omega_K)}\right)}{1 + \mu/(3K)(1-\Omega_\mu)/(1-\Omega_K)}$
5	$\Omega_\mu = 1 - \mu^*/\mu$ $\Omega_\nu = 1 - \nu^*/\nu$	$\Omega_E = 1 - (1-\Omega_\mu)\dfrac{1+\nu(1-\Omega_\nu)}{1+\nu}$ $\Omega_K = 1 - \dfrac{(1-2\nu)(1-\Omega_\mu)[1+\nu(1-\Omega_\nu)]}{(1+\nu)[1-2\nu(1-\Omega_\nu)]}$
6	$\Omega_\nu = 1 - \nu^*/\nu$ $\Omega_K = 1 - K^*/K$	$\Omega_E = 1 - (1-\Omega_K)\dfrac{1-2\nu(1-\Omega_\mu)}{1-2\nu}$ $\Omega_\mu = 1 - \dfrac{(1+\nu)(1-\Omega_K)[1-2\nu(1-\Omega_\nu)]}{1+\nu(1-\Omega_\nu)}$

2.6.3 双参数损伤影响张量的特性

1. 双参数损伤影响张量的定义

由关系式 $[D^*]=[D][\Psi]$ 或 $D^*_{ij} = D_{ik}\Psi_{kj}(i, j, k = 1, 2, \cdots, 6)$，因此，由式 (2-87) 可以得到双参数损伤影响张量 $[\Psi]$ 的元素分别为

$$\Psi_{11} = \Psi_{22} = \Psi_{33} = (1-\Omega_\mu)\left[\frac{(1-\Omega_E)\left(\dfrac{E}{3\mu} - 1\right)}{\dfrac{E}{3\mu}(1-\Omega_E) - (1-\Omega_\mu)}\right] \tag{2-89a}$$

$$\Psi_{12} = \Psi_{21} = \Psi_{13} = \Psi_{31} = \Psi_{32} = \Psi_{23} = \frac{(1-\Omega_\mu)(\Omega_E - \Omega_\mu)}{\dfrac{E}{3\mu}(1-\Omega_E) - (1-\Omega_\mu)} \tag{2-89b}$$

$$\Psi_{44} = \Psi_{55} = \Psi_{66} = 1 - \Omega_\mu \tag{2-89c}$$

$[\Psi]$ 的其余部分为 0。

另外，由式 (2-86) 可以得到

$$[\Psi] = \frac{\mu}{\mu^*}
\begin{bmatrix}
\dfrac{(6-E/\mu)E^*/E-3\mu^*/\mu}{(9-E/\mu)E^*/E-6\mu^*/\mu} & \dfrac{-3(E^*/E-\mu^*/\mu)}{(9-E/\mu)E^*/E-6\mu^*/\mu} & \dfrac{-3(E^*/E-\mu^*/\mu)}{(9-E/\mu)E^*/E-6\mu^*/\mu} & \\[2mm]
\dfrac{-3(E^*/E-\mu^*/\mu)}{(9-E/\mu)E^*/E-6\mu^*/\mu} & \dfrac{(6-E/\mu)E^*/E-3\mu^*/\mu}{(9-E/\mu)E^*/E-6\mu^*/\mu} & \dfrac{-3(E^*/E-\mu^*/\mu)}{(9-E/\mu)E^*/E-6\mu^*/\mu} & 0 \\[2mm]
\dfrac{-3(E^*/E-\mu^*/\mu)}{(9-E/\mu)E^*/E-6\mu^*/\mu} & \dfrac{-3(E^*/E-\mu^*/\mu)}{(9-E/\mu)E^*/E-6\mu^*/\mu} & \dfrac{(6-E/\mu)E^*/E-3\mu^*/\mu}{(9-E/\mu)E^*/E-6\mu^*/\mu} & \\[2mm]
\hline
& 0 & & \begin{matrix}1 & 0 & 0\\ 0 & 1 & 0\\ 0 & 0 & 1\end{matrix}
\end{bmatrix}$$

$$\tag{2-90a}$$

或

$$[\underline{\Psi}_{klmn}] = \frac{\mu}{\mu^*}\left[\delta_{km}\delta_{ln} - \frac{3(E^*/E-\mu^*/\mu)}{(9-E/\mu)E^*/E-6\mu^*/\mu}\delta_{kl}\delta_{mn}\right] \tag{2-90b}$$

$$[\Psi] = \frac{1}{1-\Omega_\mu}
\begin{bmatrix}
\dfrac{\left(6-\frac{E}{\mu}\right)(1-\Omega_E)-3(1-\Omega_\mu)}{\left(9-\frac{E}{\mu}\right)(1-\Omega_E)-6(1-\Omega_\mu)} & \dfrac{-3(\Omega_E-\Omega_\mu)}{\left(9-\frac{E}{\mu}\right)(1-\Omega_E)-6(1-\Omega_\mu)} & \dfrac{-3(\Omega_E-\Omega_\mu)}{\left(9-\frac{E}{\mu}\right)(1-\Omega_E)-6(1-\Omega_\mu)} & \\[3mm]
\dfrac{-3(\Omega_E-\Omega_\mu)}{\left(9-\frac{E}{\mu}\right)(1-\Omega_E)-6(1-\Omega_\mu)} & \dfrac{\left(6-\frac{E}{\mu}\right)(1-\Omega_E)-3(1-\Omega_\mu)}{\left(9-\frac{E}{\mu}\right)(1-\Omega_E)-6(1-\Omega_\mu)} & \dfrac{-3(\Omega_E-\Omega_\mu)}{\left(9-\frac{E}{\mu}\right)(1-\Omega_E)-6(1-\Omega_\mu)} & 0 \\[3mm]
\dfrac{-3(\Omega_E-\Omega_\mu)}{\left(9-\frac{E}{\mu}\right)(1-\Omega_E)-6(1-\Omega_\mu)} & \dfrac{-3(\Omega_E-\Omega_\mu)}{\left(9-\frac{E}{\mu}\right)(1-\Omega_E)-6(1-\Omega_\mu)} & \dfrac{\left(6-\frac{E}{\mu}\right)(1-\Omega_E)-3(1-\Omega_\mu)}{\left(9-\frac{E}{\mu}\right)(1-\Omega_E)-6(1-\Omega_\mu)} & \\[3mm]
\hline
& 0 & & \begin{matrix}1 & 0 & 0\\ 0 & 1 & 0\\ 0 & 0 & 1\end{matrix}
\end{bmatrix}$$

$$\tag{2-91a}$$

或

$$[\underline{\Psi}_{klmn}] = \frac{1}{1-\Omega_\mu}\left[\delta_{km}\delta_{ln} - \frac{3(\Omega_E-\Omega_\mu)}{\left(9-\frac{E}{\mu}\right)(1-\Omega_E)-6(1-\Omega_\mu)}\delta_{kl}\delta_{mn}\right] \tag{2-91b}$$

同理，可以得到 $\underline{\Psi}_{ij}$ 的元素分别为

$$\underline{\Psi}_{11} = \underline{\Psi}_{22} = \underline{\Psi}_{33} = \frac{1}{1-\Omega_\mu}\left[\frac{(6-E/\mu)(1-\Omega_E)-3(1-\Omega_\mu)}{(9-E/\mu)(1-\Omega_E)-6(1-\Omega_\mu)}\right] \tag{2-92a}$$

$$\underline{\Psi}_{12} = \underline{\Psi}_{12} = \underline{\Psi}_{23} = \underline{\Psi}_{32} = \underline{\Psi}_{31} = \underline{\Psi}_{13}$$
$$= \frac{1}{1-\Omega_\mu}\left[\frac{-3(\Omega_E-\Omega_\mu)}{(9-E/\mu)(1-\Omega_E)-6(1-\Omega_\mu)}\right] \tag{2-92b}$$

$$\underline{\Psi}_{44} = \underline{\Psi}_{55} = \underline{\Psi}_{66} = \frac{1}{1-\Omega_\mu} \tag{2-92c}$$

$[\underline{\Psi}]$ 的其余部分为 0。

此外，根据上式也可以得到有效应力向量$\{\sigma^*\}$和有效应变向量$\{\varepsilon^*\}$的表达式，在此不一一列出。

2. 与单标量变量各向同性损伤模型的比较

如果由单标量损伤变量来描述各向同性损伤，例如，令 $\Omega_E = \Omega_\mu = \Omega$，则由式 (2-89) 可以得到 $\Psi_{11} = \Psi_{22} = \Psi_{33} = (1 - \Omega)$，$\Psi_{12} = \Psi_{21} = \Psi_{13} = \Psi_{31} = \Psi_{32} = \Psi_{23} = 0$，$\Psi_{44} = \Psi_{55} = \Psi_{66} = 1 - \Omega$。

另外会有以下诸式成立：

$$E^*/E = \mu^*/\mu = K^*/K = 1 - \Omega \tag{2-93}$$

$$\nu^* = \nu \tag{2-94}$$

因此，式 (2-93) 和式 (2-94) 是由单标量损伤变量来描述各向同性损伤模型的充要条件的。

2.6.4　双参数损伤的应变能释放率

前面已经提到，用于描述等热过程的比能可以用来定义弹性损伤应变能释放率。对各向同性损伤材料的双参数损伤应变能释放率也可以用双标量损伤变量来表示：

$$W^*(\{\sigma\}, \Omega_E, \Omega_\mu) = \frac{1}{2}\{\sigma\}^{\mathrm{T}}[D^*]^{-1}\{\sigma\} \tag{2-95}$$

式中，$[D^*]^{-1}$ 用 Ω_E 和 Ω_μ 表示如下：

$$[D^*]^{-1} = \begin{bmatrix} \frac{1}{E(1-\Omega_E)} & \frac{1}{E(1-\Omega_E)} - \frac{1}{2\mu(1-\Omega_\mu)} & \frac{1}{E(1-\Omega_E)} - \frac{1}{2\mu(1-\Omega_\mu)} & & \\ \frac{1}{E(1-\Omega_E)} - \frac{1}{2\mu(1-\Omega_\mu)} & \frac{1}{E(1-\Omega_E)} & \frac{1}{E(1-\Omega_E)} - \frac{1}{2\mu(1-\Omega_\mu)} & & 0 & \\ \frac{1}{E(1-\Omega_E)} - \frac{1}{2\mu(1-\Omega_\mu)} & \frac{1}{E(1-\Omega_E)} - \frac{1}{2\mu(1-\Omega_\mu)} & \frac{1}{E(1-\Omega_E)} & & \\ & & & \frac{1}{\mu(1-\Omega_\mu)} & 0 & 0 \\ & 0 & & 0 & \frac{1}{\mu(1-\Omega_\mu)} & 0 \\ & & & 0 & 0 & \frac{1}{\mu(1-\Omega_\mu)} \end{bmatrix} \tag{2-96a}$$

或

$$[D^*_{mnkl}]^{-1} = \left[\frac{1}{2\mu(1-\Omega_\mu)}(\delta_{mk}\delta_{nl} - \delta_{mn}\delta_{kl}) + \frac{1}{E(1-\Omega_E)}\delta_{mn}\delta_{kl} \right] \tag{2-96b}$$

将式 (2-96a) 和式 (2-96b) 代入式 (2-95)，可以得到

$$W^* = \left\{\begin{matrix} \sigma_x \\ \sigma_y \\ \sigma_z \\ \tau_{yz} \\ \tau_{zx} \\ \tau_{xy} \end{matrix}\right\}^{\mathrm{T}} \left[\begin{array}{ccc:ccc} \dfrac{1}{E(1-\Omega_E)} & \dfrac{1}{E(1-\Omega_E)}-\dfrac{1}{2\mu(1-\Omega_\mu)} & \dfrac{1}{E(1-\Omega_E)}-\dfrac{1}{2\mu(1-\Omega_\mu)} & & & \\ \dfrac{1}{E(1-\Omega_E)}-\dfrac{1}{2\mu(1-\Omega_\mu)} & \dfrac{1}{E(1-\Omega_E)} & \dfrac{1}{E(1-\Omega_E)}-\dfrac{1}{2\mu(1-\Omega_\mu)} & & 0 & \\ \dfrac{1}{E(1-\Omega_E)}-\dfrac{1}{2\mu(1-\Omega_\mu)} & \dfrac{1}{E(1-\Omega_E)}-\dfrac{1}{2\mu(1-\Omega_\mu)} & \dfrac{1}{E(1-\Omega_E)} & & & \\ \hdashline & & & \dfrac{1}{\mu(1-\Omega_\mu)} & 0 & 0 \\ & 0 & & 0 & \dfrac{1}{\mu(1-\Omega_\mu)} & 0 \\ & & & 0 & 0 & \dfrac{1}{\mu(1-\Omega_\mu)} \end{array}\right] \left\{\begin{matrix} \sigma_x \\ \sigma_y \\ \sigma_z \\ \tau_{yz} \\ \tau_{zx} \\ \tau_{xy} \end{matrix}\right\} \tag{2-97}$$

或

$$W^* = \frac{1}{4\mu(1-\Omega_\mu)}(\sigma_{kl}\sigma_{kl} - \sigma_{kk}\sigma_{ll}) + \frac{1}{2E(1-\Omega_E)}\sigma_{kk}\sigma_{ll} \tag{2-98}$$

以热力学为基础, 用双参数损伤变量 Ω_E 和 Ω_μ 表示的损伤扩展力 (即损伤应变能释放率) 如下:

$$Y_E = \frac{\partial W^*}{\partial \Omega_E}, \quad Y_\mu = \frac{\partial W^*}{\partial \Omega_\mu} \tag{2-99}$$

将式 (2-97) 代入式 (2-98) 和式 (2-99), 可以得到

$$Y_E = \frac{1}{2}\{\sigma\}^{\mathrm{T}}\frac{\partial [\boldsymbol{D}^*]^{-1}}{\partial \Omega_E}\{\sigma\} = \frac{1}{2E(1-\Omega_E)^2}[\sigma_x^2 + \sigma_y^2 + \sigma_z^2 + 2(\sigma_x\sigma_y + \sigma_y\sigma_z + \sigma_z\sigma_x)] \tag{2-100a}$$

或

$$Y_E = \frac{1}{2}\left\{\begin{matrix} \sigma_x \\ \sigma_y \\ \sigma_z \\ \tau_{yz} \\ \tau_{zx} \\ \tau_{xy} \end{matrix}\right\}^{\mathrm{T}} \left[\begin{array}{ccc:ccc} \dfrac{1}{E(1-\Omega_E)^2} & \dfrac{1}{E(1-\Omega_E)^2} & \dfrac{1}{E(1-\Omega_E)^2} & & & \\ \dfrac{1}{E(1-\Omega_E)^2} & \dfrac{1}{E(1-\Omega_E)^2} & \dfrac{1}{E(1-\Omega_E)^2} & & 0 & \\ \dfrac{1}{E(1-\Omega_E)^2} & \dfrac{1}{E(1-\Omega_E)^2} & \dfrac{1}{E(1-\Omega_E)^2} & & & \\ \hdashline & & & 0 & 0 & 0 \\ & 0 & & 0 & 0 & 0 \\ & & & 0 & 0 & 0 \end{array}\right] \left\{\begin{matrix} \sigma_x \\ \sigma_y \\ \sigma_z \\ \tau_{yz} \\ \tau_{zx} \\ \tau_{xy} \end{matrix}\right\} \tag{2-100b}$$

或

$$Y_E = -\frac{1}{2E(1-\Omega_E)^2}\sigma_{kk}\sigma_{ll} \tag{2-100c}$$

同理,

$$Y_\mu = \frac{1}{2}\{\sigma\}^{\mathrm{T}}\frac{\partial [\boldsymbol{D}^*]^{-1}}{\partial \Omega_\mu}\{\sigma\} = \frac{1}{2\mu(1-\Omega_\mu)^2}[2(\sigma_x\sigma_y + \sigma_y\sigma_z + \sigma_z\sigma_x) + \tau_{xy}^2 + \tau_{yz}^2 + \tau_{zx}^2] \tag{2-101a}$$

或

$$Y_{\mu} = \frac{1}{2}\begin{Bmatrix} \sigma_x \\ \sigma_y \\ \sigma_z \\ \tau_{yz} \\ \tau_{zx} \\ \tau_{xy} \end{Bmatrix}^{\mathrm{T}} \begin{bmatrix} 0 & \dfrac{-1}{2\mu(1-\Omega_{\mu})^2} & \dfrac{-1}{2\mu(1-\Omega_{\mu})^2} & & & \\ \dfrac{-1}{2\mu(1-\Omega_{\mu})^2} & 0 & \dfrac{-1}{2\mu(1-\Omega_{\mu})^2} & & 0 & \\ \dfrac{-1}{2\mu(1-\Omega_{\mu})^2} & \dfrac{-1}{2\mu(1-\Omega_{\mu})^2} & 0 & & & \\ & & & \dfrac{1}{\mu(1-\Omega_{\mu})^2} & 0 & 0 \\ & 0 & & 0 & \dfrac{1}{\mu(1-\Omega_{\mu})^2} & 0 \\ & & & 0 & 0 & \dfrac{1}{\mu(1-\Omega_{\mu})^2} \end{bmatrix} \begin{Bmatrix} \sigma_x \\ \sigma_y \\ \sigma_z \\ \tau_{yz} \\ \tau_{zx} \\ \tau_{xy} \end{Bmatrix}$$

(2-101b)

或

$$Y_{\mu} = -\frac{1}{4\mu(1-\Omega_{\mu})^2}(\sigma_{kl}\sigma_{kl} - \sigma_{kk}\sigma_{ll}) \tag{2-101c}$$

总的损伤应变能释放率应该是这两部分的和，即

$$Y = Y_E + Y_{\mu} = \frac{1}{2}\{\sigma\}^{\mathrm{T}}\left(\frac{\partial[D^*]^{-1}}{\partial\Omega_E} + \frac{\partial[D^*]^{-2}}{\partial\Omega_{\mu}}\right)\{\sigma\}$$

$$= \frac{1}{2E(1-\Omega_E)^2}[\sigma_x^2 + \sigma_y^2 + \sigma_z^2 + 2(\sigma_x\sigma_y + \sigma_y\sigma_z + \sigma_z\sigma_x)]$$

$$+ \frac{1}{2\mu(1-\Omega_{\mu})^2}[\tau_{xy}^2 + \tau_{yz}^2 + \tau_{zx}^2 + 2(\sigma_x\sigma_y + \sigma_y\sigma_z + \sigma_z\sigma_x)] \tag{2-102a}$$

或写成以下形式：

$$Y = \frac{1}{2}\begin{Bmatrix} \sigma_x \\ \sigma_y \\ \sigma_z \\ \tau_{yz} \\ \tau_{zx} \\ \tau_{xy} \end{Bmatrix}^{\mathrm{T}} \begin{bmatrix} \dfrac{1}{E(1-\Omega_E)^2} & \dfrac{1}{E(1-\Omega_E)^2}-\dfrac{1}{2\mu(1-\Omega_{\mu})^2} & \dfrac{1}{E(1-\Omega_E)^2}-\dfrac{1}{2\mu(1-\Omega_{\mu})^2} & & & \\ \dfrac{1}{E(1-\Omega_E)^2}-\dfrac{1}{2\mu(1-\Omega_{\mu})^2} & \dfrac{1}{E(1-\Omega_E)^2} & \dfrac{1}{E(1-\Omega_E)^2}-\dfrac{1}{2\mu(1-\Omega_{\mu})^2} & & 0 & \\ \dfrac{1}{E(1-\Omega_E)^2}-\dfrac{1}{2\mu(1-\Omega_{\mu})^2} & \dfrac{1}{E(1-\Omega_E)^2}-\dfrac{1}{2\mu(1-\Omega_{\mu})^2} & \dfrac{1}{E(1-\Omega_E)^2} & & & \\ & & & \dfrac{1}{\mu(1-\Omega_{\mu})^2} & 0 & 0 \\ & 0 & & 0 & \dfrac{1}{\mu(1-\Omega_{\mu})^2} & 0 \\ & & & 0 & 0 & \dfrac{1}{\mu(1-\Omega_{\mu})^2} \end{bmatrix} \begin{Bmatrix} \sigma_x \\ \sigma_y \\ \sigma_z \\ \tau_{yz} \\ \tau_{zx} \\ \tau_{xy} \end{Bmatrix}$$

(2-102b)

或

$$Y = \frac{1}{2E(1-\Omega_E)^2}\sigma_{kk}\sigma_{ll} + \frac{1}{4\mu(1-\Omega_{\mu})^2}(\sigma_{kl}\sigma_{kl} + \sigma_{kk}\sigma_{ll}) \tag{2-102c}$$

弹性能由两部分组成，即

$$W^* = W^b + W^d \tag{2-103}$$

式中, 第一部分由体积变化引起, 第二部分由损伤引起, 显然:

$$W^b = \left[\frac{1}{2E(1-\Omega_E)} - \frac{1}{6\mu(1-\Omega_\mu)}\right] \begin{Bmatrix} \sigma_x \\ \sigma_y \\ \sigma_z \\ \tau_{yz} \\ \tau_{zx} \\ \tau_{xy} \end{Bmatrix}^{\mathrm{T}} \begin{bmatrix} 1 & 1 & 1 & & & \\ 1 & 1 & 1 & & 0 & \\ 1 & 1 & 1 & & & \\ & & & 0 & 0 & 0 \\ & 0 & & 0 & 0 & 0 \\ & & & 0 & 0 & 0 \end{bmatrix} \begin{Bmatrix} \sigma_x \\ \sigma_y \\ \sigma_z \\ \tau_{yz} \\ \tau_{zx} \\ \tau_{xy} \end{Bmatrix} \tag{2-104a}$$

或

$$W^b = \left[\frac{1}{2E(1-\Omega_E)} - \frac{1}{6\mu(1-\Omega_\mu)}\right] [\sigma_x^2 + \sigma_y^2 + \sigma_z^2 + 2(\sigma_x\sigma_y + \sigma_y\sigma_z + \sigma_z\sigma_x)] \tag{2-104b}$$

亦或

$$W^b = \left[\frac{1}{2E(1-\Omega_E)} - \frac{1}{6\mu(1-\Omega_\mu)}\right] \sigma_{kk}\sigma_{ll} \tag{2-104c}$$

$$W^d = \frac{1}{4\mu(1-\Omega_\mu)} \begin{Bmatrix} \sigma_x \\ \sigma_y \\ \sigma_z \\ \tau_{yz} \\ \tau_{zx} \\ \tau_{xy} \end{Bmatrix}^{\mathrm{T}} \begin{bmatrix} \frac{2}{3} & 0 & 0 & & & \\ 0 & \frac{2}{3} & 0 & & 0 & \\ 0 & 0 & \frac{2}{3} & & & \\ & & & 2 & 0 & 0 \\ & 0 & & 0 & 2 & 0 \\ & & & 0 & 0 & 2 \end{bmatrix} \begin{Bmatrix} \sigma_x \\ \sigma_y \\ \sigma_z \\ \tau_{yz} \\ \tau_{zx} \\ \tau_{xy} \end{Bmatrix} \tag{2-105a}$$

$$W^d = \frac{1}{4\mu(1-\Omega_\mu)} \left[\frac{2}{3}(\sigma_x^2 + \sigma_y^2 + \sigma_z^2) + 2(\tau_{xy}^2 + \tau_{yz}^2 + \tau_{zx}^2)\right] \tag{2-105b}$$

$$W^d = \frac{1}{4\mu(1-\Omega_\mu)} \left(\sigma_{kl}\sigma_{kl} - \frac{1}{3}\sigma_{kk}\sigma_{ll}\right) \tag{2-105c}$$

令平均应力 σ_{m} 为

$$\sigma_{\mathrm{m}} = (\sigma_x + \sigma_y + \sigma_z)/3 \quad 或 \quad \sigma_{\mathrm{m}} = \sigma_{kk}/3 \tag{2-106}$$

冯·米泽斯 (von Mises) 等效应力为

$$\sigma_{\mathrm{eq}} = \left[\frac{2}{3}\{s_{ij}\}^{\mathrm{T}}\{s_{ji}\}\right]^{\frac{1}{2}} \quad 或 \quad \sigma_{\mathrm{eq}} = \left(\frac{2}{3}s_{ij}s_{ji}\right)^{\frac{1}{2}} \tag{2-107a}$$

$$\sigma_{\mathrm{eq}} = \left\{\frac{2}{3}[(\sigma_x - \sigma_{\mathrm{m}})^2 + (\sigma_y - \sigma_{\mathrm{m}})^2 + (\sigma_z - \sigma_{\mathrm{m}})^2 + \tau_{xy}^2 + \tau_{yz}^2 + \tau_{zx}^2]\right\}^{\frac{1}{2}} \tag{2-107b}$$

式 (2-107a) 中，s_{ij} 为应力偏张量，其值为

$$\{s_{ij}\} = \{\sigma_x - \sigma_{\mathrm{m}}, \sigma_y - \sigma_{\mathrm{m}}, \sigma_z - \sigma_{\mathrm{m}}, \tau_{xy}, \tau_{yz}, \tau_{zx}\}^{\mathrm{T}} \quad \text{或} \quad s_{ij} = \sigma_{ij} - \sigma_{kk}\delta_{ij}/3 \tag{2-108}$$

由以上各式可以得到

$$W^b = \frac{1}{2}\left[\frac{9}{E(1-\Omega_E)} - \frac{3}{\mu(1-\Omega_\mu)}\right]\sigma_{\mathrm{m}}^2 \tag{2-109}$$

$$W^d = \frac{1}{6\mu(1-\Omega_\mu)}\sigma_{\mathrm{eq}}^2 \tag{2-110}$$

$$Y_E^b = \frac{9\sigma_{\mathrm{m}}^2}{2E(1-\Omega_E)^2} \tag{2-111a}$$

$$Y_\mu^b = -\frac{3\sigma_{\mathrm{m}}^2}{2\mu(1-\Omega_\mu)^2} \tag{2-111b}$$

$$Y_E^d = 0 \tag{2-111c}$$

$$Y_\mu^d = \frac{\sigma_{\mathrm{eq}}^2}{6\mu(1-\Omega_\mu)^2} \tag{2-111d}$$

相应于体积和形状改变的损伤应变能释放率可以分别表示为下式：

$$Y^b = \frac{9\sigma_{\mathrm{m}}^2}{2E(1-\Omega_E)^2} - \frac{3\sigma_{\mathrm{m}}^2}{2\mu(1-\Omega_\mu)^2} \tag{2-112a}$$

$$Y^d = \frac{\sigma_{\mathrm{eq}}^2}{6\mu(1-\Omega_\mu)^2} \tag{2-112b}$$

考虑拉伸损伤、剪切损伤以及三轴应力比的损伤应变能释放率可以表示如下：

$$Y = \frac{\sigma_{\mathrm{eq}}^2}{2E}\left\{\frac{E/\mu}{3(1-\Omega_\mu)^2} + 3\left[\frac{3}{(1-\Omega_E)^2} - \frac{E/\mu}{(1-\Omega_\mu)^2}\right]\left(\frac{\sigma_{\mathrm{m}}}{\sigma_{\mathrm{eq}}}\right)^2\right\} \tag{2-113}$$

将 $E/\mu = 2(1+v)$ 代入上式，可以得到

$$Y = \frac{\sigma_{\mathrm{eq}}^2}{2E}\left\{\frac{2(1+\nu)}{3(1-\Omega_\mu)^2} + 3\left[\frac{3}{(1-\Omega_E)^2} - \frac{2(1+\nu)}{(1-\Omega_\mu)^2}\right]\left(\frac{\sigma_{\mathrm{m}}}{\sigma_{\mathrm{eq}}}\right)^2\right\} \tag{2-114}$$

如果 $\Omega_E = \Omega_\mu = \Omega$，则上式可以退化为

$$Y = \frac{\sigma_{\mathrm{eq}}^2}{2E(1-\Omega)^2}\left[\frac{2}{3}(1+\nu) + 3(1-2\nu)\left(\frac{\sigma_{\mathrm{m}}}{\sigma_{\mathrm{eq}}}\right)^2\right] \tag{2-115}$$

该式与 Lemaitre [19] 的表达式相同。由此可见，Lemaitre 的损伤应变能释放率只是双标量损伤变量的特殊形式，而且双标量损伤变量要比前者更加实用。

2.6.5 双标量损伤变量模型特征的讨论

1. 裂纹引起的各向同性双参数损伤

对于裂纹呈币状且随机分布的各向同性固体材料而言，E^*/E 和 μ^*/μ 的比值可根据细观力学的知识由下式确定：[47−50]

$$\frac{E^*}{E} = 1 - \frac{16}{45}\frac{(1-\nu^{*2})(10-3\nu^*)}{2-\nu^*}\beta \tag{2-116a}$$

$$\frac{\mu^*}{\mu} = 1 - \frac{32}{45}\frac{(1-\nu^*)(5-\nu^*)}{2-\nu^*}\beta \tag{2-116b}$$

式中，β 为裂纹密度参数，其值为

$$\beta = \frac{45}{16}\frac{(\nu-\nu^*)(2-\nu^*)}{(1-\nu^{*2})[10\nu-\nu^*(1+3\nu^*)]} \tag{2-117a}$$

β 由下式定义：

$$\beta = N\langle a^3 \rangle \tag{2-117b}$$

式中，β 为币状裂纹的半径；N 是单位体积裂纹的数量；$\langle x \rangle$ 是变量 x 的平均值。

将式 (2-116a) 和式 (2-116b) 分别代入式 (2-84)，则可以得到双标量损伤变量的表达式如下：

$$\Omega_E = \frac{16}{45}\frac{(1-\nu^{*2})(10-3\nu^*)}{2-\nu^*}\beta \tag{2-118a}$$

$$\Omega_\mu = \frac{32}{45}\frac{(1-\nu^*)(5-\nu^*)}{2-\nu^*}\beta \tag{2-118b}$$

以上结果可以用图 2-14 和图 2-15 表示。

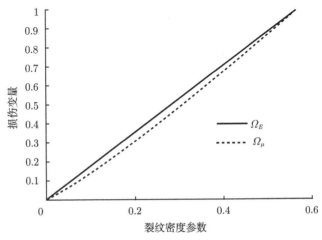

图 2-14 双标量损伤变量 Ω_μ 和 Ω_E 与裂缝密度 β 的关系

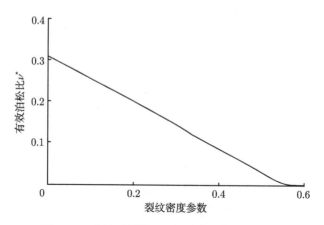

图 2-15　有效泊松比 ν^* 与裂纹密度 β 的关系

由图 2-14 可知,当裂纹密度参数 $\beta > 0$ 时,$\Omega_E > \Omega_\mu$;由图 2-15 可知,有效泊松比 ν^* 随着裂纹密度 β 的增大而减小。

2. 各向同性双参数损伤引起的孔隙改变

对于孔隙随机分布的各向同性固体材料,其有效体积模量和有效剪切模量已经由 Weng[51] 根据 Mori-Tanaka[48] 方法得到

$$K^* = \left[\sum \frac{c_r}{k_0^* + K_r}\right]^{-1} - k_0^* \tag{2-119a}$$

$$\mu^* = \left[\sum \frac{c_r}{\mu_0^* + \mu_r}\right]^{-1} - \mu_0^* \tag{2-119b}$$

式中,c_r 是缺陷 r 的体积;K_r 和 μ_r 分别是缺陷 r 的体积模量和剪切模量;k_0^* 和 μ_0^* 由下式确定:

$$k_0^* = \frac{4}{3}\mu, \quad \mu_0^* = \frac{\mu(9K + 8\mu)}{6(K + 2\mu)} \tag{2-120}$$

对于随机分布的球形孔隙各向同性材料而言,孔隙 $r = v$,且 $K_v = \mu_v = 0$。因此,双标量损伤变量 Ω_K 和 Ω_μ 可以由式 (2-116) 和式 (2-119) 表述如下:

$$\Omega_K = 1 - \frac{4\mu(1 - c_\nu)}{4\mu + 3c_\nu K}, \quad \Omega_\mu = 1 - \frac{(9K + 8\mu)(1 - c_\nu)}{9K + 8\mu + 6c_\nu(K + 2\mu)} \tag{2-121}$$

如果材料的体积模量为 K=66.4GPa,剪切模量为 μ=28.5GPa,则含有多种孔隙的材料损伤变量 Ω_K 和 Ω_μ 可以用上述模型计算出,结果如图 2-16 所示。显然,$\Omega_K > \Omega_\mu$,而且,有效泊松比 ν^* 的理论值随着 c_v 的增大而减小,如图 2-17 所示。

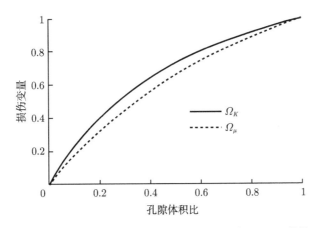

图 2-16　双标量损伤变量 Ω_μ 和 Ω_K 与孔隙体积比 c_v 的关系

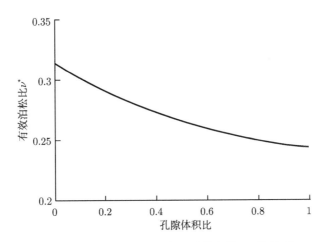

图 2-17　有效泊松比 ν^* 与孔隙体积比 c_v 的关系

2.6.6　各向同性双参数损伤模型的对比验证

　　下面将各向同性双参数损伤模型的一些特性与文献 [52]~[54] 中铝合金试验对比验证。2024T3 铝合金是一种非常重要的工程材料，它有着极其广泛的用途。用 2024T3 铝合金样本拉伸试验，可测量并验证双参数损伤模型。首先将 11 个完好无损样本的弹性参数测量出，然后通过拉伸试验进行重复拉伸–卸载试验，使样本中形成不同程度的损伤。这种试验的持续会使样本中的损伤进一步扩大。可通过在加载–卸载试验中，测量样本的有效杨氏模量 E^* 和有效剪切模量 μ^* 的变化，来估计出试件中双参数损伤状态及其演化规律。表 2-2 中列出了文献 [52]~[54] 中的部分试验结果。

表 2-2 拉伸试验结果

$\varepsilon_1/\%$	E^*/GPa	μ^*/GPa
0.00	77.76	28.48
1.02	72.62	26.89
3.00	69.00	25.89
4.62	63.35	26.02
9.00	62.04	25.70
12.03	61.08	25.52
15.32	60.04	25.99
16.00	58.89	25.69
17.87	58.22	25.16
20.00	56.47	24.65
21.34	55.04	24.50

图 2-18 中的双参数损伤变量 Ω_E 和 Ω_μ 通过式 (2-84) 计算出。由图 2-18 可以看出，当应变 $\varepsilon > 15\%$ 时，$\Omega_E > \Omega_\mu$。另外两个损伤变量 Ω_K 和 Ω_ν 可以用表 2-1 中的对应公式估计出，如图 2-19 所示。显而易见，四个损伤变量的值都随着拉伸应变的增大而增大。除此之外，有效泊松比 ν^* 与拉伸应变 ε 的关系如图 2-20 所示。在损伤发生变化的过程中，有效泊松比 ν^* 随着 ε 增大而减小的事实表示在加载过程中微观孔隙的不断扩大。不同程度的拉伸应变 ε 下的损伤影响张量的各个元素可以通过公式 (2-89) 计算出，如图 2-21 所示。其中，$\Psi_{11}(=\Psi_{22}=\Psi_{33}) \neq \Psi_{44}(=\Psi_{55}=\Psi_{66})$，且所有的耦合部分 $\Psi_{12}=\Psi_{21}=\Psi_{31}=\Psi_{13}=\Psi_{23}=\Psi_{32} < 0$。从这一系列的结果中可以看出，仅依靠单标量损伤变量不能充分地描述真实的各向同性损伤。

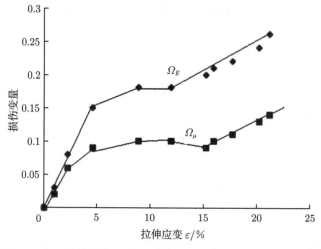

图 2-18 双参数损伤变量 Ω_E 和 Ω_μ 与拉伸应变 ε 的关系图

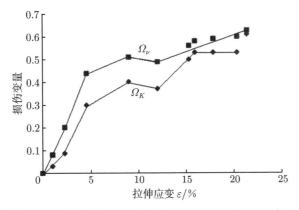

图 2-19 损伤变量 Ω_K 和 Ω_ν 与拉伸应变 ε 的关系图

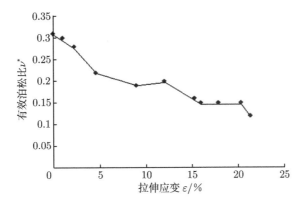

图 2-20 有效泊松比 ν^* 与拉伸应变 ε 的关系图

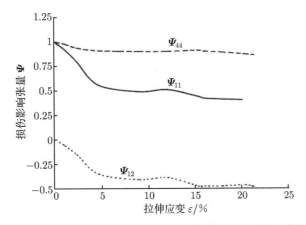

图 2-21 损伤影响张量 $\boldsymbol{\Psi}$ 的元素与拉伸应变 ε 的关系图

文献 [52]~[54] 中给出的 2024T3 铝合金的应力–应变曲线 (σ-ε) 如图 2-22 所示。令 $\sigma_{11} = \sigma$，其余的应力为 0，因此，$\sigma_{\mathrm{m}} = \sigma/3$，$\sigma_{\mathrm{eq}} = \sigma$，可以从式 (2-111) 得出以下各式：

$$Y_E^b = \frac{\sigma^2}{2E(1-\Omega_E)^2}, \quad Y_\mu^b = -\frac{\sigma^2}{6\mu(1-\Omega_\mu)^2}, \quad Y_E^d = 0, \quad Y_\mu^d = \frac{\sigma^2}{6\mu(1-\Omega_\mu)^2} \tag{2-122}$$

因此，总的损伤应变能释放率为

$$Y = \frac{\sigma^2}{2E(1-\Omega_E)^2} \tag{2-123}$$

上式即由单轴拉伸试验得到的结果。损伤应变能释放率与拉伸应变的关系曲线如图 2-23 所示。

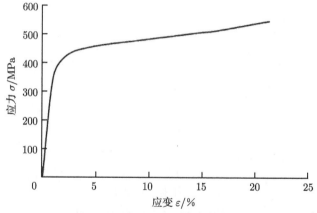

图 2-22　应力–应变曲线 [52−54]

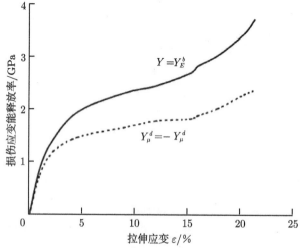

图 2-23　损伤应变能释放率与拉伸应变 ε 的关系图 [52−54]

2.6.7 双参数损伤变量的可易性-广义双参数损伤模型

1. 双参数损伤变量的可易性

由损伤力学可知,损伤状态是由材料的微观结构决定的,一般用可测量的材料参数的变化来唯象地描述损伤,如材料的杨氏模量和泊松比的变化等。因此,如果引入广义的双参数损伤变量 Ω 和 ω,则由这两个广义的双参数损伤变量组成的模型,可以根据微观结构的变化,来描述材料性能演化的特征。由 Ω 和 ω 这两个广义的损伤变量组成的广义损伤影响张量 $[\Psi]$ 可以表示成下式:

$$[\Psi] = \begin{bmatrix} \dfrac{1}{1-\Omega} & \dfrac{\omega}{1-\Omega} & \dfrac{\omega}{1-\Omega} & & & \\ \dfrac{\omega}{1-\Omega} & \dfrac{1}{1-\Omega} & \dfrac{\omega}{1-\Omega} & & 0 & \\ \dfrac{\omega}{1-\Omega} & \dfrac{\omega}{1-\Omega} & \dfrac{1}{1-\Omega} & & & \\ & & & \dfrac{1-\omega}{1-\Omega} & 0 & 0 \\ & 0 & & 0 & \dfrac{1-\omega}{1-\Omega} & 0 \\ & & & 0 & 0 & \dfrac{1-\omega}{1-\Omega} \end{bmatrix} \qquad (2\text{-}124\mathrm{a})$$

$$\Psi_{ijkl} = \frac{\omega}{1-\Omega}\delta_{ij}\delta_{kl} + \frac{1-\omega}{1-\Omega}\frac{\delta_{ik}\delta_{jl}+\delta_{il}\delta_{jk}}{2} \qquad (2\text{-}124\mathrm{b})$$

因此,损伤力学中用广义双参数损伤来表示的有效应力,可以仍然定义为

$$\{\sigma^*\} = [\Psi]\{\sigma\} \qquad (2\text{-}125)$$

式中,$\{\sigma\}$ 为 Cauchy 应力,但是此处的损伤影响张量 $[\Psi]$ 应按广义双参数损伤来描述。为了考虑损伤累积效应对损伤材料微观结构的影响,可以采用能量等效法则,即,在应力空间中,当应力张量用相应的广义有效应力张量代替时,损伤材料的弹性余应变能的释放率与无损伤材料的相同。用数学表达式表示如下:

$$W_{\mathrm{e}}^* = \frac{1}{2}\{\sigma^*\}^{\mathrm{T}}[D]^{-1}\{\sigma^*\} = \frac{1}{2}\{\sigma\}^{\mathrm{T}}[D^*]^{-1}\{\sigma\} \qquad (2\text{-}126)$$

式中,W_{e}^* 是弹性余能,$[D]$ 是无损材料的弹性张量,$[D^*]$ 是广义损伤材料的有效弹性张量,它们之间有以下关系式:

$$[D^*]^{-1} = [\Psi]^{\mathrm{T}}[D]^{-1}[\Psi]$$

$$
= \begin{bmatrix}
\dfrac{1}{E^*} & \dfrac{-\nu^*}{E^*} & \dfrac{-\nu^*}{E^*} & & & \\
\dfrac{-\nu^*}{E^*} & \dfrac{1}{E^*} & \dfrac{-\nu^*}{E^*} & & 0 & \\
\dfrac{-\nu^*}{E^*} & \dfrac{-\nu^*}{E^*} & \dfrac{1}{E^*} & & & \\
\hline
& & & \dfrac{2(1+\nu^*)}{E^*} & 0 & 0 \\
& 0 & & 0 & \dfrac{2(1+\nu^*)}{E^*} & 0 \\
& & & 0 & 0 & \dfrac{2(1+\nu^*)}{E^*}
\end{bmatrix}
\tag{2-127}
$$

式中，E^* 和 ν^* 分别为各向同性损伤材料的有效杨氏模量和有效泊松比，它们可以用两个广义损伤变量 Ω 和 ω 表示如下：

$$
E^* = \frac{(1-\Omega)^2 E}{1 - 4\omega\nu + 2\omega^2(1-\nu)}
\tag{2-128a}
$$

$$
\nu^* = \frac{\nu - 2\omega(1-\nu) - \omega^2(1-3\nu)}{1 - 4\omega\nu + 2\omega^2(1-\nu)}
\tag{2-128b}
$$

式中，E 和 ν 分别是无损材料的杨氏模量和泊松比。

需要指出，这种用广义损伤变量 Ω 和 ω 参数定义的有效应力与经典的由 Kachanov[5] 和 Lemaitre[19] 用有效承载截面积定义的有效应力完全不同。此处抛弃了损伤按有效承载截面积丧失的唯象论观念，而试图采用两个代表材料微观结构状态变化的抽象参数 Ω 和 ω 来描述损伤和损伤导致的有效应力。这是连续损伤力学观念上的一大进步。

相应于广义双参数损伤模型的应变能释放率可以分别用下式表示：

$$
Y_\Omega = -\frac{\partial W_e^*}{\partial \Omega} = -\frac{1}{2}\{\sigma\}^{\mathrm{T}} \frac{\partial [D^*]^{-1}}{\partial \Omega}\{\sigma\} = -\{\sigma\}^{\mathrm{T}} \frac{[D^*]^{-1}}{1-\Omega}\{\sigma\}
\tag{2-129}
$$

$$
Y_\omega = -\frac{\partial W_e^*}{\partial \omega} = -\frac{1}{2}\{\sigma\}^{\mathrm{T}} \frac{\partial [D^*]^{-1}}{\partial \omega}\{\sigma\} = -\{\sigma\}^{\mathrm{T}} \frac{[D_\omega^*]^{-1}}{1-\Omega}\{\sigma\}
\tag{2-130}
$$

式中，

$$
[D_\omega^*]^{-1} = \begin{bmatrix}
\dfrac{2(1-\nu)\omega - 2\nu}{E(1-\Omega)} & \dfrac{-(1-3\nu)\omega - (1-\nu)}{E(1-\Omega)} & \dfrac{-(1-3\nu)\omega - (1-\nu)}{E(1-\Omega)} & & & \\
\dfrac{-(1-3\nu)\omega - (1-\nu)}{E(1-\Omega)} & \dfrac{2(1-\nu)\omega - 2\nu}{E(1-\Omega)} & \dfrac{-(1-3\nu)\omega - (1-\nu)}{E(1-\Omega)} & & 0 & \\
\dfrac{-(1-3\nu)\omega - (1-\nu)}{E(1-\Omega)} & \dfrac{-(1-3\nu)\omega - (1-\nu)}{E(1-\Omega)} & \dfrac{2(1-\nu)\omega - 2\nu}{E(1-\Omega)} & & & \\
\hline
& & & \dfrac{2(1-\nu)\omega - 2\nu}{E(1-\Omega)} & 0 & 0 \\
& 0 & & 0 & \dfrac{2(1-\nu)\omega - 2\nu}{E(1-\Omega)} & 0 \\
& & & 0 & 0 & \dfrac{2(1-\nu)\omega - 2\nu}{E(1-\Omega)}
\end{bmatrix}
\tag{2-131}
$$

根据加载方式的不同，一般有两种不同的损伤累积，即单调加载时为非弹性损伤和循环加载时为疲劳损伤。总的损伤可以定义为这两种损伤之和，即

$$\Omega = \Omega_{\text{in}} + \Omega_{\text{f}}, \quad \omega = \omega_{\text{in}} + \omega_{\text{f}}, \quad \underline{\Omega} = \underline{\Omega}_{\text{in}} + \underline{\Omega}_{\text{f}} \tag{2-132}$$

式中，Ω 和 ω 为总的广义双参数损伤变量，Ω_{in} 和 ω_{in} 为非弹性的广义双参数损伤变量，Ω_{f} 和 w_{f} 为广义双参数损伤的疲劳损伤部分。$\underline{\Omega}$、$\underline{\Omega}_{\text{in}}$ 和 $\underline{\Omega}_{\text{f}}$ 为广义双参数损伤的等效损伤变量。

2. 广义双参数损伤相应的损伤演化模型

为描述变形和损伤演化方程，对材料引入非弹性耗散势函数 Φ^*，该势函数包含两部分，即变形部分和损伤破坏部分。因此，该耗散势函数 Φ^* 可以假定为

$$\Phi^* = \Phi_{\text{in}}^*(\{\sigma\}, \{g\}) + \Phi_{\text{d}}^*(Y_{\text{eq}}) \tag{2-133}$$

式中，$\{g\}$ 为滞后应力，Φ_{in}^* 为耗散势函数中对应的变形部分，Φ_{d}^* 为耗散势函数中对应的损伤部分，它是等效损伤应变能释放率 Y_{eq} 的函数。等效损伤应变能释放率函数 Y_{eq} 定义如下：

$$Y_{\text{eq}} = \left[\frac{1}{2}(Y_{\Omega}^2 + \eta Y_{\omega}^2)\right]^{\frac{1}{2}} \tag{2-134}$$

式中，Y_{Ω} 和 Y_{ω} 分别为双标量参数的损伤变量所对应的损伤应变能释放率，η 为材料常数。双标量参数的损伤变量所描述的损伤耗散势函数 Φ_{d}^* 可定义如下：

$$\Phi_{\text{d}}^* = \frac{R_{\text{dh}}}{B_1 + 1}\left(\frac{Y_{\text{eq}}}{R_{\text{h}}}\right)^{B_1+1} \tag{2-135}$$

式中，B_1 为材料常数；R_{dh} 为损伤硬化变量 R_{d} 的门槛值。因此，非弹性损伤演化方程如下：

$$\underline{\dot{\Omega}}_{\text{in}} = -\lambda_{\text{in}}\frac{\partial\Phi^*}{\partial Y_{\Omega}} = -\lambda_{\text{in}}\frac{\partial\Phi_{\text{d}}^*}{\partial Y_{\Omega}} = -\underline{\dot{\Omega}}_{\text{in}}\frac{Y_{\Omega}}{2Y_{\text{eq}}} \tag{2-136a}$$

$$\underline{\dot{\omega}}_{\text{in}} = -\lambda_{\text{in}}\frac{\partial\Phi^*}{\partial Y_{\omega}} = -\lambda_{\text{in}}\frac{\partial\Phi_{\text{d}}^*}{\partial Y_{\omega}} = -\underline{\dot{\Omega}}_{\text{in}}\eta\frac{Y_{\omega}}{2Y_{\text{eq}}} \tag{2-136b}$$

式中，$\underline{\dot{\Omega}}_{\text{in}}$ 为等效的非弹性损伤率函数，其定义如下：

$$\underline{\dot{\Omega}}_{\text{in}} = -\lambda_{\text{in}}\frac{\partial\Phi^*}{\partial Y_{\text{eq}}} = -\lambda_{\text{in}}\left(\frac{Y_{\text{eq}}}{Y_{\text{h}}}\right)^{B_1} \tag{2-137}$$

式中，λ_{in} 为计算因子，与等效非弹性应变率有关。非弹性损伤硬化变量 R_{h} 可以表示成等效非弹性损伤变量 $\underline{\Omega}_{\text{in}}$ 和热力学温度 T 的函数，即

$$R_{\text{h}}(\underline{\Omega}_{\text{in}}, T) = R_0 \exp(B_2\underline{\Omega}_{\text{in}} + B_3/T) \tag{2-138}$$

式中, R_0、B_2 和 B_3 为材料常数。

由式 (2-134) 和式 (2-136) 可知, 等效非弹性损伤变量 $\underline{\Omega}_{\mathrm{in}}$ 和广义非弹性损伤变量 Ω_{in}、ω_{in} 之间的关系式为

$$\dot{\underline{\Omega}}_{\mathrm{in}} = \begin{cases} \sqrt{2(\dot{\Omega}_{\mathrm{in}}^2 + \dot{\omega}_{\mathrm{in}}^2/\eta)}, & \eta \neq 0 \\ \sqrt{2}\dot{\Omega}_{\mathrm{in}}, & \eta = 0 \end{cases} \tag{2-139}$$

除材料常数不同外, 疲劳损伤演化方程与非弹性损伤演化方程 (2-136) 和方程 (2-137) 的形式类似:

$$\dot{\underline{\Omega}}_{\mathrm{f}} = -\lambda_{\mathrm{in}} \frac{\partial \Phi^*}{\partial Y_{\underline{\Omega}_{\mathrm{f}}}} = -\lambda_{\mathrm{in}} \frac{\partial \Phi_{\mathrm{d}}^*}{\partial Y_{\underline{\Omega}_{\mathrm{f}}}} = -\dot{\underline{\Omega}}_{\mathrm{f}} \frac{Y_{\mathrm{eq}}}{2Y_{\mathrm{eq}}} \tag{2-140a}$$

$$\dot{\omega}_{\mathrm{f}} = -\lambda_{\mathrm{in}} \frac{\partial \Phi^*}{\partial Y_{\omega_{\mathrm{f}}}} = -\lambda_{\mathrm{in}} \frac{\partial \Phi_{\mathrm{d}}^*}{\partial Y_{\omega_{\mathrm{f}}}} = -\dot{\underline{\Omega}}_{\mathrm{f}} \eta \frac{Y_{\omega}}{2Y_{\mathrm{eq}}} \tag{2-140b}$$

$$\dot{\underline{\Omega}}_{\mathrm{f}} = \lambda_{\mathrm{in}} \frac{Y_{\mathrm{eq}}}{2Y_{\mathrm{hf}}} \tag{2-141}$$

式中, $\underline{\Omega}_{\mathrm{f}}$ 为等效疲劳损伤, 疲劳损伤硬化变量 R_{hf} 可以用热力学温度 T 表示如下:

$$R_{\mathrm{hf}}(T) = R_{0\mathrm{f}} \exp(B_3/T) \tag{2-142}$$

式中, $R_{0\mathrm{f}}$ 为材料常数, 是疲劳损伤硬化变量的初始门槛值。因此, 每次循环疲劳损伤累积可以用下式计算:

$$\frac{\Delta \Omega_{\mathrm{f}}}{\Delta N} = \int \mathrm{d}\Omega_{\mathrm{f}}, \quad \frac{\Delta \omega_{\mathrm{f}}}{\Delta N} = \int \mathrm{d}\omega_{\mathrm{f}}, \quad \frac{\Delta \underline{\Omega}_{\mathrm{f}}}{\Delta N} = \int \mathrm{d}\underline{\Omega}_{\mathrm{f}} \tag{2-143}$$

总的等效损伤 $\underline{\Omega}$ 可以定义为

$$\underline{\Omega} = \underline{\Omega}_{\mathrm{in}} + \underline{\Omega}_{\mathrm{f}} \tag{2-144}$$

于是, 以材料总的等效损伤累积为基础的失效准则可以描述为: 当单元内的总等效损伤 $\underline{\Omega}$ 达到临界值 $\underline{\Omega}_{\mathrm{c}}$ 时, 单元破坏。临界值 $\underline{\Omega}_{\mathrm{c}}$ 可以通过试验确定, 被认为是材料内在的特性参数。

3. 广义双参数损伤变量耦合的本构方程

本构方程的建立总是从应力–应变分析开始的。总应变可以按下式定义:

$$\{\varepsilon\} = \{\varepsilon^{\mathrm{e}}\} + \{\varepsilon^{\mathrm{in}}\} \tag{2-145}$$

式中, $\{\varepsilon^{\mathrm{e}}\}$ 为弹性应变, $\{\varepsilon^{\mathrm{in}}\}$ 为非弹性应变。弹性损伤耦合的本构方程可以写为

$$\{\varepsilon^{\mathrm{e}}\} = [D^*]^{-1}\{\sigma\} \quad \text{或} \quad \{\sigma\} = [D^*]\{\varepsilon^{\mathrm{e}}\} \tag{2-146}$$

式中，$[D^*]$ 为用广义双参数损伤变量描述的损伤材料的有效弹性矩阵。材料的硬化方程也可以按广义双参数损伤变量的描述改写为

$$\{\gamma_k\} = 3 [C_{k0}]^{-1} \{g\}/2 \quad \text{或} \quad \{g\} = 2 [C_{k0}] \{\gamma_k\}/3 \tag{2-147}$$

式中，$\{g\}$ 为滞后应力，$\{\gamma_k\}$ 为滞后应变，$[C_{k0}]$ 为材料常数矩阵。

为推导损伤耦合的非弹性本构方程，耗散能中的变形部分可以定义为

$$\Phi^*_{\text{in}}(\{\sigma\}, \sigma_m) = J_2 \tag{2-148}$$

式中，J_2 为第二应力偏量不变量，定义如下：

$$\Phi^*_{\text{in}}(\{\sigma\}, \sigma_m) = J_2 = \left\{ \frac{3}{2} \{\sigma_{ij}'\}^{\text{T}} \{\sigma_{ij}'\} \right\}^{\frac{1}{2}} \tag{2-149}$$

$\{s_{ij}\} = \{\sigma_{ij} - \sigma_m \delta_{ij}\}$ 为偏应力。因此，非弹性应变率为

$$\{\dot{\varepsilon}^{\text{in}}\} = \lambda_{\text{in}} \frac{\partial \Phi^*}{\partial \{\sigma\}} = \lambda_{\text{in}} \frac{\partial \Phi^*_{\text{in}}}{\partial \{\sigma\}} = \lambda_{\text{in}} \frac{3}{2} \frac{\{s_{ij}\}}{J_2} \tag{2-150}$$

由以上两式可以得出

$$\{\dot{\varepsilon}^{\text{in}}\}^{\text{T}} \{\dot{\varepsilon}^{\text{in}}\} = \lambda_{\text{in}}^2 \left(\frac{3}{2}\right)^2 \frac{\{s_{ij}\}^{\text{T}} \{s_{ij}\}}{J_2^2} = \lambda_{\text{in}}^2 \frac{3}{2} \frac{J_2^2}{J_2^2} = \frac{3}{2} \lambda_{\text{in}}^2 \tag{2-151}$$

$$\lambda_{\text{in}} = \left\{ \frac{2}{3} \{\dot{\varepsilon}^{\text{in}}\}^{\text{T}} \{\dot{\varepsilon}^{\text{in}}\} \right\}^{\frac{1}{2}} = \dot{p}_{\text{in}} \tag{2-152}$$

因此，计算因子 λ_{in} 等于等效的非弹性应变率。

2.6.8　双标量损伤影响张量的适用条件

方程 (2-128) 给出的是无损材料的弹性张量对损伤材料的有效弹性张量的映射，因此，与应变能相关的正定二次式须满足。一个简单的形式如下：

$$W^*_{\text{e}} = G^* \gamma^2 + \frac{1}{2} \lambda^* (Tr\varepsilon)^2 = G^* e^2 + \frac{1}{2} K^* (Tr\varepsilon)^2 > 0 \tag{2-153}$$

上式的必要条件为：$G^* > 0$，$\lambda^* > 0$；充分条件为：$G^* > 0$，$K^* > 0$，或有效杨氏模量 $E^* > 0$，有效泊松比 $-1 < \nu^* < 0.5$ 须满足，即

$$G^* = \frac{E^*}{2(1+\nu^*)} = \frac{(1-\Omega)^2}{(1-\omega)^2} \frac{E}{2(1+\nu)} > 0 \tag{2-154a}$$

$$K^* = \frac{E^*}{3(1-2\nu^*)} = \frac{(1-\Omega)^2}{(1+2\omega)^2} \frac{E}{3(1-2\nu)} > 0 \tag{2-154b}$$

因为 $0 \leqslant \Omega \leqslant 1$，$0 \leqslant \omega \leqslant \omega_{max} \leqslant 1$，故上式总是满足。

因为材料不存在负值的泊松比，因此，上述两式必须附加条件：$\nu^* > 0$，此时，式 $[\boldsymbol{D}^*]^{-1}$ 中的下式成立，即

$$-\frac{\nu^*}{E^*} = -\frac{\nu - 2(1-\nu)\omega - (1-3\nu)\omega^2}{E(1-\Omega)^2} < 0 \tag{2-155}$$

因为无损材料的泊松比 $0 < \nu < 0.5$，故式 (2-155) 总为正值。例如，对于文献 [55] 中的焊接材料 63Sn-37Pb，当 $\nu = 0.4$ 时，$[D_{1122}^*]^{-1}$ 与 ω 的关系如图 2-24 所示。

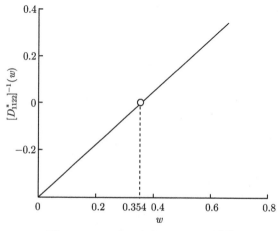

图 2-24　$[D_{1122}^*]^{-1}$ 与 w 的关系 [55]

该图中，损伤变量 $\omega = 0.354$，材料的损伤值如果高于此值，材料的损伤将以特殊的方式发展，横向的应变相对于单轴拉伸方向有所伸长，即 $\omega = 0.354$ 为损伤变量 ω 的上界值。

为得出广义双参数损伤变量对应的广义损伤影响张量成立的适用条件，类似于公式 (2-124) 中给出的损伤张量，考虑如下广义的四阶对称张量的一般形式：

$$[\underline{\boldsymbol{\Psi}}] = \begin{bmatrix} a+b & a & a & & & \\ a & a+b & a & & 0 & \\ a & a & a+b & & & \\ & & & b & 0 & 0 \\ & 0 & & 0 & b & 0 \\ & & & 0 & 0 & b \end{bmatrix} \tag{2-156}$$

$$\underline{\boldsymbol{\Psi}}_{ijkl} = a\delta_{ij}\delta_{kl} + b(\delta_{ik}\delta_{jl} + \delta_{il}\delta_{jk}) / 2$$

一般的各向同性材料的对称胡克张量形式为

$$[D]^{-1} = \begin{bmatrix} \lambda+2\mu & \lambda & \lambda & & & \\ \lambda & \lambda+2\mu & \lambda & & 0 & \\ \lambda & \lambda & \lambda+2\mu & & & \\ \hdashline & & & \mu/2 & 0 & 0 \\ & 0 & & 0 & \mu/2 & 0 \\ & & & 0 & 0 & \mu/2 \end{bmatrix} \quad (2\text{-}157)$$

$$D_{ijkl}^{-1} = \lambda\delta_{ij}\delta_{kl} + \mu(\delta_{ik}\delta_{jl} + \delta_{il}\delta_{jk})$$

此时, 有效的弹性损伤张量仍保持对称性, 从而四阶的各向同性有效弹性张量为

$$[D^*]^{-1} = [\underline{\Psi}]^{\mathrm{T}}[D]^{-1}[\underline{\Psi}]$$
$$D_{ijkl}^{*-1} = \underline{\Psi}_{ijmn}D_{mnpq}^{-1}\underline{\Psi}_{pqkl} = \lambda^*\delta_{ij}\delta_{kl} + \mu^*(\delta_{ik}\delta_{jl} + \delta_{il}\delta_{jk}) \quad (2\text{-}158)$$

有效拉梅弹性常数 λ^* 和 μ^* 可以定义为

$$\lambda^* = (3a\lambda + 2aG + b\lambda)(3a + b) + 2abG \quad (2\text{-}159\text{a})$$

$$\mu^* = G^* = b^2G \quad (2\text{-}159\text{b})$$

与应变能相关的二次式成立的充要条件为

$$K^* = (\lambda + 2G/3)(9a^2 + 6ab + b^2) > 0, \quad G^* = b^2G$$
$$-\frac{\nu^*}{E^*} = \frac{1}{9K^*} - \frac{1}{6G} = \frac{(1+\nu)(9a^2 + 6ab) + 3\nu b^2}{E(9a^2 + 6ab + b^2)b^2} < 0 \quad (2\text{-}160)$$

显而易见, 当 $a \geqslant 0$, $b \geqslant 0$ 时, 上式成立. 分为以下四种情况:

情况 (1): 如果 $a = 0$, $b = 1/(1-\Omega)$, 则下述不等式

$$K^* = \frac{E^*}{3(1-2\nu^*)} = \frac{E}{3(1-2\nu)(1-\Omega)^2} > 0 \quad (2\text{-}161\text{a})$$

$$G^* = \frac{E}{2(1+\nu)(1-\Omega)^2} > 0$$
$$-\frac{\nu^*}{E^*} = -\frac{(1-\Omega)^2\nu}{E} < 0 \quad (2\text{-}161\text{b})$$

总是成立的, 因此, 以下的损伤影响张量形式总是成立的:

$$[\underline{\Psi}] = [I]/(1-\Omega) \quad \text{或} \quad \underline{\Psi}_{ijkl} = (\delta_{ik}\delta_{jk} + \delta_{il}\delta_{jk})/(1-\Omega)/2 \quad (2\text{-}162)$$

情况 (2): 如果 $a = \omega/(1-\Omega)$, $b = 1/(1-\Omega)$, 则以下各式总是成立:

$$K^* = \frac{9\omega^2 + 6\omega + 1}{(1-\Omega)^2}\frac{E}{3(1-2\nu)} > 0$$

$$G^* = \frac{1}{(1-\Omega)^2}\frac{E}{2(1+\nu)} \tag{2-163}$$

$$-\frac{\nu^*}{E^*} = \frac{(1-\Omega)^2[(1+\nu)(9\omega^2+6\omega)+3\nu]}{3E(9\omega^2+6\omega+1)} < 0$$

于是，损伤影响张量形式为

$$[\underline{\Psi}] = \begin{bmatrix} \dfrac{1+\omega}{1-\Omega} & \dfrac{\omega}{1-\Omega} & \dfrac{\omega}{1-\Omega} & & & \\ \dfrac{\omega}{1-\Omega} & \dfrac{1+\omega}{1-\Omega} & \dfrac{\omega}{1-\Omega} & & 0 & \\ \dfrac{\omega}{1-\Omega} & \dfrac{\omega}{1-\Omega} & \dfrac{1+\omega}{1-\Omega} & & & \\ & & & \dfrac{1}{1-\Omega} & 0 & 0 \\ & 0 & & 0 & \dfrac{1}{1-\Omega} & 0 \\ & & & 0 & 0 & \dfrac{1}{1-\Omega} \end{bmatrix} \tag{2-164}$$

$$\underline{\Psi}_{ijkl} = \frac{\omega}{1-\Omega}\delta_{ij}\delta{kl} + \frac{1}{1-\Omega}\frac{\delta_{ik}\delta_{jl}+\delta_{il}\delta_{jk}}{2}$$

情况 (3)：如果 $a = \Omega/(1-\Omega)$，$b = \omega/(1-\Omega)$，则以下各式总是成立：

$$K^* = \frac{9+6\omega+\omega^2}{(1-\Omega)^2}\frac{E}{3(1-2\nu)} > 0$$

$$G^* = \frac{\omega^2}{(1-\Omega)^2}\frac{E}{2(1+\nu)} \tag{2-165}$$

$$\frac{\nu^*}{E^*} = -\frac{(1-\Omega)^2[(1+\nu)(9+6\omega)+3\nu\omega^2]}{3E(9+6\omega+\omega^2)} < 0$$

因此，以下的损伤影响张量形式为

$$[\underline{\Psi}] = \begin{bmatrix} \dfrac{1+\omega}{1-\Omega} & \dfrac{1}{1-\Omega} & \dfrac{1}{1-\Omega} & & & \\ \dfrac{1}{1-\Omega} & \dfrac{1+\omega}{1-\Omega} & \dfrac{1}{1-\Omega} & & 0 & \\ \dfrac{1}{1-\Omega} & \dfrac{1}{1-\Omega} & \dfrac{1+\omega}{1-\Omega} & & & \\ & & & \dfrac{\omega}{1-\Omega} & 0 & 0 \\ & 0 & & 0 & \dfrac{\omega}{1-\Omega} & 0 \\ & & & 0 & 0 & \dfrac{\omega}{1-\Omega} \end{bmatrix} \tag{2-166}$$

情况 (4)：如果 $a = [1/(1-\Omega_K) - 1/(1-\Omega_\mu)]/3$，$b = 1/(1-\Omega_\mu)$，则以下各式总是满足，即

$$K^* = \frac{K}{(1-\Omega_K)^2} = \frac{1}{(1-\Omega_K)^2}\frac{E}{3(1-2\nu)} > 0 \qquad (2\text{-}167\text{a})$$

$$G^* = \mu^* = \frac{\mu}{(1-\Omega_\mu)^2} = \frac{1}{(1-\Omega_\mu)^2}\frac{E}{2(1+\nu)} > 0 \qquad (2\text{-}167\text{b})$$

然而，

$$-\frac{\nu^*}{E^*} = -\frac{(1+\nu)(1-\Omega_\mu)^2 - (1-2\nu)(1-\Omega_K)^2}{3E} < 0 \qquad (2\text{-}168)$$

并不总是满足，因为分子总是变化。因此，分别受球应力张量和偏应力张量作用的损伤影响张量可以写为下式：

$$[\underline{\Psi}] = \frac{1}{3}\left[\begin{array}{ccc|ccc}
\frac{1}{1-\Omega_K}+\frac{2}{1-\Omega_\mu} & \frac{1}{1-\Omega_K}-\frac{1}{1-\Omega_\mu} & \frac{1}{1-\Omega_K}-\frac{1}{1-\Omega_\mu} & & & \\
\frac{1}{1-\Omega_K}-\frac{1}{1-\Omega_\mu} & \frac{1}{1-\Omega_K}+\frac{2}{1-\Omega_\mu} & \frac{1}{1-\Omega_K}-\frac{1}{1-\Omega_\mu} & & 0 & \\
\frac{1}{1-\Omega_K}-\frac{1}{1-\Omega_\mu} & \frac{1}{1-\Omega_K}-\frac{1}{1-\Omega_\mu} & \frac{1}{1-\Omega_K}+\frac{2}{1-\Omega_\mu} & & & \\
\hline
& & & \frac{3}{1-\Omega_\mu} & 0 & 0 \\
& 0 & & 0 & \frac{3}{1-\Omega_\mu} & 0 \\
& & & 0 & 0 & \frac{3}{1-\Omega_\mu}
\end{array}\right]^*$$

$$\underline{\Psi}_{ijkl} = \frac{1}{3}\left(\frac{1}{1-\Omega_K} - \frac{1}{1-\Omega_\mu}\right)\delta_{ij}\delta_{kl} + \frac{1}{1-\Omega_\mu}\frac{\delta_{ik}\delta_{jl} + \delta_{il}\delta_{jk}}{2} \qquad (2\text{-}169)$$

上式只有当 $(1-\Omega_\mu)/(1-\Omega_K) = [(1-2\nu)/(1+\nu)]^{\frac{1}{2}}$ 时成立。

参 考 文 献

[1] Leckie F, Onate E. Tensorial nature of damage measuring internal variables//Hult J, Lemaitre J. Physical Non-linearities in Structural Analysis. Bern: Springer-Verlag, 1981: 140-155.

[2] Cordebois J P, Sidoroff F. Endommagement anisotropic. J. of Theory and Applied Mech., 1982, 1(4): 45-60.

[3] Murakami S, Ohno N. Creep damage analysis in thin-walled tubes//Chern J M, Pai D H. Inelastic Behavior of Pressure Vessel and Piping Components. PVP-PB-028, New York: ASME, 1978: 55-69.

[4] Betten J. Damage Tensor in Continuum Mechanics. Canhan, France, 1981: 416-421.

[5] Kachanov L M. Introduction to continuum damage mechanics. Martinus Nijhoff, 1986, 54(2): 411.

[6] Murakami S. Mechanical modeling of material damage. J. of Appl. Mechanics, 1988, 55: 280-286.

[7] Chaboche J. Continuum damage mechanics: part I—general concepts. J. of Appl. Mech., 1988,55: 59-72.

[8] Chaboche J. Continuum damage mechanics: part II—damage growth, crack initiation, and crack growth. J. of Appl. Mech., 1988, 55: 59-72.

[9] Tamuzh V, Lagsdinsh A. Variant of fracture theory. J. Mech. of Polymer, 1968, 4: 457-474.

[10] Kawamoto T, Ichikawa Y, Kyoya T. Deformation and fracturing behaviour of discontinuous rock mass and damage mechanics theory. Int. J. for Num. and Analy. Meth. Geomechanics, 1988, 12(2): 1-30.

[11] Kyoya T, Ichikawa Y, Kawamoto T. A damage mechanics theory for discontinuous rock mass//5th Int. Conf. Numerical Method. in Geo-mechanics. 1985: 69-480.

[12] Zhang W H. Numerical analysis of continuum damage mechanics. Sydney: University of New South Wales, Australia, 1992.

[13] Zhang W H, Valliappan S. Continuum damage mechanics theory and application—part I: theory; part II—application. Int. J. of Damage Mech.,1998, 7: 250-273, 274-297.

[14] Zhang W H, Chen Y M, Jin Y. Effects of symmetrisation of net-stress tensor in anisotropic damage models. International Journal of Fracture, 2001, 106, 109: 345-363.

[15] 张我华, 金冀. 各向异性损伤力学中的弹塑性分析. 固体力学学报, 2000, 21(1): 89-94.

[16] Zhang W H, Chen Y M, Jin Y. A study of dynamic responses of incorporating damage materials and structure. Structural Engineering and Mechanics, 2000, 12(2): 139-156.

[17] Zhang W H, Cai Y Q. Continuum Damage Mechanics and Numerical Application. Berlin-Heidelberg: Springer-Verlag GmbH, 2008.

[18] Kachanov L. On growth of crack under creep conditions. Int. J. Fracture, 1978, 14(2): 51-52.

[19] Lemaitre J. A Course on Damage Mechanics. Berlin Heidelberg New York: Springer-Verlag, 1992.

[20] Krajcinovic D, Fonseka G U. The continuous damage theory of brittle materials, Part 1: general theory; Part 2: uniaxial and plane response modes. Trans. ASME, J. of Appl. Mech., 1981, 48: 809-824.

[21] Chaboche J. Continuum damage mechanics—a tool to describe phenomena before crack initiation. Nuclear Eng. and Design, 1981, 64: 233-247.

[22] Chaboche J. Continuum damage mechanics: part I—general concepts; part II—damage growth, crack initiation, and crack growth. J. of Appl. Mech., 1988, 55: 59-72.

[23] Murakami S, Ohno. A continuum theory of creep and creep damage//Ponter A R S, Hayhurst D R. Creep in Structures. Bern: Springer, 1981: 422-444.

[24] Hult J. Effect of voids on creep rate and strength//Shubbs N, Krajcinovi c D. Damage Mechanics and Continuum Modeling. American Society of Civil Engineering, 1985: 13-23.

[25] Hult J, Broberg H. Creep rupture under cycle loading//Second Bulgarian Congress on Mechanics, Proc. Varna, 1976, 2: 263-272.

[26] Lemaitre J, Chaboche J. A non-near model of creep-fatigue damage cumulation and interaction // Hult J. Mechanics of Visco-elastic Media and Bodies. Symposium Gothenburg/Sweden. Bern: Springer-Verlag, 1975: 291-301.

[27] Lemaitre J, Chaboche J. Aspect phenomenologique de la rupture par endommagement. J. Mech. Appl., 1978, 2: 317-365.

[28] Krajcinovic D. Statistical aspects of the continuous damage theory. Int. J. of Solid Struc., 1982, 18: 551-562.

[29] Swoboda G, Yang Q. An energy-based damage model of geomaterials-II. deduction of damage evolution laws. Int. J. Solids Structures, 1999, 36: 1735-1755.

[30] Zhang W H, Valliappan S. Analysis of random anisotropic damage mechanics problems of rock mass, part I—probabilistic simulation. Int. J. Rock Mech. and Rock Engg., 1991, 23: 91-112.

[31] Zhang W H, Valliappan S. Analysis of random anisotropic damage mechanics problems of rock mass, part II—statistical estimation. Int. J. Rock Mech. and Rock Engg., 1991, 23: 241-259.

[32] Wu S M, Zhang W H, Woods R D. A Look Back for Future Geotechnics. New Delhi: Oxford & IBH Publishing Co. Pvt. Ltd., 2000.

[33] 张我华，孙林柱，王军，等. 随机损伤力学与模糊随机有限元. 北京：科学出版社, 2011.

[34] Lemaitre J. Evaluation of dissipation and damage in metals submitted to dynamic loading // Proceedings ICM-1. Kyoto, Japan, 1971.

[35] Lemaitre J, Chaboche J. Aspect phenomenologique delay rupture pare endommagement. J. Mech. Appl., 1978, 2: 317-365.

[36] Lee H, Peng K, Wang J. An anisotropic damage criterion for deformation instability and its appcation to forming mit analysis of metal plates. J. of Engg. Frac. Mech., 1985, 21: 1031-1054.

[37] Valliappan S, Zhang W H, Murti V. Finite element analysis of anisotropic damage mechanics problems. J. of Engg. Frac. Mech., 1990, 35: 1061-1076.

[38] Lemaitre J. A continuous damage mechanics model for ductile fracture. J. of Engg. Mater. and Tech., 1985, 107: 83-89.

[39] Murakami S. Notion of continuum damage mechanics and its appcation to anisotropic creep damage theory. J. of Engg. Mater. and Tech., 1983, 105: 99-105.

[40] Murakami S, Sanomura Y, Saitoh K. Formulation of cross-hardening in creep and its effect on the creep damage process of copper. J. of Engg. Meter. and Tech., 1986, 108: 167-173.

[41] Chaboche J. Anisotropic damage in the framework of continuum damage mechanics. Nuclear. Engg. Design, 1984, 79: 181-194.

[42] Chaboche J. Continuum damage mechanics: part I—General Concepts. J. of Appl. Mech., 1988, 55: 59-72.

[43] 秦四清. 岩石声发射技术概论. 成都：西南交通大学出版社，1993.

[44] 国际岩石力学学会实验室和现场试验标准化委员会. 岩石力学试验建议方法. 北京：煤炭工业出版社, 1982.

[45] 高蕴昕，郑泉水，余寿文. 各向同性弹性损伤的双标量描述. 力学学报，1996，28(5)：542-549.

[46] Fares N. Effective stiffness of cracked elastic solids. Appl Mech Rev., 1992, 45:336-345.

[47] Kachanov M, Tsukrov I, Shafiro B. Effective moduli of solids with cavities of various shapes. Appl Mech Rev., 1994, 47(1):S151-S174.

[48] Mori T, Tanaka K. Average stress in matrix and average elastic energy of materials with misfitting inclusions. Acta Metallurgica, 1973, 21: 571-574.

[49] Coleman B D, Gurtin M E. Thermodynamics with internal variable. J. Chen Phys., 1967, 47: 597-613.

[50] Kachanov M. On the effective moduli of solids with cavities and cracks. Int. J. Fracture, 1993, 59: R17-R21.

[51] Weng G J. Some elastic properties of reinforced solids with special reference to isotropic ones containing special inclusions. Int. J. Engng Sci., 1984, 22(7): 845-856.

[52] Tang C Y. Modeling of craze damage in polymeric materials: a case study in polystyrene and high impact polystyrene. Hong Kong: Hong Kong Polytechnic University, 1995.

[53] Tang C Y, Lee W B. Effects of damage on the shear modulus of aluminum alloy 2024T3. Scripta Metallurgica et Materialia, 1995, 32: 1993-1999.

[54] Tang C Y, Jie M, Shen W, et al. The degradation of elastic properties of aluminum alloy 2024T3 due to strain damage. Sripta Materialia, 1998, 38: 231-238.

[55] Chow C L, Tai W H. Damage based formability analysis of sheet metal with LS-DYNA. International Journal of Damage Mechanics, 2000, 9: 241-254.

第3章 岩石−岩体损伤力学的分形研究

3.1 岩体损伤特征的分形描述

分形 (fractal) 作为研究几何或信息自相似的一种有效方法, 在岩石力学中获得了较广泛的应用。主要成果体现在岩石节理面的几何分形研究, 不同尺度的岩石破裂事件的空间分布、时间分布和尺寸分布特征的分形研究, 如 G-R 关系表明事件的频率−震级之间存在自相似性, 这种自相似性反映在各种等级的岩石 (体) 破裂中: 从岩石的微破裂 (cm 级)到中等破裂 (岩爆) 到大地震 (km 级)。在文献 [1],[2] 中, 利用相关函数, 评论了 Kagan 等和 Knopoff 在 1980 年的研究结果, 表明: 地震震中的空间分布也具有随机自相似性, 其分形维数为 2.2 左右。文献 [3],[4] 指出 Sadovsikiy 和 Nurek 等在 1984 年用盒维数法说明了世界范围内的局部区域地震是分形的。一些研究发现, 应力强度因子与 σ 值之间存在一种令人感兴趣的关系。下面主要讨论岩石力学几何分形与信息分形的测量方法及其应用。

3.2 岩石破裂事件的分形特征

3.2.1 岩石破裂事件空间分布的分形特征

岩石的破裂是由于岩石的各种节理、断层、裂纹、缺陷等发生断裂效应的力学结果 [5]。以分形几何学为基础的分形理论已经成为描述岩体中上述复杂现象和效应的强有力工具 [3]。对这种研究, 先考虑一个半径为 r, 圆心为 x 的球体空间, 该球体内实际所发生的破裂事件如图 3-1 所示。其中的破裂事件总数可用函数 $M(r)$ 来度量, 也就是说, 通过测量可以获得对应不同半径 r_i 的 $M(r_i)$ 函数值。按分形几何学的方法分析 $M(r_i)$ 与 r_i 间的关系发现: 对于线分布的点集存在关系 $M(r) \propto r$, 对于平面分布的点集存在关系 $M(r) \propto r^2$, 对于三维体积分布的点集存在关系 $M(r) \propto r^3$, 由此可以推广到, 对于一个维数为 D 的点集分布应当存在如下形式的分形分布 (关系):

$$M(r) \propto r^D \tag{3-1}$$

式 (3-1) 称为维数−半径的分形关系, 其中, D 称为分形维数, 它等于 lg $M(r)$-lg$r$ 拟合关系图斜率的聚类维数。显然, 采用这种分形维数的测量方法, 可以获得任何不规则分布形态的半量化描述，因此对于不规则分布的岩石破裂事件在空间的分布同样可以进行分形维数的度量。

图 3-1　岩石破裂事件空间分布的分形测量方法示意图 [4]

图 3-2 给出了一个岩石试件在三个变形阶段发生不规则破裂事件数目和形态的声发射源测量得到的分布变化。可以看出，在最终破坏前的第三阶段，发生最终破坏处附近的声发射密度非常集中，这表明这个阶段在该处所破坏过程中的不规则破裂事件数目大量发生。显然，定量地讨论从第一阶段到第三阶段的声发射源分布的变化，可以直观半量化地描述岩石在破坏过程中内部结构发生破裂事件的发展形态和积累过程，并采用下面的形式来定义其相关积分 $C(r)$：

$$C(r) = 2N_r(N-1)/N \tag{3-2}$$

式中，N 为声发射源的个数；N_r 为两点间的距离为 r 的声发射源对的个数。如果声发射源的分布形态服从分形规律，则按式 (3-1) 形式的观念，应当有下式成立：

$$C(r) \propto r^D \tag{3-3}$$

其中，D 为维数，如果在双对数图 $\lg C(r)$-$\lg r$ 上绘出距离 r 与 $C(r)$ 的数据图，那么具有分形特性的部分就表现为直线，这个直线的斜率就是分形的维数 D。

图 3-2 中 (a)、(b)、(c) 三个阶段观测得到的声发射源分布的相关积分 $C(r)$ 与 r 的拟合关系表示在图 3-3 中。从这些直线斜率的变化形态可以看出 $C(r)$ 与 r 满足式 (3-3) 所示的分形维数关系式，这就是说，声发射源的分布服从分形规律。从图 3-3 中直线的斜率不难估计出，从第一阶段、第二阶段、第三阶段的声发射源分布的分形维数分布分别为 $2.75, 2.66, 2.55$。可以看出维数是减小的，它表明分形维数随着破坏的临近逐渐减小。

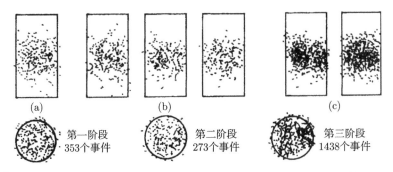

图 3-2 岩石的破坏进程中的声发射源测量得到的分布变化 [6]

(破坏进程顺序为第一阶段 → 第二阶段 → 第三阶段)

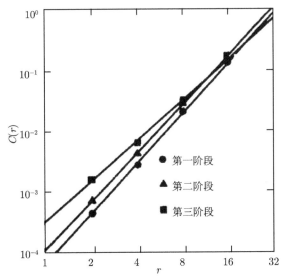

图 3-3 声发射源分布的相关积分 $C(r)$ 与 r 的拟合关系 [6]

3.2.2 岩石破裂事件时间分布的分形特征

大多数脆性材料，当储存在其内部结构的应变能得到突然释放时会诱发产生脉冲效应 [6,7]，这是因为这种脉冲以弹性波的形式出现，并且一个声发射可以定义为一个瞬态弹性波。受力的岩石也一样会产生瞬态弹性波传播的声发射，因此，可以直接从岩石中声发射事件的时间分布的分形维数的计算来表现岩石微破裂的损伤演化过程。

对要测试的岩石试样，选取一个时间码尺 t，对整个声发射事件过程的时间分布进行测量记录，计算并统计出时间间隔 T 小于时间码尺 t 的声发射事件对

(p_i, p_j) 的个数, 并绘制出如图 3-4 所示的 $N(t)(T < t)$ (频谱) 图。所以, 如果用不同的时间码尺 $t_i(i = 1, 2, \cdots)$ 来对整个声发射事件的时间分布进行测量, 可以得到一个按如下形式定义的数据集 $N(t_i)(T < t_i)$:

$$N(t)(T < t) = \{|t_{pi} - t_{pj}| < t\text{的声发射事件}(p_i, p_j)\text{的个数}\} \quad (i, j = 1, 2, \cdots, N)$$

式中, t_{pi}, t_{pj} 分别为测量系统记录得到的声发射事件 (p_i, p_j) 的时间对, N 为被考察的时间段上声发射事件的总数。

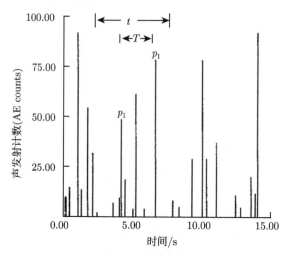

图 3-4　岩石破裂事件的时间分形声发射测量 [6,24]

根据分形几何理论 [3], 岩石微破裂过程序列的声发射事件分布是以序列 $(p_1, p_2, \cdots, p_N)$ 表示的, 它的相关积分 $C(t)$ 按前述的形式可以表达成

$$C(t) = 2N/(N(N - 1)) \quad (T < t) \tag{3-4}$$

于是, 对任意一个声发射事件时间序列 $\{X_n\}$, 计算其所有可能的内部时间 (即 $T < t$ 的时间), 并用最小二乘法来确定其分布。也就是说, 将 $C(t)$ 的对数值拟合成 $\lg t$ 的一个 $\lg C(t)$-$\lg t$ 函数。在双对数图上如果拟合结果是线性的, 这说明存在一个简单的幂率, 即 $C(t)$ 便是 t 的一个幂函数, 则 $\lg C(t)$-$\lg t$ 拟合线的斜率将是时间的相关维数 (temporal correlation dimension) D。拟合的质量可以通过拟合的相关系数来评定。

如果关系 $C(t) \propto t^D$ 的斜率越小, 那么其分形维数也就越小, 这表明岩石中发生微破裂事件在时间上的聚类也就越分离 (isolated)。如果产生的随机事件序列是个泊松随机过程, 则在 $\lg C(t)$-$1gr$ 图上的斜率为 1.0 (即 45°), 所以它的时间分形维数也就是 1.0。

图 3-5 和图 3-6 是文献 [3] 给出的用声发射方法测得的大岛花岗岩在双抗扭试验蠕变过程中的声发射事件时间分布的分形特征状态。其中, 时间尺码分别取: 第一种从 1s 到 20s、第二种从 1s 开始到 30s(或 32s)、第三种从 31s(或 33s) 到 200s 三种形式。通过比较不同时间尺码测量得到的蠕变过程中的时间分形特征的差异来认识大岛花岗岩的蠕变破坏过程的性态。

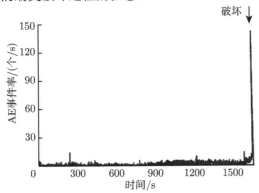

图 3-5 双抗扭试验蠕变过程中大岛花岗岩的声发射事件随时间分布的分形特征状态 [3]

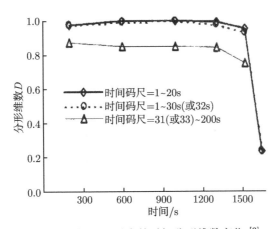

图 3-6 与图 3-5 对应的时间分形维数变化 [3]

从图 3-5 可以看出, 当花岗岩试件接近破坏时, 其声发射事件数激增, 此时, 图 3-6 中的时间分形维数下降。这一规律与前述的岩石破裂事件的空间 (位置) 分布的分形规律相一致。这说明系统稳定状态的演化与分形维数的变化有密切相关性, 因此, 可以将分形维数作为岩石系统状态演化的辅助预报因子之一。

岩石力学分形研究的另一个发展方向是岩石力学信息的分形研究, 例如, 研究整体信息与局部信息的自相似性, 大尺度下测得的信息与小尺度下测得的信息的自相似性, 未来可能发生的信息与已经发生的历史信息的自相似性等。由此可以构造出由局部、小尺度、历史信息来预测的整体、大尺度、未来信息的模型，这种基于分形信息的预测研究，将会提供另一种岩石的变形与破裂机理密切联系的研究方法，从本质上提出更为有效的工程分析方法。

3.2.3　岩石微裂隙损伤演化的分形特征

对于脆性岩石材料而言，岩石的损伤主要表现为微裂纹的产生和扩展，岩石的损伤演化过程相当于材料内微孔隙 (裂纹) 性态的演化过程。由于岩石材料的损伤 (微孔隙、微裂纹区产生) 是随机分布和无序的，于是，可以看成是一个分形网络，而微裂纹 (孔隙) 性态的演化具有分形特征，因此也就决定了岩石的变形和强度也存在有分形行为。

Nolen-Heoksema 和 Gordon 在文献 [8] 中对在逐步加载条件下的带缺口的大理石折叠悬臂梁，在缺口端部处微裂纹的发展、演化进行了光学观察，绘制了 5 个不同荷载阶段的裂端损伤区范围和分布的素描图像，如图 3-7 所示。这 5 个加载阶段分别为 σ/σ_c=64%、82%、93%、96%、100%，其中 σ 是对岩石的加载应力，σ_c 为岩石中的峰值应力。从实验中的素描图像可以看出，岩石损伤发展过程具有统计自相似性，也就是说，损伤区内局部与整体具有统计自相似，而且在不同荷载阶段的损伤区之间也似乎存在统计自相似性。这种统计自相似性实质上就是由共同的分形特征决定的 [8]。

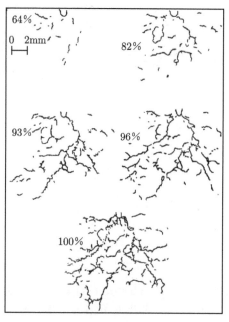

图 3-7　大理岩三点弯曲缺口端部处微裂纹扩展素描图像 [8]

要度量这种自相似维数的变化, 需要采用覆盖法才能定量地考察微裂隙 (损伤) 演化的统计自相似特征。对图 3-8(a) 的整个损伤区, 用边长为 L_0 的正方形网络去覆盖测量, 统计必要信息。此处在正方形网络中划分的每一个小正方形边长均为 $L = L_0/3$。因为损伤区的描述至少应包含① 损伤区的范围;② 损伤程度 (即微裂纹的分布密度) 这两个基本物理因素 (实际上还应考虑微断裂的方向性, 此处为了简化, 从统计的角度, 假设不考虑方向的影响)。与普通分形覆盖法相比, 对损伤区的覆盖比一般分形体的覆盖更特殊一些, 它至少应考虑上述两个基本因素进行覆盖的测量和统计。用 $x\text{-}y$ 平面的方格表示网络所覆盖的损伤区范围, 由此数出每一个小正方形内微裂纹的条数, 并由此绘制出表征该损伤区微裂纹分布的三维立方图。即用损伤区的大小, z 坐标的方格数来反映损伤密度与分布, 它与微裂纹数目成正比。

对图 3-7 所示大理岩三点弯曲缺口端部处微裂纹在 5 个加载条件下裂纹扩展状态的素描图像采用上述的覆盖法测量、统计得到的数据在表 3-1 中给出。图 3-8 直观地给出了对图 3-7 中在第三个加载阶段的微裂隙素描图像所代表的损伤性态, 采用网格覆盖法的形式进行分形维数的损伤性态分析的作图步骤。其中图 3-8(c) 中长方条的数字记录了 z 方向立方体的数目, 累计后得到总数目 $N(L)$, 如果分别将小正方形边长改变为 $L = L_0/9, L = L_0/27$ 的方格, 组成相同的网络去覆盖同一损伤区, 可以分别得到其所对应的一组 $N(L)$ 和 L 数据, 再根据分形盒维数的基本定义, 损伤区的分维可由下式进行估计:

$$D = \lg N(L)/\lg(1/L) \tag{3-5}$$

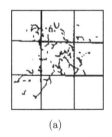

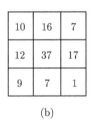

10	16	7
12	37	17
9	7	1

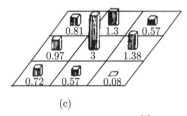

(a)　　　　　　　　　(b)　　　　　　　　　(c)

图 3-8　岩石微裂隙损伤区的分形维数的网格覆盖法估计示意图 [8]

表 3-1　大理岩裂隙覆盖测量的分形维数数据

最大荷载百分比/%	$N/N_{\max}$	分形维数
62	0.06	1.70
82	0.25	2.04
93	0.49	2.19
96	0.96	2.32
100	1.00	2.41

　　显然, 通过上述的分形可以总结出一种方法。对材料损伤发展过程中的每一阶段都采用该方法获得相应的损伤性态的分维值, 由此就能测得整个损伤演化过程的分维变化规律, 从而对材料中损伤过程的发展性态进行一种定量评估。

　　图 3-9 给出了文献 [8] 中对大理岩折叠悬臂梁缺口微裂纹和砂岩单轴压缩微裂纹演化分维结果计算的对比图形, 图中的结果表明, $\lg(1/L)$ 和 $\lg N$ 之间的线性关系很好, 这些回归直线的斜率分别对应于不同荷载水平下损伤区的分形维数, 它们与表 3-1 中大理岩的损伤发展过程的分形维数的测量结果一致。从这些研究结果发现, 微裂隙损伤的分形维数和施加荷载之间具有很好的线性关系, 大理岩和砂岩的线性回归方程分别为

　　　　大理岩: $D = 1.9384(\sigma/\sigma_c) + 0.4458$ 或 $(\sigma/\sigma_c) = 0.23 + 0.5159D$

　　　　砂岩: $D = 0.1693(\sigma/\sigma_c) + 2.6567$ 或 $(\sigma/\sigma_c) = 15.694 + 5.9074D$

　　从上面分析可知, 损伤演化过程是一个分形, 分形可以刻画损伤的演化过程, 损伤演化的盒维数 D 随外载呈线性增加。

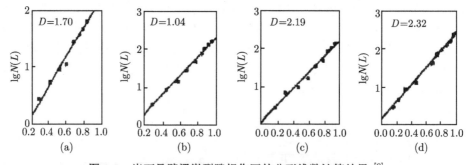

图 3-9　岩石悬臂梁微裂隙损伤区的分形维数计算结果 [8]

3.3　损伤演化中岩石孔隙体积分维测定及规律

　　材料的损伤演化过程实际上可视为材料内部微孔隙发展、汇合、贯通而最终导致材料破坏的过程。由于孔隙岩石可作为一个分形网络, 因此可以构造一个分形模型来模拟岩石损伤过程中微孔隙的发展规律, 并能用实验测定损伤过程中分维的变化规律 [3,9]。

　　Menger 海绵的分形模型是一个比较理想的孔隙介质分形模型, 它的体积分维可以利用压汞渗透法 (MIP) 测定 [3,10], 孔隙体积和体积分维的关系如下:

$$\lg[\mathrm{d}V_p/\mathrm{d}P] \sim (D - 4)\lg P \tag{3-6}$$

式中, P 为注入压力; D 为体积分维; V_p 为水银注入孔隙内的体积。

图 3-10 是室温下应变速率为 $1.0 \times 10^{-4}\mathrm{s}^{-1}$ 的循环加载条件下测定的大理岩单轴应力应变曲线[11]。由于存在初始微孔隙，随着外载的增加，微孔隙不断增长和扩展，材料内部的细观结构发生显著变化，损伤逐渐增加。达到应力峰值后，材料出现软化，微孔隙开始汇合和贯通。对大理岩压缩实验的全过程进行压汞法孔隙体积的测定。压汞仪可以自动记录下各荷载时刻的压力 P、水银进入的体积 V_p、孔隙平均直径 r、体积增量 ΔV、孔隙的累积表面积等。利用式 (3-6) 可以计算出材料在不同荷载阶段微孔隙演化的分维变化。

由于在常规实验中不能实时测定，必须卸载后进行切片测定，因此每做一种岩样须制作 10 个左右的试件进行加载，第一个试件进行全应力应变循环加载直至破坏，以此来确定该应力途径的荷载水平点，为反映损伤演化过程，一般在应力应变曲线上选定 6~10 个荷载水平点 (图 3-10)。重复该加载途径，使每个样本对应一个荷载水平点，然后进行切片压汞实验，这样 10 个样本的微孔隙测定数据就反映了该材料损伤过程中微孔隙和微裂纹的发展情况。实验验证了孔隙岩石的损伤过程确实是一个分形结构。

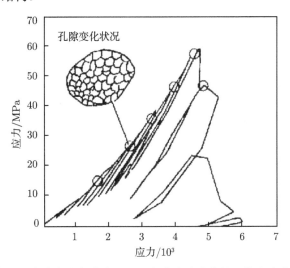

图 3-10　大理岩全应力应变曲线以及对应微孔隙演化状况的应力点示意图[11]

表 3-2 列出了在压汞实验中孔隙体积增量与压力增量数据计算的孔隙体积分维随试件最大受载应力的变化情况。表中 460MPa 为试件加载的最大应力值。在同一水银压力水平下，孔隙体积分维均随应力的增加而增加。

为了求得各应力点的损伤变量 Ω，首先对应力应变曲线采用应力增量除以应变增量的方法得到各应力点的损伤弹性模量 E，确定该应力点处的损伤变量：

$$\Omega = 1 - E^*/E_0 \tag{3-7}$$

表 3-2　水银压力与分维关系

(3) \ (2) (1)	0~45	45~60	60~90	90~114	114~460
< 1	2.357880	2.363411	2.3663740	2.395242	2.4715840
1~10	2.353292	2.546104	2.569615	2.582980	2.626543
10~100	2.652650	2.669237	2.671110	2.672543	2.689200
>100	2.711808	2.724178	2.731292	2.740267	2.762891
平均值	2.557370	2.575735	2.584589	2.599756	2.6374850

注: (1) 应力范围 σ/MPa; (2) 分形维数; (3) 水银压力 P/MPa

式中, E_0 为岩石试件的初始弹性模量。从各点孔隙体积分维与损伤变量的数据可以回归分析得到

$$\Omega = -2.4723 + 0.9661D \tag{3-8}$$

从上式可以看出,孔隙体积分维和损伤变量之间具有较好的线性关系。对于脆性的大理岩而言,分形维数和损伤变量变化范围都不大。由于不同的分维定义可能有不同值的维数,对于不同分维与损伤变量之间的关系,有待于深入地进行理论探讨和实验研究。

3.4　岩石断裂过程的分形行为和分形效应 [12,17]

岩石断裂力学主要注重均匀介质中干直裂纹尖端应力场、扩展准则、扩展方向及速度等问题的研究,但实际岩石材料是非均匀的,裂纹的几何形状往往是很复杂和非规则性的。但很多材料在断裂破坏时都展现出非常相似的开裂图形,在微观薄膜沉积、油漆薄膜到千米尺度的基石等差别很大的材料系统中,都可以观察到"泥裂"(mud cracking) 图形,以及在一定尺度范围内形成一些非常相似的裂纹斑图 (pattern)。这种相似性可能提示在材料断裂和变形过程中存在某种普适性的规律 [13,14]。

通过对岩石材料的断口形貌、裂纹扩展途径、位错分布形态的观察发现:分形可以定量地表征断口形貌、裂纹的扩展途径和岩石的破碎与能量耗散。当考虑裂纹扩展的不规则性时,可以建立一系列裂纹扩展的分形模型,描述在动、静态荷载下裂纹的扩展规律。在杂乱复杂的材料破碎过程中,寻找破碎体的块度分布和分形能量耗散之间的规律 [12,17]。

3.4.1　微观断裂与分形

研究发现,岩石微观断裂时岩石断裂形式主要为穿晶断裂、沿晶界断裂以及它们的耦合。一般穿晶断裂的台阶状花样具有统计自相似性的嵌套分形特征,这种断

裂的分形曲线可以如同 Koch 曲线和 Cantor 集，由初始元和生成元演化构成。但是，穿晶断裂引起的断裂表面粗糙或裂纹弯折形成自然分形，其初始元无法确定，而其粗糙性又有嵌套性质。所以，岩石材料的穿晶断裂生成的裂纹一般为不规则性的生成元，这个生成元是自然穿晶断裂分形最后一级形成的抽象形式，它不能像数学分形中的生成元一样无限地演化构造一个分形集。

3.4.2 动静态分形裂纹扩展

岩石材料在脆性断裂时会产生粗糙的断裂表面和不规则的扩展路径，已有很多的理论来分析这些曲线式或弯折式的裂纹扩展。而分形理论中的分形曲线和分形曲面为岩石的断裂表面，特别是裂纹扩展途径提供了理论模式[15]。图 3-11 为一分形裂纹的扩展模型。考察间隔长度 L_0 内的裂纹扩展 (这里 L_0 可以选择裂纹扩展增量步长 Δa)，由于裂纹扩展的不规则性，实际裂纹扩展长度 $L(D,t)$ 要大于 L_0。当假设裂纹扩展的不规则途径具有自相似性特征时，裂纹扩展的实际长度为

$$L(D,t) = L_0^D \delta^{1-D} \tag{3-9}$$

式中，δ 为量测的码尺，它取决于自相似性存在的范围。

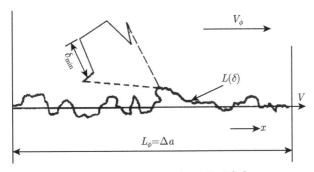

图 3-11　分形裂纹的扩展模型[16]

在严格的数学分形中，分形曲线的长度随码尺 δ 的减小而增加，当 $\delta \to 0$ 时，$L(\delta) \to \infty$。而实际裂纹扩展是统计自相似性上的自然分形，裂纹长度是有限的，它存在一个标度不变性范围，即 $\delta_{\min} \leqslant \delta \leqslant \delta_{\max}$。在这个范围内裂纹扩展的自相似性统计地存在，而 $\delta_{\min}$ 就是断裂面的最小粗糙尺寸。根据目前研究发现，晶粒尺寸 d 可以认为是裂纹不规则扩展的最小粗糙性尺寸，而最大尺寸取决于平直裂纹的视域尺寸。因此裂纹表面粗糙度为

$$L(D,t)/L = (d/L_0)^{1-D} \tag{3-10}$$

现在假设实测的裂纹扩展速度为 V_0，V 是分形裂纹速度或局部裂纹扩展速度。

当裂纹沿 x 轴传播方向扩展时，假设 V 在此增量步内为常数，于是

$$\frac{\Delta a}{V_0} = \frac{L(D,\tau)}{V} = \frac{\Delta a(d/\Delta a)}{V} \tag{3-11a}$$

或

$$V/V_0 = (d/\Delta a)^{1-D} \tag{3-11b}$$

上式表明，速度比 V/V_0 取决于材料的晶粒尺寸、裂纹扩展步长以及裂纹扩展途径的分维数或粗糙度，在分形裂纹扩展中，由于 $d/\Delta a < 1$ 和 $1 - D < 1$，因此局部裂纹扩展速度 V 随 D 的增加而增大。

根据 Freund 动态断裂理论，在任一时间间隔 $t_k < t < t_{k+1}$，材料的应力强度因子可由递推方法得到

$$K(L(t),V_k) = h(V_k)K(L(t),0) \tag{3-12}$$

式中，

$$K(L(t),0) = \left(\frac{2}{\pi}\right)^{1/2} \int_0^{L(t)} \frac{P(x,0)\mathrm{d}x}{[L(t)-x]^{1/2}} \tag{3-13a}$$

$$h(V) = (1 - V/C_\mathrm{r})/[1 - (V/C_\mathrm{r})(C_\mathrm{r}/C_\mathrm{d})]^{1/2} \tag{3-13b}$$

式中，$h(V)$ 是裂纹速度的普适函数；C_d 为弹性膨胀波速；C_r 为 Rayleigh 波速；$L(D,t)$ 为裂纹扩展的分形曲线途径；$L(t)$ 为分段逼近函数。当 $\Delta t \to 0$ 时，式 (3-12) 形式上可以推广到分形裂纹扩展，$h(V)$ 中 V 为分形裂纹的扩展速度，于是

$$K(L(D,t),V) = h(V)K(L(D,t),0) \tag{3-14}$$

式中，$K(L(D,t),V)$ 为分形裂纹扩展的动态应力强度因子，$K(L(D,t),0)$ 为分形裂纹扩展的静态应力强度因子。上式表明，沿分形途径扩展裂纹的动态应力强度因子等于瞬时分形裂纹速度的普适函数与沿分形途径扩展的准静态应力强度因子的乘积。将 $h(V)$ 的表达式代入上式得

$$\frac{K(L(D,t),V)}{K(L(D,t),0)} = \frac{1 - (V_0/C_\mathrm{r})(d/\Delta a)^{1-D}}{[1 - (V_0/C_\mathrm{r})(C_\mathrm{r}/C_\mathrm{d})(d/\Delta a)^{1-D}]^{1/2}} \tag{3-15}$$

图 3-12 给出了 $K(L(D,t),V)/K(L(D,t),0)$ 随 V_0/C_r 的变化曲线，表达了分形裂纹传播对应力强度因子和裂纹速度的影响。严格的分形裂纹曲线处处不可微，这就意味着分形裂纹处处有拐点，弯折地沿着主方向扩展。$K(L(D,t),0)$ 中包含分形裂纹扩展的两个静态效应。第一是分形裂纹的弯折效应，第二是分形裂纹不规则扩展的长度效应。把分形裂纹扩展的静态效应分解为

$$K(L(D,t),0) = (d/\Delta a)^{\frac{1-D}{2}} K^*(L(D,t),0) \tag{3-16}$$

等式右边第一项 $(d/\Delta a)^{\frac{1-D}{2}}$ 表示分形裂纹的长度效应，第二项 $K^*(L(D,t),0)$ 表示分形弯折裂纹应力强度因子，即分形裂纹扩展的弯折效应对应力强度因子的影响。为了确定 $K(L(D,t),0)$，应建立一个分形弯折裂纹扩展模型。如图 3-13 所示，选择弯折裂纹作为分形裂纹扩展的生成元，可计算出分形裂纹扩展的分维值：

$$N = 3, \quad 1/r = (5 + 4\cos\theta)^{1/2} \tag{3-17a}$$

$$D = \lg3/\lg(5 + 4\cos\theta)^{1/2} \tag{3-17b}$$

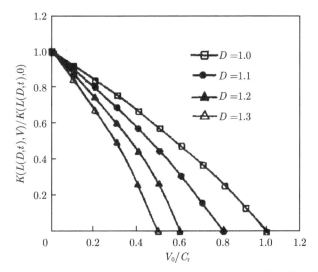

图 3-12 $K(L(D,t),V)/K(L(D,t),0)$ 随 V_0/C_r 变化的曲线[16]

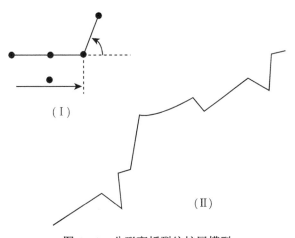

图 3-13 分形弯折裂纹扩展模型

式中，θ 为分形裂纹扩展的弯折角；N 为生成元的折线段数；r 为相似比。由线弹性断裂力学得到的裂纹尖端附近的应力场由局部应力强度因子 k_i, k_{ii} 和 k_{iii} 来描述，对于模型 I 裂纹的扩展，如果不考虑裂纹的扭转效应，则裂纹扩展的能量释放率为

$$G = \frac{1-\nu^2}{E}(k_{\mathrm{I}}^2 + k_{\mathrm{II}}^2) = \frac{1-\nu^2}{E}K^{*2}(L(t),0) \tag{3-18}$$

这样

$$K^*(L(t),0) = (K_{\mathrm{I}}^2 + K_{\mathrm{II}}^2)^{\frac{1}{2}} \tag{3-19}$$

针对图 3-13 的裂纹扩展的分形弯折模型，其应力强度因子 K_{I} 和 K_{II} 直接由断裂力学给出

$$K_{\mathrm{I}} = \cos^3\left(\frac{\theta}{2}\right)K[L(t),0], \quad K_{\mathrm{II}} = \sin\left(\frac{\theta}{2}\right)\cos^2\left(\frac{\theta}{2}\right)K[L(t),0] \tag{3-20}$$

式中，$K(L(t),0)$ 为断裂力学中定义的 I 型裂纹应力强度因子，它正比于裂纹长度的平方根。结合以上几式，可以推导出

$$\frac{K(L(D,t),V)}{K(L(t),0)} = \frac{[1-(V_0/C_{\mathrm{r}})(d/\Delta a)^{(1-D)}](d/\Delta a)^{(1-D)/2}\cos^2(\theta/2)}{[1-(V_0/C_{\mathrm{r}})(C_{\mathrm{r}}/C_{\mathrm{d}})(d/\Delta a)^{1-D}]^{1/2}} \tag{3-21}$$

3.4.3 岩石节理的分形特征

岩石节理面的几何自相似性可以用分形分析方法确定。一种测量方法是，用不同的码尺 r 去量测节理，测得尺码的个数 N 就是被量测节理的长度，测量方法如图 3-14 所示。如果岩石节理具有分形自相似性，就可以用下式进行分形描述：

$$N = ar^{1-D} \tag{3-22}$$

式中，D 是分形维数。

例如，现场测得 37 条节理面 (joint profile)，图 3-15 列出了部分节理面的轮廓图。用这种码尺方法对全部 37 条节理进行了分形测量。将每一尺码 r 下测得的节理长度 N 绘制在 lg 图上 (图 3-16)，所有的数据几乎位于一条直线上，此直线的斜率就是要求的分形维数，根据直线的斜率可以求得分形维数。

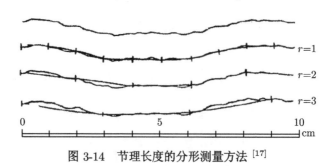

图 3-14　节理长度的分形测量方法 [17]

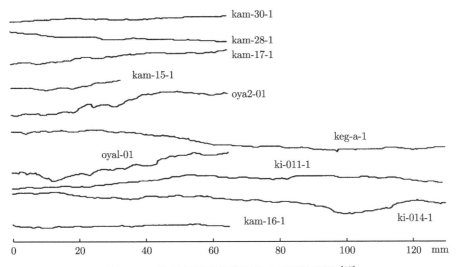

图 3-15 现场量测获得的部分节理面轮廓图 [17]

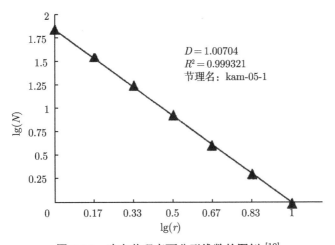

图 3-16 确定节理表面分形维数的图例 [19]

每条节理分形的回归相关系数 R 均大于 0.99,由此说明,这些节理面具有明显的分形特征。

根据分形维数与节理粗糙系数 (joint rough coefficient, JRC) 值之间的近似关系,可以由分形维数近似地估计节理的 JRC 值 [18,19]。分形维数与由此估计的JRC值之间建立的回归方程为

$$\text{JRC} = 56.637(D-1)^{0.4137} \tag{3-23}$$

利用节理面一阶导数均平方根 Z_2(拟粗糙度坡度) 和结构方程 (SF)(拟粗糙点高差) 与JRC的关系式,可以估计出节理的JRC值。

3.5　岩石分形破碎和能量耗散

岩石破碎在岩石力学研究中与岩石稳定具有同等重要的意义，并具有广泛的应用领域。凿岩破岩、岩石爆破、选矿粉碎、机械割煤及水力采煤等都属岩石破碎的范畴。从大量实验观察得知，岩石宏观破碎是由大量的小破裂群体演化所致，小破裂又由更微小的破裂演化集聚而成，这种自相似性行为必然导致破碎后的破碎块度分布和能量耗散也具有自相似分形特征 [20,21]。

3.5.1　破碎块度分布的分形性质 [22,23]

如果岩石破碎后的块度符合分形分布，那么它们符合下式 [23]：

$$N = N_0(R/R_{\max})^{-D} \tag{3-24}$$

式中，R 为碎块的特征尺度；N 为尺寸大于等于 R 的碎块数目；N_0 为具有最大特征尺度 $R_{\max}$ 的碎块数；D 为块度分布的分形维数。首先计算岩石碎块的质量–频率分布的相关指数，然后再进行换算。如同尺度分布，碎块的质量–频率关系为

$$N = N_0(M/M_{\max})^{-b} \tag{3-25}$$

式中，M 为碎块的质量；N 为质量大于等于 M 的碎块数目；N_0 为具有最大质量 $M_{\max}$ 的碎块数；b 为质量频率分布指数。

由于质量与块度尺寸之间的关系，M 正比于 R^3，比较式 (3-20) 和式 (3-21)，可以得到 $D = 3b$。

表 3-3 和图 3-17 为安徽淮南矿务局从地表到地下的采掘区中，不同岩层岩样在单轴压缩破坏后碎块分布的实验数据 [23]，并计算了分形维数。从计算结果可以看出，$\lg N$ 和 $\lg(M_{\max}/M)$ 呈线性正比关系。这说明岩样破碎后块度分布具有很好的自相似性，为一个分形分布。而且，分形维数大的岩样碎块多，体积小，破碎程度高；反之，分形维数小的岩样破碎程度较低。因此，块度分布的分维能够定量地反映岩石的破碎程度。同时，分形维数愈大，岩样愈显得脆，破碎时有爆裂现象，而分形维数小的岩样，脆性降低，破碎时局部有剪切滑移现象。因此，块度分布的分形维数，可以作岩体脆性程度的度量。

岩石块度分布的分形维数与破碎方式有直接的关系。Turcotte 对许多岩石材料在各种破碎方式下碎块的块度分布的分形维数进行总结，块度分布的分维一般在 1.44~3.00。通过实验观察，岩样单轴压缩破坏块度分布的分维值在 1.43~2.1，而绝大部分在 1.7~2.0。这意味着不同性质的岩石材料，在相同的荷载方式下，破碎形态基本是相似的，不仅可以分析这种自相似性，而且可以通过引入分形维数给予定量的描述。

表 3-3 不同岩石样本单轴压缩破坏后碎块分布的实验数据[23]

岩石名称	编号	密度/(g/m³)	弹模/MPa	泊松比	抗压强度/MPa	块度分维	相关系数
粉砂岩	AM30-1	2.89	32.76	0.268	74.29	1.7389	0.9947
粉砂质泥岩	AM39-3	2.56	17.35	0.150	84.00	1.6073	0.9860
含砾粗砂岩	BM3-1	3.42	29.05	0.139	141.23	1.8926	0.9922
细砂岩	BM7-3	2.54	23.96	0.196	97.78	2.0549	0.9827
砂质泥岩	AM34-3	2.44	9.29	0.216	22.84	1.4636	0.9451
炭质泥岩	CM7-1	2.47	28.31	0.235	78.00	2.1018	0.9978
花斑泥岩	AM41-2	2.53	16.29	0.139	93.05	1.6060	0.9784
中砂岩	AM36-1	2.76	28.57	0.151	87.63	1.9548	0.9855
泥岩	AM37-3	2.58	22.68	0.193	101.50	1.9512	0.9897
石英砂岩	BM5-t	2.60	37.78	0.166	145.48	1.8809	0.9937
砂泥互层岩	AM41-1	2.56	23.01	0.107	71.52	1.9030	0.9898

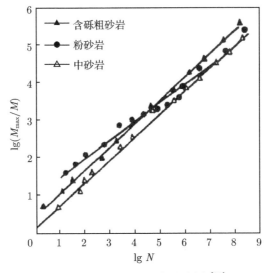

图 3-17 岩样质量频率分布图[23]

3.5.2 断裂破碎与能量耗散 [3,24]

在岩石破碎过程中,产生不同尺寸的碎块。随着破碎块度的逐渐减小,必然产生更多的新表面,因此需要耗散更多的能量。从某种意义上讲,破碎过程也就是能量耗散过程。由于岩石破碎过程也是一个分形过程,可以建立一个分形破碎模型来分析破碎与能量耗散的关系。

如图 3-18 所示,设一原始立方体破碎物体的边长为 R_0,包含的应变能为 E,在外界荷载作用下,原始立方体均匀破裂成 k 个子级立方体,小立方体的边长为 $R_1 = R_0 k^{-1/3}$。在 k 个子级立方体中,随机选择 p 个立方体,每个子级破碎立方体

再破碎成 k 个次子级立方体，边长为 $R_2 = R_0 k^{-2/3}$。以此类推，重复这个过程得到第 n 步立方体的边长及 $R_n = R_0 k^{-n/3}$。可以把这种立方体的分形划分过程假定为岩石材料的破碎过程，而每一步破碎能量均耗散在 p 个破碎的子立方体上，与未破碎的 $k-p$ 个立方体无关。因此物体总的应变能随着破碎立方体尺寸的逐渐减小而减小。这种分形破碎模型的分形维数为

$$D = 3\lg P / \lg k \tag{3-26}$$

上式表明破碎的分形维数与材料的破碎概率相关，也就是与破碎方式和材料的物理力学性质有关。

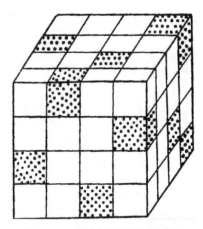

图 3-18　岩块的分形破碎模型

根据上述正方体的分形划分模型，在边长为 R 的立方体中具有边长为 r 的小立方体数目为

$$N = (R/r)^3 \tag{3-27}$$

而在 N 个小立方体中引起能量耗散的立方体个数为

$$N_r = (R/r)^D \tag{3-28}$$

参与能量耗散尺寸为 r 的小立方体占的体积与总体积之比为

$$\eta = \frac{(R/r)^D r^3}{R^3} = (R/r)^{D-3} \tag{3-29}$$

由于假定物体的应变能耗散在破裂的小立方体中，所以单位体积的平均耗散能与 η 相关，其值为

$$E_r = E_T \eta^{-1} = C r^{D-3} \tag{3-30}$$

式中，C 为与材料性质和破裂方式有关的一个常数。上式所表示的能量耗散与破碎尺度的关系是从一个简单的严格分形破碎模型推出的，它和著名的能量与尺寸 Walker-Lewis 关系完全一致，这从侧面说明了分形理论应用于岩石断裂破碎是完全合适的。

参 考 文 献

[1] Goldshtein R V, Kosolov A B. Fractal cracks. J. Appl. Meth. & Mech., 1992., 56(4): 457-486.

[2] Xie H, Sanderson D J. Fractal effect f crack propagation on dynamic stress in tensity factors and crack velocities. Int. J. Fracture, 1995, 74: 29-42.

[3] 谢和平. 分形——岩石力学导论. 北京: 科学出版社, 1997.

[4] 陈禺页. 地壳岩石的力学性能. 北京: 地震出版社, 1988.

[5] 阿特金森 B K. 岩石断裂力学. 北京: 地震出版社, 1992.

[6] 秦四清. 岩石声发射技术概论. 成都: 西南交通大学出版社, 1993.

[7] 国际岩石力学学会实验室和现场试验标准化委员会. 岩石力学试验建议方法. 北京: 煤炭工业出版社, 1982.

[8] Nolen-Heoksema R C, Gordon R B. Optical detection of crack patterns in the opening-mode fracture of marble. Int. J. Rock Mech. Min. Sci., 1987, 24: 135-144.

[9] Frieson W I, Mikula R J. Fractal dimensions of coal particles. J. of Colloied and Interface Science, 1987, 20(1): 263-271.

[10] 谢和平. 岩土介质的分形孔隙和分形粒子. 力学进展, 1993, 23(2): 145-164.

[11] 谢和平, 钱平皋. 大理岩微孔隙演化的分形特征. 力学与实践, 1995, 17(2): 98-104.

[12] Xie H, Sanderson D J. Fractal effect of crack propagation on dynamic stress in tensity factors and crack velocities. Int. J. Fracture, 1995, 74: 29-42.

[13] Freund L B. Dynamic Fracture Mechanics. Cambridge: Cambridge University Press, 1990.

[14] Goldshtein R V, Kosolov A B. Fractal cracks. J. Appl. Meth. & Mech., 1992, 56(4): 457-486.

[15] 谢和平. 裂纹扩展分形运动学. 力学学报, 1994, 26(6): 757-762.

[16] 谢和平. 动态裂纹扩展中的分形效应. 力学学报, 1995, 27(1): 18-27.

[17] 谢和平, Pariseau W G. 岩石节理粗糙系数的分形估计. 中国科学, 1994, 25(5): 524-530.

[18] Xie H, Wang J A, Kwasniewski M A. Multifractal characterization of rock fracture surfaces. Int. J. Rock Mech. and Min. Sci., 1999, 36(1): 19-27.

[19] Xie H, Wang J A. Direct fractal measurement of fracture surfaces. Int. J. Solids & Structures, 1999, 36(20): 3073-3084.

[20] Xie H. The fractal effect of irregularity of crack branching on fracture toughness of brittle material. Int. J. Fracture, 1989, 41(4): 267-274.

[21]　Xie H. Effect of fractal crack. Theoretic and Appl. Fracture Mech., 1995, 23(3): 235-244.

[22]　Turcotte D J. Fractal and fragmentation. J. Geophys. Res., 1986, 91: 1921-1926.

[23]　高峰, 谢和平, 赵鹏. 岩石块度分布的分形性质及细观结构效应. 岩石力学与工程学报, 1994, 13(3): 240-246.

[24]　Murakami S, Ohno N. Creep damage analysis in thin-walled tubes//Chern J M, Pai D H. Inelastic behavior of pressure vessel and piping components. PVP-PB-028, New York: ASME, 1978: 55-69.

第4章 岩石-岩体连续损伤力学基础

4.1 连续损伤力学的热力学基础

连续损伤力学基本理论的框架体系是以内部状态变量研究不可逆过程的热力学理论为基础的 [1,2]。本章将要讨论在小变形条件下，具有各向异性积累硬化特性的损伤材料在弹–塑性变形时，材料内部微观结构变化的热动力学不可逆过程的简单情况。

4.1.1 热力学第一和第二定律

热力学中的能量守恒原理被表述为热力学第一定律 [3]：

$$\frac{\mathrm{d}}{\mathrm{d}t}\int_v\left(\frac{1}{2}\{\dot{u}\}^2+E\right)\rho\mathrm{d}v=\int_v\{F\}^{\mathrm{T}}\{\dot{u}\}\mathrm{d}v+\int_{ds_1}\{Q\}^{\mathrm{T}}\{\dot{u}\}\mathrm{d}A$$
$$+\int_v\Gamma\mathrm{d}v-\int_{ds_2}\{q\}^{\mathrm{T}}\{n\}\mathrm{d}A \tag{4-1}$$

其中，$\{\dot{u}\}$ 是质点的位移向量，E 是单位质量的内能，Γ 是单位体积的供热，$\{Q\}$ 是物体的表面力，$\{F\}$ 是体积力，$\{q\}$ 是单位时间内通过单位面积的热流量。

力学体系中的内能与外部功的关系为

$$\frac{\mathrm{d}}{\mathrm{d}t}\left[\int_v\frac{1}{2}\rho\{\dot{u}\}^2\mathrm{d}v+\int_v\{\sigma\}^{\mathrm{T}}\{\dot{\varepsilon}\}\mathrm{d}v\right]=\int_v\{F\}^{\mathrm{T}}\{\dot{u}\}\mathrm{d}v+\int_{ds_1}\{Q\}^{\mathrm{T}}\{\dot{u}\}\mathrm{d}A \tag{4-2}$$

因为

$$\int_{ds_2}\{q\}^{\mathrm{T}}\{n\}\mathrm{d}A=\int_v\mathrm{div}\{q\}\mathrm{d}v$$

从式 (4-1) 中减去式 (4-2)，可得

$$\rho\dot{E}=\{\sigma\}^{\mathrm{T}}\{\dot{\varepsilon}\}+\Gamma-\mathrm{div}\{q\} \tag{4-3}$$

以 Clausius-Duhem 不等式形式表示的热力学第二定律 (entropy 熵原理)[4] 如下：

$$\frac{\mathrm{d}}{\mathrm{d}t}\int_v\rho S\mathrm{d}v\geqslant\int_v\frac{\Gamma}{T}\mathrm{d}v-\int_{ds_2}\frac{\{q\}^{\mathrm{T}}}{T}\{n\}\mathrm{d}A$$

或

$$\rho T\dot{S}-\Gamma+\mathrm{div}\{q\}-\{q\}^{\mathrm{T}}\frac{\{\nabla T\}}{T}\geqslant 0 \tag{4-4}$$

其中, S 是单位质量的熵, T 是热力学温度, ∇ 是梯度算子。

单位质量的自由能为

$$W = E - TS \tag{4-5}$$

用式 (4-3), 式 (4-2) 可改写为

$$\{\sigma\}^{\mathrm{T}}\{\dot{\varepsilon}\} - \rho(\dot{W} + S\dot{T}) - \rho T\dot{S} + \Gamma - \mathrm{div}\{q\} = 0 \tag{4-6}$$

用式 (4-4), 式 (4-2) 可改写为

$$\{\sigma\}^{\mathrm{T}}\{\dot{\varepsilon}\} - \rho(\dot{W} + S\dot{T}) - \{q\}^{\mathrm{T}}\frac{\{\nabla T\}}{T} \geqslant 0 \tag{4-7}$$

4.1.2　各向异性损伤材料的自由能和耗散不等式

如同第 3 章所论述, 有各向异性的积累硬化律的各向异性损伤材料的自由能也可看作热力学函数, 假定为

$$W = W(\{\varepsilon_{\mathrm{e}}\}, \{\Omega\}, \{\gamma\}, T) \tag{4-8}$$

其中, $\{\Omega\}$ 是各向异性主损伤矢量, 作为各向异性损伤材料的内部状态变量, 它与各向同性材料的损伤变量成 Ω 对应, 且能从各向异性的损伤张量求得。$\{\gamma\}$ 是各向异性积累硬化矢量, 作为各向异性的内部状态变量, 它与各向同性材料的积累硬化参数对应。

将式 (4-8) 和 $\{\varepsilon\}=\{\varepsilon_{\mathrm{e}}\}+\{\varepsilon_{\mathrm{p}}\}$ 代入式 (4-6) 与式 (4-7), 各向异性积累硬化的各向异性损伤材料的热力学第一定律可用自由能的形式表述如下:

$$\left(\{\sigma\}^{\mathrm{T}} - \left(\rho\frac{\partial W}{\partial\{\varepsilon_{\mathrm{e}}\}}\right)^{\mathrm{T}}\right)\{\dot{\varepsilon}_{\mathrm{e}}\} - \rho\left(S + \frac{\partial W}{\partial T}\right)\dot{T} + \{\sigma\}^{\mathrm{T}}\{\dot{\varepsilon}_{\mathrm{p}}\}$$

$$- \rho\left(\left(\frac{\partial W}{\partial\{\Omega\}}\right)^{\mathrm{T}}\{\dot{\Omega}\} + \left(\frac{\partial W}{\partial\{\gamma\}}\right)^{\mathrm{T}}\{\dot{\gamma}\}\right) - \rho T\dot{S} - \Gamma + \mathrm{div}\{q\} = 0 \tag{4-9}$$

各向异性积累硬化的各向异性损伤材料的热力学第二定律用自由能以 Clausius-Duhem 不等式的形式表述如下:

$$\left(\{\sigma\}^{\mathrm{T}} - \left(\rho\frac{\partial W}{\partial\{\varepsilon_{\mathrm{e}}\}}\right)^{\mathrm{T}}\right)\{\dot{\varepsilon}_{\mathrm{e}}\} - \rho\left(S + \frac{\partial W}{\partial T}\right)\dot{T} + \{\sigma\}^{\mathrm{T}}\{\dot{\varepsilon}_{\mathrm{p}}\}$$

$$- \rho\left(\left(\frac{\partial W}{\partial\{\Omega\}}\right)^{\mathrm{T}}\{\dot{\Omega}\} + \left(\frac{\partial W}{\partial\{\gamma\}}\right)^{\mathrm{T}}\{\dot{\gamma}\}\right) - \{q\}^{\mathrm{T}}\frac{\{\nabla T\}}{T} \geqslant 0 \tag{4-10}$$

因为 $\{\dot{\varepsilon}_{\mathrm{e}}\}$ 与 $\dot{T}$ 是可恢复的非永久变量, 因而是任意的, 也是独立的。于是 $\{\dot{\varepsilon}_{\mathrm{e}}\}$ 与 $\dot{T}$ 项前的系数 (括号内的式子) 应当等于零。由此连续介质力学中的本构关

系可表述如下:

$$\{\sigma\} = \rho\frac{\partial W}{\partial\{\varepsilon_{\mathrm{e}}\}}, \quad S = -\frac{\partial W}{\partial T} \tag{4-11}$$

引入热流向量 $\{g\} = -\{\nabla T\}/T$, 则式 (4-9) 与式 (4-10) 能被重写为

$$\mathrm{div}\{q\} = \{\sigma\}^{\mathrm{T}}\{\dot\varepsilon_{\mathrm{p}}\} - \rho\left(\left(\frac{\partial W}{\partial\{\Omega\}}\right)^{\mathrm{T}}\{\dot\Omega\} + \left(\frac{\partial W}{\partial\{\gamma\}}\right)^{\mathrm{T}}\{\dot\gamma\}\right) - \rho T\dot S - \Gamma \tag{4-12}$$

$$\{\sigma\}^{\mathrm{T}}\{\dot\varepsilon_{\mathrm{p}}\} - \rho\left(\left(\frac{\partial W}{\partial\{\Omega\}}\right)^{\mathrm{T}}\{\dot\Omega\} + \left(\frac{\partial W}{\partial\{\gamma\}}\right)^{\mathrm{T}}\{\dot\gamma\}\right) + \{q\}^{\mathrm{T}}\{g\} \geqslant 0 \tag{4-13}$$

与断裂力学中裂纹扩展应变能释放率的定义相类似, 对各向异性情况, 可定义各向异性损伤应变能量释放率矢量 $\{Y\}$ 和各向异性硬化函数矢量 $\{R\}$, 它与各向异性积累硬化矢量 $\{\gamma\}$ 一致, 如下:

$$\{Y\} = \rho\frac{\partial W}{\partial\{\Omega\}}, \quad \{R\} = \rho\frac{\partial W}{\partial\{\gamma\}} \tag{4-14}$$

在各向异性的情况下, 可以将显状态变量与内部状态变量 $\{\{\varepsilon\},\{\Omega\},\{\gamma\},T\}^{\mathrm{T}}$ 看作热动力学广义变形向量, 它由应变、损伤、积累硬化矢量和温度组成。其对应的 (对耦) 热动力学广义力向量由应力、损伤应变能释放率、硬化函数矢量和熵 $\{\{\sigma\},\{Y\},\{R\},S\}^{\mathrm{T}}$ 组成。于是各向异性连续损伤力学的基本关系可用自由能广义梯度的形式给出:

$$\left\{\begin{array}{c} \{\sigma\} \\ \{Y\} \\ \{R\} \\ -\dfrac{S}{\rho} \end{array}\right\} = \rho\mathrm{grad}W(\{\varepsilon_{\mathrm{e}}\},\{\Omega\},\{\gamma\},T) \tag{4-15}$$

与式 (4-13) 相对应, 各向异性积累硬化的各向异性损伤材料的能量耗散不等式为

$$\{\sigma\}^{\mathrm{T}}\{\dot\varepsilon_{p}\} - \{Y\}^{\mathrm{T}}\{\dot\Omega\} - \{R\}^{\mathrm{T}}\{\dot\gamma\} + \{q\}^{\mathrm{T}}\{g\} \geqslant 0 \tag{4-16}$$

4.1.3 各向异性损伤材料的机械耗散势与对偶关系式

如果引入各向异性损伤材料的机械势 $\Phi(\{\dot\varepsilon_{\mathrm{p}}\},\{\dot\Omega\},\{\dot\gamma\},\{g\})$, 则对应的广义速率关系可定义为

$$\{\sigma\} = \frac{\partial\Phi}{\partial\{\dot\varepsilon_{\mathrm{p}}\}}, \quad \{Y\} = -\frac{\partial\Phi}{\partial\{\dot\Omega\}}, \quad \{R\} = -\frac{\partial\Phi}{\partial\{\dot\gamma\}}, \quad \{q\} = -\frac{\partial\Phi}{\partial\{g\}} \tag{4-17}$$

类似于式 (4-16)、式 (4-17)，各向异性积累硬化的各向异性损伤材料的对耦耗散势的广义速率关系可表述为

$$\{\dot\varepsilon_{\mathrm{p}}\} = \frac{\partial \varPhi^*}{\partial \{\sigma\}}, \quad \{\dot\Omega\} = -\frac{\partial \varPhi^*}{\partial \{Y\}}, \quad \{\dot\gamma\} = -\frac{\partial \varPhi^*}{\partial \{R\}}, \quad \{g\} = -\frac{\partial \varPhi^*}{\partial \{q\}} \tag{4-18}$$

其中，对耦耗散势 $\varPhi^*$ 可用与式 (4-17) 类似的过程，通过 Legendre 变换从机械势 $\varPhi$ 得到定义。

4.2   岩石的损伤应变能释放率

定义为各向异性损伤应变能释放率矢量的内部状态变量 $\{Y\}$ 在损伤发展的机理中有很重要的作用。在弹性和塑性相互独立的状态下，各向异性材料在等温过程中的自由能可表示为

$$\rho W^* = \rho W_{\mathrm{e}}^*(\{\varepsilon_{\mathrm{e}}\}, \{\Omega\}) + \rho W_{\mathrm{p}}(\{\gamma\}) = \frac{1}{2}\{\tilde\varepsilon_{\mathrm{e}}\}^{\mathrm{T}}[D^*]\{\tilde\varepsilon_{\mathrm{e}}\} + \rho W_{\mathrm{p}}(\{\gamma\}) \tag{4-19}$$

其中，ρ 为质量密度；W^* 为损伤材料的自由能量；W_{e}^* 是 W^* 的弹性部分能量；W_{p} 是 W^* 的塑性部分能量。各向异性材料的弹性损伤应变能量释放率矢量可以从连续损伤力学的基本关系式 (4-11) 定义如下：

$$\{Y\} = -\frac{1}{2}\{\varepsilon\}^{\mathrm{T}}\frac{\partial[\tilde D^*]}{\partial\{\Omega\}}\{\varepsilon\} \quad \text{或} \quad \{Y\} = \frac{1}{2}\{\tilde\sigma\}^{\mathrm{T}}\frac{\partial[\tilde D^*]^{-1}}{\partial\{\Omega\}} \tag{4-20}$$

其分量用直角坐标应力、应变矢量表示的表达式为

$$Y_i = -\frac{1}{2}\{\varepsilon\}^{\mathrm{T}}[T_\sigma]\frac{\partial[\tilde D^*]}{\partial\Omega_i}[T_\sigma]^{\mathrm{T}}\{\varepsilon\} \quad \text{或} \quad Y_i = \frac{1}{2}\{\sigma\}^{\mathrm{T}}[T_\sigma]^{\mathrm{T}}\frac{\partial[\tilde D^*]^{-1}}{\partial\Omega_i}[T_\sigma]\{\sigma\}$$
$$(i = 1, 2, 3) \tag{4-21}$$

其中，Y_i 是第 i 个各向异性主方向的损伤应变能释放率。各向异性材料的弹性损伤应变能量释放率及其分量具有非负的能量量纲，因此各向异性材料总的损伤应变能释放率 $\bar Y$ 应为三个分量的和，可定义如下：

$$\bar Y = Y_1 + Y_2 + Y_3 = \frac{1}{2}\{\tilde\sigma\}^{\mathrm{T}}\left[\sum_{i=1}^{3}\frac{\partial[\tilde D^*]^{-1}}{\partial\Omega_i}\right]\{\tilde\sigma\} = \frac{1}{2}\{\sigma\}^{\mathrm{T}}[T_\sigma]^{\mathrm{T}}[\tilde d^*][T_\sigma]\{\sigma\} \tag{4-22}$$

其中，

$$[\tilde d^*] = \sum_{i=1}^{3}\frac{\partial[\tilde D^*]^{-1}}{\partial\Omega_i} \tag{4-23}$$

考虑到各向异性材料在不同方向对损伤发展响应的灵敏程度不同，也就是说各向异性材料在不同方向的损伤发展应变能释放率的响应灵敏度不同。因此张我华等[5] 对各向异性材料总的损伤应变能释放率式 (4-22) 修正为

$$\hat{Y} = \{\alpha\}^{\mathrm{T}}\{Y\} = \alpha_1 Y_1 + \alpha_2 Y_2 + \alpha_3 Y_3 = -\frac{1}{2}\{\sigma\}^{\mathrm{T}}[d^*]\{\sigma\} \tag{4-24}$$

其中，$\{\alpha\}$ 被定义为各向异性材料的损伤发展灵敏系数向量。$\alpha_i Y_i$ 是第 i 个各向异性主损伤方向的损伤应变能释放率响应。引入 Y_{di} 可被看作 i 个方向的损伤 Ω_i 开始增长时，损伤应变能释放率的门槛值。矩阵 $[d^*]$ 的表达式如下：

$$[d^*] = [T_\sigma]^{\mathrm{T}}[\hat{d}^*][T_\sigma] = [T_\sigma]^{\mathrm{T}} \frac{\partial [D^*]^{-1}}{\partial \{\Omega\}}\{\alpha\}^{\mathrm{T}}[T_\sigma] \tag{4-25}$$

矩阵 $[\hat{d}^*]$ 的元素给出如下：

$$[\hat{d}^*] = \sum_{i=1}^{3} \alpha_i \frac{\partial [D^*]^{-1}}{\partial \Omega_i} = \begin{bmatrix} d_{11}^* & d_{12}^* & d_{13}^* & 0 & 0 & 0 \\ d_{21}^* & d_{22}^* & d_{23}^* & 0 & 0 & 0 \\ d_{31}^* & d_{32}^* & d_{33}^* & 0 & 0 & 0 \\ 0 & 0 & 0 & g_{23}^* & 0 & 0 \\ 0 & 0 & 0 & 0 & g_{31}^* & 0 \\ 0 & 0 & 0 & 0 & 0 & g_{12}^* \end{bmatrix} \tag{4-26}$$

其中，

$$d_{ij}^* = \frac{2\alpha_i}{(1-\Omega_i)^3 E_i} \quad (i \leqslant 3) \tag{4-27a}$$

$$d_{ij}^* = -\frac{(\alpha_j(1-\Omega_i) + \alpha_i(1-\Omega_j))\nu_{ij}}{(1-\Omega_i)^2(1-\Omega_j)^2 E_i} \quad (i \neq j, i \leqslant 3, j \leqslant 3) \tag{4-27b}$$

$$g_{ij}^* = \frac{\alpha_j(1-\Omega_i)^3 + \alpha_i(1-\Omega_j)^3}{(1-\Omega_i)^3(1-\Omega_j)^3 G_{ij}} \quad (i \neq j, i \leqslant 3, j \leqslant 3) \tag{4-28}$$

4.3 岩石的弹性损伤力学模型

4.3.1 损伤岩石的三维弹性本构模型

因为应变等效物的概念[6] 对各向异性的损伤状态的不足，Siddall[7]，Krajcinovic 和 Fonseka[8] 用四阶张量发展了各向异性脆性材料损伤的本构关系式。Murakami 和 Ohno[9] 使用对称的二阶张量和有效应力张量的对称化给出了适合于研究蠕变损伤问题的各向异性有弹性损伤本构关系。张我华等[10,11] 用主各向异性的损伤矢量及保留的有效张量非对称性，使得损伤前后内力不变，并在余有弹性能等效的基础上发展了对称的完备正交损伤材料弹性本构矩阵。

　　在弹性和塑性相互独立的状态下，各向异性材料在等温过程中的自由能如式 (4-8) 所示。等温过程中，各向异性损伤材料的弹性余能

$$\Pi^* = \{\sigma\}^{\mathrm{T}}\{\varepsilon_e\} - \rho[W_e^*(\{\varepsilon_e\},\{\Omega\}) + W_p(\{\gamma\})]$$

$$= \Pi_e^*(\{\varepsilon_e\},\{\Omega\}) - \rho W_p(\{\gamma\})] \tag{4-29}$$

其中，$\Pi_e^*(\{\varepsilon_e\},\{\Omega\})$ 是各向异性损伤的材料的余弹性能。于是，根据损伤力学弹性余能等效的基本假定，各向异性损伤材料的余弹性能与在有效的应力作用下无损伤材料的等效。各向异性损伤材料的余弹性能可在各向异性损伤坐标系统 $(x_1x_2x_3)$ 下给出：

$$\Pi_e^*(\{\varepsilon_e\},\{\Omega\}) = \Pi_e(\{\varepsilon_e\},0) = \frac{1}{2}\{\tilde{\sigma}^*\}^{\mathrm{T}}[\tilde{D}]^{-1}\{\tilde{\sigma}^*\}$$

$$= \frac{1}{2}\{\tilde{\sigma}^*\}^{\mathrm{T}}[\Psi]^{\mathrm{T}}[\tilde{D}]^{-1}[\Psi]\{\tilde{\sigma}^*\} = \frac{1}{2}\{\tilde{\sigma}\}^{\mathrm{T}}[\tilde{D}^*]^{-1}\{\tilde{\sigma}\} \tag{4-30}$$

其中，$[\tilde{D}]^{-1}$ 是以 9×9 阶形式在各向异性主坐标系中给出的非损伤材料的弹性逆矩阵，其形式为

$$[\tilde{D}]^{-1} = [\tilde{C}] = \begin{bmatrix} [\tilde{C}]_{11} & [0]_{12} \\ [0]_{21} & [\tilde{C}]_{22} \end{bmatrix} \tag{4-31}$$

其中，

$$[\tilde{C}]_{11} = \begin{bmatrix} \dfrac{1}{E_1} & -\dfrac{\nu_{21}}{E_2} & -\dfrac{\nu_{31}}{E_3} \\ -\dfrac{\nu_{12}}{E_1} & \dfrac{1}{E_2} & -\dfrac{\nu_{32}}{E_3} \\ -\dfrac{\nu_{13}}{E_1} & -\dfrac{\nu_{23}}{E_2} & \dfrac{1}{E_3} \end{bmatrix} \tag{4-32}$$

$$[\tilde{C}]_{22} = \begin{bmatrix} \dfrac{1}{2G_{23}} & 0 & 0 & 0 & 0 & 0 \\ 0 & \dfrac{1}{2G_{32}} & 0 & 0 & 0 & 0 \\ 0 & 0 & \dfrac{1}{2G_{31}} & 0 & 0 & 0 \\ 0 & 0 & 0 & \dfrac{1}{2G_{13}} & 0 & 0 \\ 0 & 0 & 0 & 0 & \dfrac{1}{2G_{12}} & 0 \\ 0 & 0 & 0 & 0 & 0 & \dfrac{1}{2G_{21}} \end{bmatrix} \tag{4-33}$$

使用关系

$$\{\tilde{\varepsilon}\} = \frac{\partial \Pi_e(\{\tilde{\sigma}\},\{\Omega\})}{\partial\{\sigma\}} \tag{4-34}$$

各向异性损伤的材料的余有弹性能组成方程:

$$\{\tilde{\varepsilon}\} = [\tilde{D}^*]^{-1}\{\tilde{\sigma}\} \quad \text{或} \quad \{\tilde{\sigma}\} = [\tilde{D}^*]\{\tilde{\varepsilon}\} \tag{4-35}$$

其中,

$$[\tilde{D}^*]^{-1} = [\Psi]^{\mathrm{T}}[\tilde{D}]^{-1}[\Psi] = [\tilde{C}^*] \tag{4-36}$$

是各向异性损伤材料的弹性矩阵的逆 [12]。

$$[\tilde{C}^*] = \begin{bmatrix} \dfrac{1}{E_1^*} & -\dfrac{\nu_{21}^*}{E_2^*} & -\dfrac{\nu_{31}^*}{E_3^*} & 0 & 0 & 0 \\[2mm] -\dfrac{\nu_{12}^*}{E_1^*} & \dfrac{1}{E_2^*} & -\dfrac{\nu_{32}^*}{E_3^*} & 0 & 0 & 0 \\[2mm] -\dfrac{\nu_{13}^*}{E_1^*} & -\dfrac{\nu_{23}^*}{E_2^*} & \dfrac{1}{E_3^*} & 0 & 0 & 0 \\[2mm] 0 & 0 & 0 & \dfrac{1}{G_{23}^*} & 0 & 0 \\[2mm] 0 & 0 & 0 & 0 & \dfrac{1}{G_{31}^*} & 0 \\[2mm] 0 & 0 & 0 & 0 & 0 & \dfrac{1}{G_{12}^*} \end{bmatrix} \tag{4-37}$$

其中,

$$E_i^* = (1 - \Omega_i)^2 E_i \tag{4-38}$$

$$\nu_{ij}^* = \frac{(1 - \Omega_i)}{(1 - \Omega_j)}\nu_{ij} \tag{4-39}$$

$$G_{ij}^* = \frac{2(1 - \Omega_i)^2(1 - \Omega_j)^2}{(1 - \Omega_i)^2 + (1 - \Omega_j)^2}G_{ij} \tag{4-40}$$

对矩阵 $[\tilde{D}^*]^{-1}$ 求逆, 矩阵 $[\tilde{D}^*]$ 的元素为

$$[\tilde{D}^*] = \begin{bmatrix} \tilde{D}_{11}^* & \tilde{D}_{12}^* & \tilde{D}_{13}^* & 0 & 0 & 0 \\ \tilde{D}_{21}^* & \tilde{D}_{22}^* & \tilde{D}_{23}^* & 0 & 0 & 0 \\ \tilde{D}_{31}^* & \tilde{D}_{32}^* & \tilde{D}_{33}^* & 0 & 0 & 0 \\ 0 & 0 & 0 & G_{23}^* & 0 & 0 \\ 0 & 0 & 0 & 0 & G_{31}^* & 0 \\ 0 & 0 & 0 & 0 & 0 & G_{12}^* \end{bmatrix} \tag{4-41}$$

其中,

$$\tilde{D}_{ii}^* = \frac{E_i^*(1 - \nu_{ik}^*\nu_{kj}^*)}{\Delta} \quad (i \neq j \neq k) \tag{4-42}$$

$$\tilde{D}_{ij}^* = \frac{E_i^*(\nu_{ji}^* - \nu_{ik}^*\nu_{kj}^*)}{\Delta} \quad (i \neq j; k \neq i; j \neq k) \tag{4-43}$$

$$\Delta = 1 - \nu_{12}^* \nu_{21}^* - \nu_{23}^* \nu_{32}^* - \nu_{13}^* \nu_{31}^* - 2\nu_{12}^* \nu_{32}^* \nu_{13}^* \tag{4-44}$$

在实际应用中，损伤弹性本构方程必须被转变为整体直角系 (XYZ)，将式 (4-35) 代入式 (2-49) 给出：

$$\{\sigma\} = [D^*]\{\varepsilon\} \quad \text{或} \quad \{\varepsilon\} = [D^*]^{-1}\{\sigma\} \tag{4-45}$$

其中，$\{\sigma\}$ 的定义如式 (2-47) 所示, $\{\varepsilon\}$ 应变矢量被定义在 (XYZ) 坐标系，如 $\{\varepsilon_x, \varepsilon_y, \varepsilon_z, \varepsilon_{yz}, \varepsilon_{zx}, \varepsilon_{xy}\}^{\mathrm{T}}$, $[D^*]$ 是定义在 (XYZ) 坐标系的损伤弹性本构矩阵：

$$[D^*] = [T_\sigma][\tilde{D}^*][T_\sigma]^{\mathrm{T}} \tag{4-46}$$

$[D^*]^{-1}$ 是 $[D^*]$ 的逆，并且

$$\begin{aligned}[D^*]^{-1} = [C^*] &= [T_\sigma]^{\mathrm{T}}[\tilde{D}^*]^{-1}[T_\sigma] \\ &= [T_\sigma]^{\mathrm{T}}[\varPsi]^{\mathrm{T}}[\tilde{D}]^{-1}[\varPsi][T_\sigma]\end{aligned} \tag{4-47}$$

4.3.2 损伤岩石的二维弹性本构模型

弹性的矩阵 $[\tilde{D}^*]^{-1}$ 和矩阵 $[\tilde{D}^*]$ 在二维情况下能详尽地表达如下 [13]：

$$[\tilde{D}^*]^{-1} = \begin{bmatrix} \dfrac{1}{E_1(1-\varOmega_1)^2} & \dfrac{-\nu_{12}}{E_2(1-\varOmega_1)(1-\varOmega_2)} & 0 \\[3mm] \dfrac{-\nu_{21}}{E_1(1-\varOmega_1)(1-\varOmega_2)} & \dfrac{1}{E_2(1-\varOmega_2)^2} & 0 \\[3mm] 0 & 0 & \dfrac{(1-\varOmega_i)^2 + (1-\varOmega_j)^2}{2G_{12}(1-\varOmega_i)^2(1-\varOmega_j)^2} \end{bmatrix} \tag{4-48}$$

直角坐标系 (XY) 中的二维弹性本构方程的表达式，用式 (4-45) 或式 (4-46) 的二维变换不难得到。

从上述关系可看出，每一个各向异性的损伤状态都可用一个具有有效弹性模量、有效泊松比和有效剪切模量参数值的对应各向异性的无损伤状态代替。这意味着，各向异性弹性静态损伤结构的有限元分析能用选取材料参数为有效值的非损伤各向异性有限单元程序 (通常的) 分析获得。用类似于图 2-3 的实验结果或文献 [11] 中给出的有效弹性材料参数与工程常规的弹性材料参数的比值在各种损伤状态下的曲线 [11] 或式 (2-18)，式 (2-19) 中，很容易选取损伤材料参数为有效值，然后直接用非损伤各向异性有限单元程序求解静态弹性损伤结构 [11]。

4.4 岩石的弹–塑性损伤力学模型

当损伤力学的概念在弹性范围内大部分被连续介质力学所采用时，一些有关塑性与损伤相结合的研究也相继作出 [1,14−16]。在已发表的工作中，主要有两类将

塑性与损伤相结合的模型。一类是耦合模型，另一类是非耦合模型。最初，这些模型是在应力或应变能量概念的基础上得到发展的 [15,16,18]。到目前为止，研究的主要部分集中于各向同性损伤，是由于其简单性和对许多实际问题的适应性。如果微裂纹群是随机地分布于空间的各个方向，则各向同性损伤模型还能足以应付，否则，必须考虑各向异性损伤模型。尽管将损伤考虑为各向同性时，损伤变量通常是简单的标量，但是这一假定在普遍情况下并非足够精确，为了描述更一般的各向异性情况，损伤变量的定义必须以损伤张量为基础。

　　Murakami [9], Halm 和 Dragon [1], Zhang 和 Valliappan [10] 分别提出了不同的各向异性损伤模型，这些模型虽然在数学上是精致的，但在编制有限元计算机指令时不是十分方便。本书所提出的模型能适用于任何屈服准则并同时给出相应的损伤发展模型。

4.4.1　非关联流动法则模型

　　在关联流规则模型中，假定存在两种独立的势，一个是与定义塑性势屈服函数 F 相联系的塑性势，另一个是由式 (4-18) 所定义的损伤耗散势 Φ^*（或 $\hat{\Phi}$）。因为耗散势 $\hat{\Phi}$ 的函数选择或多或少带有一些主观性，损伤增长的观念与屈服准则和塑性的流动表现出独立性，应该被注意。正如 Lemaitre [22,33] 所指出的那样，关联流所应遵守的正交法则对上述模型不是有效的。实际上，实验研究得到的大多数观察结果显示，损伤的增长伴随着材料中的塑性应变和塑性区的发展。从细观结构的观点来看，塑性的流动和损伤增长是由晶格错位、晶面滑移和晶体界面破裂所造成的。于是可以仅从逻辑上考虑损伤增长和塑性流动的不相关性。另外，从唯象论的观点来看，屈服函数仅代表一个失效状态，它仅取决于塑性失效过程中的实际应力，即使在塑性的流动继续时，屈服面正在变化也是如此。这种屈服面的变化仍然能被假定为仅由塑性律控制，并非由损伤增长律控制。因此，仍能被描绘为当塑性的流动到达某程度时，损伤增长的现象才会开始并且伴随塑性的流动而发展。显然，损伤增长也将影响到塑性流动。

　　从上面的讨论，可以考虑有两种失效流动，一种是经典的塑性流动，另一种是损伤增长流动。在损伤塑性理论中，简单地把流动函数 G 称为 (经典的) 塑性的势或塑性流动函数是不合适的，它应称为耗散流势函数或损伤–塑性流势函数。因此，所提及的材料失效的耗散流动应包括三部分：

　　(1) 塑性应变的变化；

　　(2) 屈服面的变化 (硬化)；

　　(3) 损伤状态的变化 (损伤增长或扩展)。

　　如上面的讨论，屈服函数可被假定取决于应力状态 $\{\sigma\}$，硬化的状态矢量 $\{R\}$ 及损伤状态矢量 $\{\Omega\}$，而不直接依赖于损伤速率 $\{\dot{\Omega}\}$。耗散流动函数 G 可被假定取

决于 $(\{\sigma\}, \{R\}, \{\Omega\})$ 及损伤应变能量释放率矢量 $\{Y\}$。张我华和 Valliappan [10,20] 建议：损伤材料的屈服函数和损伤塑性流动函数的一般形式可表示为

$$F(\{\sigma\}, \{\Omega\}, \{R\}) \geqslant 0 \tag{4-49}$$

$$G(\{\sigma\}, \{\Omega\}, \{Y\}, \{R\}) \geqslant 0 \tag{4-50}$$

其中，屈服函数 F 是从经典屈服函数得到的一种推广形式。这种推广形式是考虑当材料损伤时，材料塑性屈服现象仅由于实际的 (有效的或净的) 等效应力满足了屈服准则。因此，如果在经典屈服函数 F 中的无损伤 Cauchy 应力张量被有效应力张量替代，损伤屈服函数便能被提出。

损伤–塑性的流动函数 G (损伤–塑性的流动势) 应能表征出损伤–塑性的上述三种耗散。在这个概念基础上，用拉格朗日 (Lagrange) λ 乘子方法，使损伤–塑性的流动函数 $G(\{\sigma\}, \{\Omega\}, \{Y\}, \{R\})$ 背离机械耗散势函数 $\Phi^*(\{\sigma\}, \{Y\}, \{R\})$ 的偏差最小：

$$\frac{\partial}{\partial\{\sigma\}}[\Phi^*(\{\sigma\}, \{Y\}, \{R\}) - \lambda G(\{\sigma\}, \{\Omega\}, \{Y\}, \{R\})] = 0 \tag{4-51}$$

$$\frac{\partial}{\partial\{Y\}}[\Phi^*(\{\sigma\}, \{Y\}, \{R\}) - \lambda G(\{\sigma\}, \{\Omega\}, \{Y\}, \{R\})] = 0 \tag{4-52}$$

$$\frac{\partial}{\partial\{R\}}[\Phi^*(\{\sigma\}, \{Y\}, \{R\}) - \lambda G(\{\sigma\}, \{\Omega\}, \{Y\}, \{R\})] = 0 \tag{4-53}$$

由此可得

$$\{\dot{\varepsilon}^{\mathrm{p}}\} = \lambda\frac{\partial G}{\partial\{\sigma\}}, \quad \{\dot{\Omega}\} = -\lambda\frac{\partial G}{\partial\{Y\}}, \quad \{\dot{\gamma}\} = \lambda\frac{\partial G}{\partial\{R\}} \tag{4-54}$$

其中，$\{\gamma\}$ 是各向异性应变累积强化矢量。可以看出，拉格朗日乘子 λ 在此定义了与塑性理论相类似的比例因子。

连续介质中由荷载所引起的总应变可被定义为弹性与塑性应变和：

$$\{\varepsilon\} = \{\varepsilon^{\mathrm{e}}\} + \{\varepsilon^{\mathrm{p}}\} \tag{4-55}$$

损伤材料的应力–应变速率关系式可写为

$$\{\dot{\sigma}\} = [D^*](\{\dot{\varepsilon}\} - \{\dot{\varepsilon}^{\mathrm{p}}\}) + [\dot{D}^*]\{\varepsilon\} \tag{4-56}$$

其中，$[D^*]$ 是整体直角坐标系 (XYZ) 中各向异性损伤材料的弹性矩阵，它应当由该损伤材料的各向异性主坐标系中的弹性矩阵 $[\breve{D}^*]$ 及应力的坐标变换矩阵 $[T_\sigma]$ 表示如下：

$$[D^*] = [T_\sigma]^{\mathrm{T}}[\breve{D}^*][T_\sigma] \tag{4-57}$$

$[\breve{D}^*]$ 中的元素可由该各向异性损伤材料的弹性特性常数表达式得到 [21]。

在结构的静力学弹-塑性平衡问题中，如果需要考虑损伤的积累增长，则将这种模型称为静态弹-塑性模型的损伤增长，以区别结构动力学问题中的动力损伤增长。在这种情况下，损伤变量的速率也不等于零，$\{\dot{\Omega}\} \neq 0$，屈服函数式 (4-49) 对时间的导数成为

$$\dot{F} = \left(\frac{\partial F}{\partial \{\sigma\}}\right)^{\mathrm{T}} \{\dot{\sigma}\} + \left(\frac{\partial F}{\partial \{\Omega\}}\right)^{\mathrm{T}} \{\dot{\Omega}\} + \left(\frac{\partial F}{\partial \{R\}}\right)^{\mathrm{T}} \left[\frac{\partial \{R\}}{\partial \{\gamma\}}\right] \{\dot{\gamma}\} = 0 \qquad (4\text{-}58)$$

将式 (4-54) 与式 (4-56) 代入式 (4-58)，有

$$\left(\frac{\partial F}{\partial \{\sigma\}}\right)^{\mathrm{T}} \{\dot{\sigma}\} = \lambda \left[\left(\frac{\partial F}{\partial \{R\}}\right)^{\mathrm{T}} \left[\frac{\partial \{R\}}{\partial \{\gamma\}}\right] \frac{\partial G}{\partial \{R\}} + \left(\frac{\partial F}{\partial \{\Omega\}}\right)^{\mathrm{T}} \frac{\partial G}{\partial \{Y\}}\right] \qquad (4\text{-}59)$$

从关系

$$\{\varepsilon\} = [D^*]^{-1} \{\sigma\} + \{\varepsilon_{\mathrm{p}}\} \qquad (4\text{-}60)$$

式 (4-60) 关于时间的导数为

$$\{\dot{\varepsilon}\} = [\dot{D}^*]^{-1} \{\sigma\} + [D^*]^{-1} \{\dot{\sigma}\} + \{\dot{\varepsilon}_{\mathrm{p}}\} \qquad (4\text{-}61)$$

式 (4-61) 两边乘以 $[D^*]$，得到

$$\{\dot{\sigma}\} = [D^*](\{\dot{\varepsilon}\} - \{\dot{\varepsilon}_{\mathrm{p}}\}) - [D^*][\dot{D}^*]^{-1} \{\sigma\} \qquad (4\text{-}62)$$

因为 $[D^*][D^*]^{-1} = [I]$，其中，$[I]$ 是单位矩阵，它们表现出如下特性：

$$[D^*][\dot{D}^*]^{-1} = -[\dot{D}^*][D^*]^{-1} \qquad (4\text{-}63)$$

将式 (4-63) 代入式 (4-62)，应力应变关系的增长率形式可表示如下：

$$\{\dot{\sigma}\} = [D^*](\{\dot{\varepsilon}\} - \{\dot{\varepsilon}_{\mathrm{p}}\}) - [\dot{D}^*][D^*]^{-1} \{\sigma\} \qquad (4\text{-}64)$$

其中，

$$[\dot{D}^*] = \frac{\partial [D^*]}{\partial \{\Omega\}} \{\dot{\Omega}\} \qquad (4\text{-}65)$$

将式 (4-54) 代入式 (4-65) 与式 (4-64)，有

$$[\dot{D}^*] = -\lambda \frac{\partial [D^*]}{\partial \{\Omega\}} \frac{\partial G}{\partial \{Y\}} \qquad (4\text{-}66)$$

并且

$$\{\dot{\sigma}\} = [D^*]\{\dot{\varepsilon}\} - \lambda \left([D^*]\frac{\partial G}{\partial \{\sigma\}} + \frac{\partial [D^*]}{\partial \{\Omega\}} \frac{\partial G}{\partial \{Y\}} [D^*]^{-1} \{\sigma\}\right) \qquad (4\text{-}67)$$

将式 (4-67) 代入式 (4-59)，比例因子 λ 能被定义为

$$\lambda = H(F) \frac{\left(\dfrac{\partial F}{\partial \{\sigma\}}\right)^{\mathrm{T}} [D^*]\{\dot{\varepsilon}\}}{\left(\dfrac{\partial F}{\partial \{R\}}\right)^{\mathrm{T}} \left[\dfrac{\partial \{R\}}{\partial \{\gamma\}}\right] \dfrac{\partial G}{\partial \{R\}} + \left(\dfrac{\partial F}{\partial \{\sigma\}}\right)^{\mathrm{T}} [D^*] \dfrac{\partial G}{\partial \{\sigma\}} \\ + \left(\dfrac{\partial F}{\partial \{\Omega\}} + \left(\dfrac{\partial F}{\partial \{\sigma\}}\right)^{\mathrm{T}} \dfrac{\partial [D^*]}{\partial \{\Omega\}} [D^*]^{-1}\{\sigma\}\right) \dfrac{\partial G}{\partial \{Y\}}} \tag{4-68}$$

将式 (4-68) 代入式 (4-67)，有损伤增长的各向同性损伤材料的弹–塑性的本构方程可按增量形式表述如下：

$$\{\mathrm{d}\sigma\} = ([D^*] - [D_{\mathrm{p}}^*])\{\mathrm{d}\varepsilon\} \tag{4-69}$$

其中，

$$[D_{\mathrm{p}}^*] = H(F) \frac{\left([D^*]\dfrac{\partial G}{\partial \{\sigma\}}\left(\dfrac{\partial F}{\partial \{\sigma\}}\right)^{\mathrm{T}}[D^*] + \dfrac{\partial [D^*]}{\partial \{\Omega\}}[D^*]^{-1}\left[\{\sigma\}\left(\dfrac{\partial F}{\partial \{\sigma\}}\right)^{\mathrm{T}}\right][D^*]\right)\dfrac{\partial G}{\partial \{Y\}}}{\left(\dfrac{\partial F}{\partial \{R\}}\right)^{\mathrm{T}}\left[\dfrac{\partial \{R\}}{\partial \{\gamma\}}\right]\dfrac{\partial G}{\partial \{R\}} + \left(\dfrac{\partial F}{\partial \{\sigma\}}\right)^{\mathrm{T}}[D^*]\dfrac{\partial G}{\partial \{\sigma\}} \\ + \left(\dfrac{\partial F}{\partial \{\Omega\}} + \left(\dfrac{\partial F}{\partial \{\sigma\}}\right)^{\mathrm{T}}\dfrac{\partial [D^*]}{\partial \{\Omega\}}[D^*]^{-1}\{\sigma\}\right)\dfrac{\partial G}{\partial \{Y\}}} \tag{4-70}$$

$[D_{\mathrm{p}}^*]$ 是有损伤增长的各向同性损伤材料的塑性矩阵。将式 (4-68) 代入式 (4-67)，有损伤增长的各向同性损伤材料的塑性应变矢量增量也能用全应变增量 $\{\mathrm{d}\varepsilon\}$ 求得

$$\{\mathrm{d}\varepsilon_{\mathrm{p}}\} = [S_{\mathrm{ep}}^*]\{\mathrm{d}\varepsilon\} \tag{4-71}$$

其中，

$$[S_{\mathrm{ep}}^*] = H(F) \frac{\left[\dfrac{\partial G}{\partial \{\sigma\}}\left(\dfrac{\partial F}{\partial \{\sigma\}}\right)^{\mathrm{T}}\right][D^*]}{\left(\dfrac{\partial F}{\partial \{R\}}\right)^{\mathrm{T}}\left[\dfrac{\partial \{R\}}{\partial \{\gamma\}}\right]\dfrac{\partial G}{\partial \{R\}} + \left(\dfrac{\partial F}{\partial \{\sigma\}}\right)^{\mathrm{T}}[D^*]\dfrac{\partial G}{\partial \{\sigma\}} \\ + \left(\dfrac{\partial F}{\partial \{\Omega\}} + \left(\dfrac{\partial F}{\partial \{\sigma\}}\right)^{\mathrm{T}}\dfrac{\partial [D^*]}{\partial \{\Omega\}}[D^*]^{-1}\{\sigma\}\right)\dfrac{\partial G}{\partial \{Y\}}} \tag{4-72}$$

将式 (4-68) 给出的比例因子表达式代入式 (4-54)，损伤演化的方程 (即损伤增长方

程) 和积累硬化率方程可得到如下:

$$\{\mathrm{d}\Omega\} = [S_\Omega^*]\{\mathrm{d}\varepsilon\} = H(F)\dfrac{-\left(\dfrac{\partial G}{\partial\{Y\}}\right)\left(\dfrac{\partial F}{\partial\{\sigma\}}\right)^{\mathrm{T}}[D^*]\{\mathrm{d}\varepsilon\}}{\left(\dfrac{\partial F}{\partial\{R\}}\right)^{\mathrm{T}}\left[\dfrac{\partial\{R\}}{\partial\{\gamma\}}\right]\dfrac{\partial G}{\partial\{R\}} + \left(\dfrac{\partial F}{\partial\{\sigma\}}\right)^{\mathrm{T}}[D^*]\dfrac{\partial G}{\partial\{\sigma\}} \\ + \left(\dfrac{\partial F}{\partial\{\Omega\}} + \left(\dfrac{\partial F}{\partial\{\sigma\}}\right)^{\mathrm{T}}\dfrac{\partial[D^*]}{\partial\{\Omega\}}[D^*]^{-1}\{\sigma\}\right)\dfrac{\partial G}{\partial\{Y\}}}$$

$$(4\text{-}73)$$

$$\{\mathrm{d}\gamma\} = [S_\gamma^*]\{\mathrm{d}\varepsilon\} = H(F)\dfrac{-\left(\dfrac{\partial G}{\partial\{R\}}\right)\left(\dfrac{\partial F}{\partial\{\sigma\}}\right)^{\mathrm{T}}[D^*]\{\mathrm{d}\varepsilon\}}{\left(\dfrac{\partial F}{\partial\{R\}}\right)^{\mathrm{T}}\left[\dfrac{\partial\{R\}}{\partial\{\gamma\}}\right]\dfrac{\partial G}{\partial\{R\}} + \left(\dfrac{\partial F}{\partial\{\sigma\}}\right)^{\mathrm{T}}[D^*]\dfrac{\partial G}{\partial\{\sigma\}} \\ + \left(\dfrac{\partial F}{\partial\{\Omega\}} + \left(\dfrac{\partial F}{\partial\{\sigma\}}\right)^{\mathrm{T}}\dfrac{\partial[D^*]}{\partial\{\Omega\}}[D^*]^{-1}\{\sigma\}\right)\dfrac{\partial G}{\partial\{Y\}}}$$

$$(4\text{-}74)$$

很明显, 式 (4-68) 到式 (4-74) 的关系是在应变空间给出的 (即以应变增量 $\{\mathrm{d}\varepsilon\}$ 的形式)。可以看出, 当应力增量 $\{\mathrm{d}\sigma\}$ 被确定后, 以应力增量 $\{\mathrm{d}\sigma\}$ 计算比例因子的表达式能显著地被简化, 然后上述那些方程也能用应力增量 $\{\mathrm{d}\sigma\}$ 在应力空间被简化。于是, 从式 (4-71) 到式 (4-74) 能被重新表示如下:

将式 (4-54) 代入式 (4-58), 比例因子 λ 可以被简化为

$$\lambda = H(F)\dfrac{\left(\dfrac{\partial F}{\partial\{\sigma\}}\right)^{\mathrm{T}}\{\dot\sigma\}}{\left(\dfrac{\partial F}{\partial\{R\}}\right)^{\mathrm{T}}\left[\dfrac{\partial\{R\}}{\partial\{\gamma\}}\right]\dfrac{\partial G}{\partial\{R\}} + \left(\dfrac{\partial F}{\partial\{\Omega\}}\right)^{\mathrm{T}}\dfrac{\partial G}{\partial\{Y\}}}$$

$$(4\text{-}75)$$

将式 (4-75) 代入式 (4-54) 的第一式, 塑性应变矢量的增量能确定为

$$\{\mathrm{d}\varepsilon_{\mathrm{p}}\} = [C_{\mathrm{ep}}^*]\{\mathrm{d}\sigma\} \tag{4-76}$$

其中,

$$[C_{\mathrm{ep}}^*] = H(F)\dfrac{\left[\left(\dfrac{\partial G}{\partial\{\sigma\}}\right)\left(\dfrac{\partial F}{\partial\{\sigma\}}\right)^{\mathrm{T}}\right]}{\left(\dfrac{\partial F}{\partial\{R\}}\right)^{\mathrm{T}}\left[\dfrac{\partial\{R\}}{\partial\{\gamma\}}\right]\dfrac{\partial G}{\partial\{R\}} + \left(\dfrac{\partial F}{\partial\{\Omega\}}\right)^{\mathrm{T}}\dfrac{\partial G}{\partial\{Y\}}}$$

$$(4\text{-}77)$$

将式 (4-75) 代入式 (4-54) 的第二式, 损伤增长增量方程能被简化为

$$\{d\Omega\} = [C_{\Omega}^{*}]\{d\sigma\} = H(F)\frac{-\left[\left(\dfrac{\partial G}{\partial \{Y\}}\right)\left(\dfrac{\partial F}{\partial \{\sigma\}}\right)^{\mathrm{T}}\right]\{d\sigma\}}{\left(\dfrac{\partial F}{\partial \{R\}}\right)^{\mathrm{T}}\left[\dfrac{\partial \{R\}}{\partial \{\gamma\}}\right]\dfrac{\partial G}{\partial \{R\}} + \left(\dfrac{\partial F}{\partial \{\Omega\}}\right)^{\mathrm{T}}\dfrac{\partial G}{\partial \{Y\}}} \tag{4-78}$$

将式 (4-75) 代入式 (4-54) 的第三式, 积累硬化参数的增量方程能被简化为

$$\{d\gamma\} = [C_{\gamma}^{*}]\{d\sigma\} = H(F)\frac{-\left[\left(\dfrac{\partial G}{\partial \{R\}}\right)\left(\dfrac{\partial F}{\partial \{\sigma\}}\right)^{\mathrm{T}}\right]\{d\sigma\}}{\left(\dfrac{\partial F}{\partial \{R\}}\right)\left[\dfrac{\partial \{R\}}{\partial \{\gamma\}}\right]\dfrac{\partial G}{\partial \{R\}} + \left(\dfrac{\partial F}{\partial \{\Omega\}}\right)^{\mathrm{T}}\dfrac{\partial G}{\partial \{Y\}}} \tag{4-79}$$

其中, 应力增量 $\{d\sigma\}$ 已从式 (4-69) 计算出。

在这种情况中, 损伤增长方程式 (4-78) 和由式 (4-79) 所给出的内凛应变积累劣化参数与 Lemaitre [22,33] 的模型相同, 但是由式 (4-76), 式 (4-77) 给出的塑性应变的增量和损伤弹性–塑性刚度矩阵 $[D_{\mathrm{ep}}]$ 与 Lemaitre 的不一样。

4.4.2　各向异性损伤弹–塑性屈服模型

各向异性弹–塑性损伤模型可由修正 Hill 及 Hoffman 的各向异性屈服准则 [23] 及修正 Lemaitre 的损伤发展模型 [22,33] 相结合的方法而推出。修正后满足各向异性应变累积强化律的各向异性屈服函数:

对 Hill 的模型可表示为

$$F = \{\sigma\}^{\mathrm{T}}[\Phi^{*}]^{\mathrm{T}}[K_{f}][\Phi^{*}]\{\sigma\} - (1 + R_{\mathrm{eq}}^{2}(\{R\})) = 0 \tag{4-80}$$

对 Hoffman 的模型可表示为

$$F = \{\sigma\}^{\mathrm{T}}[\Phi^{*}]^{\mathrm{T}}[K_{f}][\Phi^{*}]\{\sigma\} + \{K\}^{\mathrm{T}}[\Phi^{*}]\{\sigma\} - (1 + R_{\mathrm{eq}}^{2}(\{R\})) = 0 \tag{4-81}$$

其中, $[K_{f}]$ 是各向异性强度特性矩阵 [11,23], 对平面应力状态, 矩阵 $[K_{f}]$ 定义为

$$[K_{f}] = \begin{bmatrix} \dfrac{1}{F_{1\mathrm{t}}F_{1\mathrm{c}}} & \dfrac{-1}{2F_{1\mathrm{t}}F_{1\mathrm{c}}} & 0 & 0 \\[2mm] \dfrac{-1}{2F_{1\mathrm{t}}F_{1\mathrm{c}}} & \dfrac{1}{F_{2\mathrm{t}}F_{2\mathrm{c}}} & 0 & 0 \\[2mm] 0 & 0 & 0 & \dfrac{1}{2F_{12}^{2}} \\[2mm] 0 & 0 & \dfrac{1}{2F_{12}^{2}} & 0 \end{bmatrix} \tag{4-82}$$

对平面应变状态为

$$[K_f] = \begin{bmatrix} \dfrac{1}{F_{1t}F_{1c}} & \dfrac{-1}{2F_{1t}F_{1c}} & \dfrac{-1}{2F_{1t}F_{1c}} & 0 & 0 \\ \dfrac{-1}{2F_{1t}F_{1c}} & \dfrac{1}{F_{2t}F_{2c}} & \dfrac{-1}{F_{1t}F_{1c}} + \dfrac{1}{2F_{2t}F_{2c}} & 0 & 0 \\ \dfrac{-1}{2F_{1t}F_{1c}} & \dfrac{-1}{F_{2t}F_{2c}} + \dfrac{1}{2F_{1t}F_{1c}} & \dfrac{1}{F_{2t}F_{2c}} & 0 & 0 \\ 0 & 0 & 0 & 0 & \dfrac{1}{2F_{12}^2} \\ 0 & 0 & 0 & \dfrac{1}{2F_{12}^2} & 0 \end{bmatrix} \tag{4-83}$$

$\{K\}$ 是 Hoffmen 模型的各向异性强度特性附属向量[11,23]：

$$\{K\} = \left\{ \dfrac{F_{1t} - F_{1c}}{F_{1t}F_{1c}}, \dfrac{F_{2t} - F_{2c}}{F_{2t}F_{2c}}, \dfrac{F_{2t} - F_{2c}}{F_{2t}F_{2c}}, 0, 0 \right\}^{\mathrm{T}} \tag{4-84}$$

其中，F_{12}, F_{1c}、F_{2c}, F_{1t}、F_{2t} 分别是岩石各向异性的拉伸，压缩及剪切强度。

对修正的 Hill 模型有

$$F_{1t} = F_{1c} = F_1, \quad F_{2t} = F_{2c} = F_2 \tag{4-85a}$$

对平面应力状态有

$$[K_f] = \begin{bmatrix} \dfrac{1}{F_1^2} & \dfrac{-1}{2F_1^2} & 0 \\ \dfrac{-1}{2F_1^2} & \dfrac{1}{F_2^2} & 0 \\ 0 & 0 & \dfrac{1}{F_{12}^2} \end{bmatrix} \tag{4-85b}$$

对平面应变状态有

$$[K_f] = \begin{bmatrix} \dfrac{1}{F_1^2} & \dfrac{-1}{2F_1^2} & \dfrac{1}{2F_1^2} & 0 \\ \dfrac{-1}{2F_1^2} & \dfrac{1}{F_2^2} & \dfrac{-2F_1^2 + F_2^2}{2F_1^2} & 0 \\ \dfrac{1}{2F_1^2} & \dfrac{-2F_1^2 + F_2^2}{2F_1^2} & \dfrac{1}{F_1^2} & 0 \\ 0 & 0 & 0 & \dfrac{1}{F_{12}^2} \end{bmatrix} \tag{4-85c}$$

式 (4-80) 和式 (4-81) 中的矩阵 $[\Phi^*]$ 是从 Cauchy 应力向量到有效应力向量的转换矩阵，如式 (2-67) ~ 式 (2-70) 所给出的表达式。

4.4.3　各向异性损伤强 (弱) 化模型

塑性力学中各向异性材料的强化律是个难点, 现有的各向异性塑性强化模型, 要不然是复杂烦琐, 要不然就是不能反映各向异性强化的实验特征。非常需要发展一种可在实际中应用的, 能确实反映材料各向异性特征的各向异性塑性强化模型。

经典的塑性屈服函数可被写为如下形式：

$$F(\{\sigma_{ij}\}) = R_{\mathrm{eq}}(\{\gamma_{ij}\}) \tag{4-86}$$

式中, 左端为应力张量的函数, 右端为强化参数的某种函数。

上面给出的两种各向异性材料的屈服准则, 均包含了一组材料的各向异性强度参数, 而不再是仅包含各种应力不变量的简单组合, 因此, 它们才能较好地反映出材料的各向异性塑性屈服特征。

应当指出：在各向异性损伤材料情况下, 材料的大多数特性, 如强度、刚度、屈服等都会受到各向异性损伤发展的影响而变化。这必然导致材料在某些方向上的强度或刚度变化很显著, 因此会表现出材料在这些方向的强化 (弱化) 特性。所以, 需要在各向异性损伤材料的塑性准则中, 引入各向异性强化律。在理想塑性情况下, 这也许无关紧要, 但在强 (弱) 化情况下, 其作用可能是非常典型的。

放弃屈服准则必须包含各种的应力不变量的观念, 本书在 Hill 和 Hoffman 准则模型的基础上, 对屈服函数的右端, 引入不同的等效塑性阻抗来描述材料的各向异性强 (弱) 化特性, 于是, 有各向异性强 (弱) 化律的各向异性损伤屈服准则可被修改为

$$F(\{\sigma_{ij}\}, \{\Omega\}) = 1 + R_{\mathrm{eq}}(\{R\}) \tag{4-87}$$

其中, R_{eq} 是各向异性强 (弱) 化向量函数 $\{R\}$ 的一种等效值, $\{R\}$ 是与内凛状变量 —— 积累强 (弱) 化变形 $\{\gamma\}$ 有关的各向异性强 (弱) 化阻力函数 $\{R(\{\gamma\})\}$。

因为各向异性强 (弱) 化向量函数的等效值 R_{eq} 也是一种坐标不变量, 在二维的直角坐标系 (XY) 情况下, 它可表示为

$$R_{\mathrm{eq}} = (R_x^2 + R_y^2 - 2R_x R_y + 3R_{xy}^2)^{\frac{1}{2}} \tag{4-88}$$

其中,

$$\{R_x, R_y, R_{xy}\}^{\mathrm{T}} = [T_\sigma]\{R_1, R_2, R_{12}\}^{\mathrm{T}} \tag{4-89}$$

$\{R_1, R_2, R_{12}\}$ 是定义于各向异性主坐标系中的各向异性强化向量函数的分量, 满足

$$R_i = \begin{cases} 0, & r_i = 0 \\ R_i(r_i), & r_i \neq 0 \end{cases} \tag{4-90}$$

显然, 式 (4-87) 给出的各向异性强 (弱) 化律的各向异性损伤屈服准则满足下述条件:

(1) 当 $\{\gamma\}=0$ 且 $F(\{\sigma_{ij}\},\{\Omega\})<1$ 时, 材料处于弹性;

(2) 当 $\{\gamma\}\neq 0$ 且 $\{R\}=0$ 时, 材料处于理想塑性状态, 此时 $R_{eq}=0$ 且

$$F(\{\sigma_{ij}\},\{\Omega\})=1$$

(3) 当 $\{\gamma\}\neq 0$ 且 $\{R\}>0$ 时, 材料处于强化状态, 此时 $R_{eq}>0$ 且

$$F(\{\sigma_{ij}\},\{\Omega\})=1+R_{eq}^2>1$$

等效值 R_{eq} 的形式必须满足: 沿各向异性主方向取样的单向试件应能反映该方向实验的各向异性屈服特性和强化特性参数, 不同方向取样应表现出不同特性的结果. 于是, 对应于 Hill 和 Hoffman 模型的各向异性强 (弱) 化律向量的分量函数 $\{R_1,\ R_2,\ R_{12}\}$ 表示为

对 Hill 模型:
$$\begin{cases} R_1=\left(2\dfrac{H_1}{F_{1t}}\gamma_1+\dfrac{H_1^2\gamma_1^2}{F_1{}^2}\right)^{\frac{1}{2}} & (4\text{-}91) \\[3mm] R_2=\left(2\dfrac{H_2}{F_2}\gamma_2+\dfrac{H_2^2\gamma_2^2}{F_2{}^2}\right)^{\frac{1}{2}} & (4\text{-}92) \\[3mm] R_{12}=\dfrac{1}{\sqrt{3}}\left[2\dfrac{H_{12}}{F_{12}}\gamma_{12}+\left(\dfrac{H_{12}}{F_{12}}\gamma_{12}\right)^2\right]^{\frac{1}{2}} & (4\text{-}93) \end{cases}$$

对 Hoffman 模型:
$$\begin{cases} R_1=\left[\left(\dfrac{1}{F_{1t}}+\dfrac{1}{F_{1c}}\right)H_1\gamma_1+\dfrac{H_1^2\gamma_1^2}{F_{1t}F_{1c}}\right]^{\frac{1}{2}} & (4\text{-}94) \\[3mm] R_2=\left[\left(\dfrac{1}{F_{2t}}+\dfrac{1}{F_{2c}}\right)H_2\gamma_2+\dfrac{H_2^2\gamma_2^2}{F_{2t}F_{2c}}\right]^{\frac{1}{2}} & (4\text{-}95) \\[3mm] R_{12}=\dfrac{1}{\sqrt{3}}\left[2\dfrac{H_{12}}{F_{12}}\gamma_{12}+\left(\dfrac{H_{12}}{F_{12}}\gamma_{12}\right)^2\right]^{\frac{1}{2}} & (4\text{-}96) \end{cases}$$

其中, 向量 $\{H_1,\ H_2,\ H_{12}\}^{\mathrm{T}}$ 是各向异性强 (弱) 化曲线的斜度, 可由按各向异性主方向取样的单向实验的强 (弱) 化曲线的斜率来确定 (图 4-1).

上述强 (弱) 化律函数的各向异性特性可由无损伤的单向实验验证如下.

当在主各向异性方向 n_1—n_1 单轴拉伸 (或压缩) 试件时, Hill 模型的基本条件为:

- $\sigma_{11}\neq 0$, $\sigma_{22}=0$, $\sigma_{12}=0$;
- $\gamma_1\neq 0$, $\gamma_2=0$, $\gamma_{12}=0$(由式 (4-79) 给出);

- $R_1 \neq 0$, $R_2 = 0$, $R_{12} = 0$ (由式 (4-91)～式 (4-93) 给出);
- 在强 (弱) 化情况下试件内的轴向应力为 $\sigma_{11} = F_1 + H_1\gamma_1$;
- 由强 (弱) 化律函数 (4-91) 得 $R_{\mathrm{eq}}^2 = R_1^2 = 2H_1\gamma_1/F_1 + H_1\gamma_1/F_1^2$;
- 显然, 由屈服准则得 $\dfrac{(F_1 + H_1 r_1)^2}{F_1^2} = 1 + 2\dfrac{H_1}{F_1}\gamma_1 + \left(\dfrac{H_1}{F_1}\gamma_1\right)^2$。

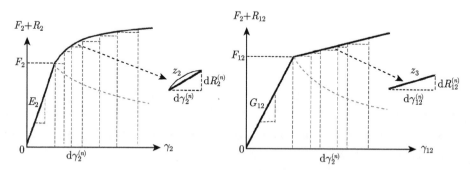

图 4-1　在各向异性主方向单向拉压或简单剪切实验所表现的分段线性强 (弱) 化的曲线和积累强 (弱) 化效应

很明显, 屈服准则两端相等, 这说明, 沿 $n_1 - n_1$ 方向取样的试件, 当其单轴拉伸 (或压缩) 时, 满足各向异性屈服准则中的各向异性强 (弱) 化律。对 $n_2 - n_2$ 方向的单轴拉或压实验, 以及 $n_1 - n_2$ 方向的简单剪切实验, 可以同样得到验证。而且可以看出: (1)、(2)、(3) 所列出的具有各向异性强 (弱) 化律的各向异性屈服准则, 所应满足的条件全部得到圆满的满足。而且在各向同性情况, $\Omega_1 = \Omega_2 = \Omega$, 有 $F_1 = F_2 = \sqrt{3}F_{12} = \sigma_{\mathrm{yeld}}$, $R_1 = R_2 = \sqrt{3}R_{12} = R_{\mathrm{eq}} = R$。如果强化律函数选为 $R^2 = 2H\gamma/\sigma_{\mathrm{yeld}} + (H\gamma/\sigma_{\mathrm{yeld}})^2$, 式 (4-80) 给出的具有各向异性强 (弱) 化律的各向异性屈服准则的 Hill 模型, 便退化为各向同性的冯·米泽斯应变强化屈服准则。

屈服函数或流动势函数对各向异性强 (弱) 化向量的偏导数为

$$\frac{\partial F}{\partial\{R\}} = \frac{\partial G}{\partial\{R\}} = 2\left\{\begin{array}{c} R_x - R_y \\ R_y - R_x \\ 3R_{xy} \end{array}\right\} \tag{4-97}$$

在增量荷载的情况下, 第 m 步荷载增量所引起沿 i 方向的各向异性强 (弱) 化函数 $R_i^{(m)}$ 由各增量 $\mathrm{d}R_i^{(n)}$ 累积得到, 如图 4-1 所示。

$$R_i^{(m)} = \sum_{n=1}^{m} \mathrm{d}R_i^{(n)} \tag{4-98}$$

从微分式 (4-91)~ 式 (4-96)，各向异性强 (弱) 化函数的增量向量：

对 Hill 模型为

$$
\{\mathrm{d}R^{(n)}\} =
\begin{bmatrix}
\dfrac{H_1}{R_1^{(n)} F_1}\left(1+\dfrac{H_1}{F_1}\gamma_1^{(n)}\right) & 0 & 0 \\[3mm]
0 & \dfrac{H_2}{R_2^{(n)} F_2}\left(1+\dfrac{H_2}{F_2}\gamma_2^{(n)}\right) & 0 \\[3mm]
0 & 0 & \dfrac{H_{12}}{R_{12}^{(n)} F_{12}}\left(1+\dfrac{H_{12}}{F_{12}}\gamma_{12}^{(n)}\right)
\end{bmatrix}
$$
$$
\begin{Bmatrix}
\mathrm{d}\gamma_1^{(n)} \\
\mathrm{d}\gamma_2^{(n)} \\
\mathrm{d}\gamma_{12}^{(n)}
\end{Bmatrix}
\tag{4-99}
$$

对 Hoffman 模型为

$$
\{\mathrm{d}R^{(n)}\} =
\begin{bmatrix}
\dfrac{(F_{1\mathrm{t}}+F_{1\mathrm{c}})H_1+\gamma_1^{(n)}H_1^2}{R_1^{(n)} F_{1\mathrm{t}} F_{1\mathrm{c}}} & 0 & 0 \\[3mm]
0 & \dfrac{(F_{2\mathrm{t}}+F_{2\mathrm{c}})H_2+\gamma_2^{(n)}H_2^2}{R_2^{(n)} F_{2\mathrm{t}} F_{2\mathrm{c}}} & 0 \\[3mm]
0 & 0 & \dfrac{H_{12}}{R_{12}^{(n)} F_{12}}\left(1+\dfrac{H_{12}}{F_{12}}\gamma_{12}^{(n)}\right)
\end{bmatrix}
$$
$$
\begin{Bmatrix}
\mathrm{d}\gamma_1^{(n)} \\
\mathrm{d}\gamma_2^{(n)} \\
\mathrm{d}\gamma_{12}^{(n)}
\end{Bmatrix}
\tag{4-100}
$$

由式 (4-99) 或式 (4-100) 的增量代入累积表达式 (4-98)，并由式 (4-89) 和式 (4-88) 可求得整体坐标 (XY) 中的各向异性强 (弱) 化函数向量 $\{R_x, R_y, R_{xy}\}$ 的值及其等效值 R_{eq}。

各向异性内凛应变累积强化参数 $\{\gamma_1, \gamma_2, \gamma_{12}\}^{\mathrm{T}}$ 可借助式 (4-79) 或式 (4-86) 由下式累加求得

$$
\gamma_1 = \sum \mathrm{d}\gamma_1, \quad \gamma_2 = \sum \mathrm{d}\gamma_2, \quad \gamma_{12} = \sum \mathrm{d}\gamma_{12}
\tag{4-101}
$$

4.4.4 损伤耗散与塑性流动势的联合模型

尽管由 Lemaitre 提出的关联流规则模型没有在总应变增量 $\{\mathrm{d}\varepsilon\}$ 上满足正交法则，但是由 Lemaitre [33] 给出的损伤耗散势 $\widehat{\Phi}(Y)$ 计算出的损伤演化 (增长) 结果 (文献 [11]，[33]) 与六种材料的实验数据符合得很好。这意味着由 Lemaitre 和 Chaboche [34] 所建议的损伤耗散势在某些情况下是可取的。

为了耦合损伤增长和塑性流动的相互影响，本节将提出一种联合的耗散势模型，作为损伤增长和塑性流动的内在耦合的机理模型。由于屈服函数 F、塑性流动势函数 G 和损伤耗散势函数 Φ^* 都具有非负的能量"标量"量纲，各向异性损伤的弹–塑性势函数，可通过将修正的塑性流动耗散势 $G = F$ 与损伤耗散势 Φ^* 相结合的形式得到，于是可以假定总的耗散势是由 Lemaitre 所提出的损伤增长耗散势和包括了硬 (弱) 化耗散在内的且与屈服函数 F 相关联的塑性流动耗散势之和，如

$$G(\{\sigma\},\{\Omega\},\{Y\},\{R\}) = \widehat{\Phi}(\{Y\}) + F(\{\sigma\},\{\Omega\},\{R\}) \tag{4-102}$$

大量实验研究表明：损伤增长的现象仅发生在内凛应变积累劣化参数 γ_{eq} 达到某门槛值 γ_{d} (它可能等价于 $\gamma_{\mathrm{eq}} f_{\mathrm{c}}^2 = \gamma_{\mathrm{d}}$ [33]) 时。这意味着损伤发展具有门槛效应，当介质内部积累劣化参数低于门槛值 γ_{d} 时，损伤状态将停留在损伤起始值 $\{\Omega_0\}$ 上，损伤不增长 (即如果 $\gamma_{\mathrm{eq}} f_{\mathrm{c}}^2 = \gamma_{\mathrm{d}} < \varepsilon_{\mathrm{d}}^{\mathrm{p}}$，则材料将处于静态损伤状况 $\{\Omega\} \neq 0, \{\dot{\Omega}\} = 0$)。

这种将塑性流动耗散势与损伤耗散势相结合的形式，所表示的修正的各向异性损伤弹–塑性势函数的表达方式为

$$G(\{\sigma\},\{\Omega\},\{Y\},\{R\}) = F(\{\sigma\},\{\Omega\},\{R\})$$
$$+ H\left(\gamma_{\mathrm{eq}} f_{\mathrm{c}}^2 - \varepsilon_{\mathrm{d}}^{\mathrm{p}}\right) \frac{s_0}{s_0+1} \left(\frac{-\hat{Y}}{s_0}\right)^{s_0+1} \tag{4-103}$$

其中，γ_{eq} 是各向异性内凛应变累积劣化参数向量的一种等效值；f_{c} 是与三轴应力比有关的一个因子；$\varepsilon_{\mathrm{d}}^{\mathrm{p}}$ 是损伤开始发展时塑性应变的临界值；s_0 为损伤发展所定义的材料常数 [3]，$\hat{Y}$ 是由各向异性损伤发展所造成的总的损伤应变能释放率 [11,33]，在式 (4-24) 中已定义。

因为由式 (4-80) 所定义的损伤塑性的流动矢量 $\dfrac{\partial G}{\partial \{\sigma\}}$ 由两部分组成，一部分是由经典塑性流 $\dfrac{\partial F}{\partial \{\sigma\}}$ 贡献，另一部分是由损伤增长流动 (细观结构变化) $\dfrac{\partial \hat{\Phi}}{\partial \{Y\}} \dfrac{\partial \{Y\}}{\partial \{\sigma\}}$ 所贡献。所以

$$\frac{\partial G}{\partial \{\sigma\}} = \frac{\partial F}{\partial \{\sigma\}} + \frac{\partial \hat{\Phi}}{\partial \{Y\}} \frac{\partial \{Y\}}{\partial \{\sigma\}} \tag{4-104}$$

此处应该注意，式 (4-104) 右边的第二部分表示了损伤增长对塑性流动的贡献，这在 Lemaitre [33] 的模型中未被包含进去。所以，损伤增长对塑性流动的影响由于在 Lemaitre 模型中塑性势和损伤势的独立而被丢失了。

$$\frac{\partial G}{\partial \{\sigma\}} = \frac{\partial F}{\partial \{\sigma\}} - \frac{\partial [D^*]^{-1}}{\partial \{\Omega\}} \{\sigma\} \frac{\partial \hat{\Phi}}{\partial \{Y\}} \tag{4-105}$$

仿照经典的弹–塑理论方法, 损伤材料的塑性矩阵可表示为

$$[D_{\mathrm{p}}^*] = H(F) \frac{[D^*]\boldsymbol{d}\boldsymbol{a}^{\mathrm{T}}[D^*] + 2\boldsymbol{g}[D^*]^{-1}\{\sigma\}\boldsymbol{a}^{\mathrm{T}}[D^*]}{\boldsymbol{e}^{\mathrm{T}}\dfrac{\partial\{R\}}{\partial\{\gamma\}}\boldsymbol{f} + \boldsymbol{a}^{\mathrm{T}}[D^*]\boldsymbol{d} + \boldsymbol{b}^{\mathrm{T}}\boldsymbol{e} + 2\boldsymbol{a}^{\mathrm{T}}\boldsymbol{g}[D^*]^{-1}\{\sigma\}} \tag{4-106}$$

其中, 引入了符号

$$\boldsymbol{a} = \frac{\partial F}{\partial\{\sigma\}}, \quad \boldsymbol{b} = \frac{\partial F}{\partial\{\Omega\}}, \quad \boldsymbol{c} = \frac{\partial F}{\partial\{R\}}, \quad \boldsymbol{d} = \frac{\partial G}{\partial\{\sigma\}}, \quad \boldsymbol{e} = \frac{\partial G}{\partial\{\Omega\}}, \quad \boldsymbol{f} = \frac{\partial G}{\partial\{R\}} \tag{4-107}$$

由式 (4-54) 的第二式, 各向异性损伤演化方程 (损伤发展方程) 可写为

$$\{\mathrm{d}\Omega\} = H(F) \frac{-\boldsymbol{g}\boldsymbol{a}^{\mathrm{T}}[D^*]\{\mathrm{d}\varepsilon\}}{\boldsymbol{e}^{\mathrm{T}}\dfrac{\partial\{R\}}{\partial\{\gamma\}}\boldsymbol{f} + \boldsymbol{a}^{\mathrm{T}}[D^*]\boldsymbol{d} + \boldsymbol{b}^{\mathrm{T}}\boldsymbol{e} + 2\boldsymbol{a}^{\mathrm{T}}\boldsymbol{g}[D^*]^{-1}\{\sigma\}} \tag{4-108}$$

由式 (4-54) 的第三式, 各向异性累积强化向量的增量方程表示为

$$\{\mathrm{d}\gamma\} = H(F) \frac{-\boldsymbol{f}\boldsymbol{a}^{\mathrm{T}}[D^*]\{\mathrm{d}\varepsilon\}}{\boldsymbol{e}^{\mathrm{T}}\dfrac{\partial\{R\}}{\partial\{\gamma\}}\boldsymbol{f} + \boldsymbol{a}^{\mathrm{T}}[D^*]\boldsymbol{d} + \boldsymbol{b}^{\mathrm{T}}\boldsymbol{e} + 2\boldsymbol{a}^{\mathrm{T}}\boldsymbol{g}[D^*]^{-1}\{\sigma\}} \tag{4-109}$$

其中, $H(F)$ 是屈服函数 F 的单位阶跃函数, 它被定义为具有局部化效应的广义函数算子, 式 (4-83)~ 式 (4-86) 中的算子 $H(F)$ 代表塑性屈服, 损伤发展及强化积累只能在满足相应条件的局部区域发生。如果忽略损伤发展, 损伤向量的速率等于零, $\{\mathrm{d}\Omega/\mathrm{d}t\} = 0$, 此时, 式 (4-106)、式 (4-108) 和式 (4-109) 中的向量 $\boldsymbol{g}$ 和 $\boldsymbol{b}$ 可被略去, 因此损伤向量增量 $\{\mathrm{d}\Omega\}$ 等于零。上述式中矩阵 $[D^*]$ 的速率可表示为

$$\boldsymbol{g} = -\frac{1}{\lambda}[\dot{D}^*] = -\sum_{j=1}^{3} \frac{\partial[D^*]}{\partial\Omega_j} \frac{\partial G}{\partial Y_j} \tag{4-110}$$

4.4.5 损伤结构弹–塑性分析的静态等效

从 4.4.4 节的讨论可以看出, 损伤增长的贡献体现在 $\partial G/\partial\{Y\}$ 项上。如果 $\partial G/\partial\{Y\} = 0$, 从而可得 $\{\partial\Omega/\partial t\} = 0$。如预期的, 此时所有的动态损伤公式都退化为静态损伤。这相当于介质损伤劣化后变为已损伤的结构, 以新的材料特性发生静态弹–塑性变形。因此, 已损伤结构的静损伤状态 $\Omega \neq 0, \dot{\Omega} = 0$ 的弹–塑性分析, 可用具有等效介质特性参数 $[\tilde{F}_f^*]$ 等的非损伤结构的常规弹–塑性分析来等效。

于是, 在结构损伤过程的某一瞬时, 若已知损伤结构的当前损伤状态, 即 $\Omega(x, y, z, t)$, 并假定在该瞬时结构处于静损伤状态, 即 $\Omega \neq 0, \dot{\Omega} = 0$, 则结构在该损伤状态和当前荷载状态下的弹–塑性位移、应变和应力的分析, 可用具有相同的当前

瞬时荷载和当前的等效介质特性参数 (用当前损伤状态便可以确定结构的等效介质特性参数 $[\tilde{F}_f^*]$ 等) 的非损伤结构的常规弹–塑性分析等效。在下一瞬时，只要能计算估计出新的损伤分布状态 $\Omega(x, y, z, t + \Delta t)$，重复上述等效分析过程，便可等效地分析动态损伤过程。

这种方法给出了应用常规的弹–塑性有限元软件，结合由实验得到的损伤发展律，分析结构弹–塑性损伤过程的可行性；也给出了验证损伤模型的间接方法。

图 4-2 给出了以 Hill 模型为例的损伤结构弹–塑性分析的静态等效原理说明。

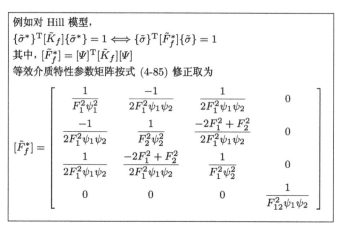

图 4-2　损伤结构弹–塑性分析的静态等效原理说明

4.5　岩石类介质的黏–弹–塑性动力损伤模型

4.5.1　岩石类介质的黏–弹–塑性破坏特征

各种岩石都不同程度地具有一定的流变特性，即使是坚硬的花岗岩，经过 20 年的岩梁 (215cm×12.3cm×68cm) 的流变实验也反映出较强的流变特性 [24]。长期以来，人们对岩石的流变性进行了实验研究和理论分析，建立了各种岩石流变模型，如 Maxwell 模型、Kelvin 模型、Poyting-Thomsom 模型、Burger 模型、Binghim 模型、西原模型等，这些模型和本构方程从不同的方面描述了岩石的流变特性。

在流变学中，流变性一般包括两大部分，一部分为流变过程中的应力、应变和时间的关系，另一部分为流动极限和时间的关系 (流动极限是指具有流变性材料的屈服极限，实验证明其往往随时间的延长而降低)。前者用应力、应变和时间组成的流变方程 $f(\sigma, \varepsilon, t) = 0$ 或 $f(\dot{\sigma}, \dot{\varepsilon}) = 0$ 或流变曲线表示，后者用流动极限和时间组成的衰减方程 $f(\sigma_s, t) = 0$ 或衰减曲线表达。虽然流动极限的衰减性质有着重要的实际意义，但是由于目前的实际资料还很少，所以在流变分析中还很难考虑这一因素。

由于流变方程都是以变量的微分方程或积分方程出现, 因此很难用简单的图形表现出来。为了便于分析研究, 常把上述 σ, ε, t 三因素中的一个因素固定。这样流变方程 $f(\sigma, \varepsilon, t) = 0$ 就化为二元方程, 其几何形式就是曲线。

当固定应力 σ 这一因素时, 流变方程和流变曲线就化为蠕变方程和蠕变曲线; 当固定应变 ε 时, 流变方程和流变曲线就化为松弛方程和松弛曲线; 当给定时间 t 时, 流变方程就化为应力–应变方程, 流动曲线化为等时曲线。

对于黏性材料, 还常用应力和应变速度关系来描述流变, 相应的就是以 σ、$\dot{\varepsilon}$ 为变量的黏性方程和黏性曲线。

蠕变性、松弛性、等时应力–应变关系、黏性方程以及加卸载时所表现的变形回复性质 (加载特性) 构成了材料流变的五个侧面, 它们既相互独立又相互联系, 是全面分析流变问题中不可缺少的组成部分。在解决具体问题时可根据实际问题的性质和要求有所取舍。

通常用蠕变曲线研究岩石的流变特性。

蠕变性是指在不变荷载作用下发生的流变性质, 用蠕变方程 $\sigma = \text{const}, f(\varepsilon, t) = 0$ 和蠕变曲线描述。应当注意蠕变 (creep) 和流变这两个术语的区别, 蠕变给定了应力, 而流变中应力为变量, 蠕变是流变的一种表现而不是全部。

在较高的应力水平下, 岩石的蠕变曲线可以分为三个阶段, 如图 4-3(a) 所示:

I 阶段: 衰减蠕变, 应变速率由大逐渐减小, 蠕变曲线上凸;

II 阶段: 等速蠕变, 蠕变速率近似为常数或为 0, 蠕变曲线近似为直线;

III 阶段: 加速蠕变, 蠕变速率逐渐增加, 蠕变曲线下凹。

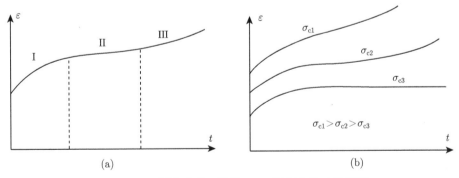

图 4-3 (a) 蠕变曲线三阶段; (b) 蠕变曲线三种类型

并不是任何材料在任何应力水平上都存在蠕变三阶段。同一材料, 在不同应力水平上的蠕变阶段表现不同, 可以分为以下三个类型, 见图 4-3(b):

(1) 稳定蠕变: 在低应力水平下 ($\sigma = \sigma_{c3}$), 只有蠕变 I 阶段和 II 阶段, 且 II 阶段为水平线, 永不出现 III 阶段那种变形迅速增大而导致破坏的现象;

(2) 亚稳定蠕变: 在中等应力水平下 ($\sigma = \sigma_{c2} > \sigma_{c3}$), 也只有蠕变 I 阶段和 II

阶段，但是 II 阶段蠕变曲线为稍有上升的斜直线，在相当长的时期内不会出现III阶段；

(3) 不稳定蠕变：在比较高的应力水平下 ($\sigma = \sigma_{c1} > \sigma_{c2} > \sigma_{c3}$)，连续出现蠕变 I、II、III阶段，变形在后期迅速增加而导致结构破坏。

下面以花岗岩的蠕变曲线为例[26]，分析岩石的流变特性。

图 4-4、图 4-5 为花岗岩和岩石在不同应力水平下的蠕变曲线。从这些岩石的蠕变曲线可以明显地看出：

(1) 在荷载作用的瞬间，岩石试件产生与时间无关的变形，当应力水平较低时，这种变形呈纯弹性变形。

(2) 荷载作用于岩石试件之后，同时产生与时间有关的变形，即蠕变。蠕变的大小不仅与时间有关，而且还与应力水平有关，当应力水平很低时，其蠕变量很小，甚至可以忽略不计。因此，岩石产生蠕变变形一般有一定的临界荷载，一般为短期荷载的 24% 左右。临界荷载的出现为黏–弹–塑性岩石本构模型奠定了物理基础。

(3) 随着应力水平的提高，岩石在蠕变过程中，分别出现第 I 期、第 II 期和第 III 期蠕变现象。当应力水平为短期荷载 σ_0 的 20%~35% 时，蠕变为稳定蠕变；当应力水平为短期荷载 σ_0 的 50.3%~60% 时，蠕变为亚稳定蠕变，当应力水平达到短期荷载 σ_0 的 70% 时，蠕变为不稳定蠕变。所以，岩石的流变特性对地下工程的长期稳定性有着十分重要的影响。

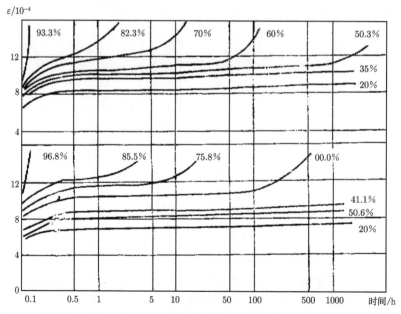

图 4-4　花岗岩在不同应力水平下的蠕变曲线 (以短期荷载 σ_0 的百分比表示)[41]

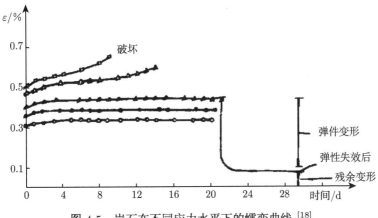

图 4-5 岩石在不同应力水平下的蠕变曲线[18]

(4) 经受蠕变变形的岩石, 当全部外荷载卸去之后, 除弹性变形恢复之外, 还有部分与时间有关的弹性后效应和残余变形。

为了反映岩石的流变特性, 用图 4-6 所示的 Binghim 模型来描述黏–弹–塑性岩石本构模型。在本模型中忽略黏–弹性变形。图中弹簧元件模拟加载卸载时的弹性响应; 摩擦元件和阻尼元件并联模拟岩石的黏–塑性变形。

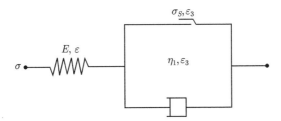

图 4-6 Binghim 模型来描述黏–弹–塑性岩石本构模型

该模型的变形分为两部分: 弹性变形和黏–塑性变形。

(1) 瞬时的弹性变形: 这部分变形由胡克定律求得

$$\{\varepsilon_{\mathrm{e}}\} = [D]^{-1}\{\sigma\} \tag{4-111}$$

式中, $[D]$ 为岩石材料的弹性矩阵。对式 (4-111) 求时间的导数, 可得到弹性应变的应变率:

$$\{\dot{\varepsilon}_{\mathrm{e}}\} = [D]^{-1}\{\dot{\sigma}\} \tag{4-112}$$

(2) 黏–塑性变形: 因为黏–塑性应变率只有当前应力确定, 因此有

$$\{\dot{\varepsilon}_{\mathrm{vp}}\} = f(\{\sigma\}) \tag{4-113}$$

采用一个应用比较广泛的黏–塑性流动法则:

$$\{\dot{\varepsilon}_{vp}\} = \gamma \langle \phi(F) \rangle \frac{\partial G}{\partial \{\sigma\}} \tag{4-114}$$

式中, $G = G(\{\sigma\}, \{\varepsilon\}, \kappa)$ 是塑性势, 而 γ 是控制塑性流动率的流动性参数。符号 $\langle * \rangle$ 表示:

$$当\ \phi(x) > 0\ 时,\ \langle \phi(x) \rangle = 1$$
$$当\ \phi(x) < 0\ 时,\ \langle \phi(x) \rangle = 0$$

如果只限于相关联塑性流动法则的情况, 这时有 $G \equiv F$, 表达式可变为

$$\{\dot{\varepsilon}_{vp}\} = \gamma \langle \phi(F) \rangle \frac{\partial F}{\partial \{\sigma\}} \tag{4-115}$$

式中, $\phi(F)$ 可取

$$\phi(F) = \frac{F - F_0}{F_0} \tag{4-116}$$

根据串联法则:

$$\{\varepsilon\} = \{\varepsilon_e\} + \{\varepsilon_{vp}\} \tag{4-117}$$

$$\{\sigma\} = \{\sigma_e\}\{\sigma_{vp}\} \tag{4-118}$$

所以 Binghim 模型的本构模型为

$$\{\dot{\varepsilon}\} = \{\dot{\varepsilon}_e\} + \{\dot{\varepsilon}_{vp}\} = [D]^{-1}\{\dot{\sigma}\} + \{\dot{\varepsilon}_{vp}\} = \gamma \langle \phi(F) \rangle \frac{\partial F}{\partial \{\sigma\}} \tag{4-119}$$

$$\{\sigma\} = \{\sigma_e\} = \{\sigma_{vp}\} = [D]\{\varepsilon_e\} \tag{4-120}$$

4.5.2   黏–弹–塑性动力损伤模型

1. 黏–弹–塑性损伤材料的本构模型

根据"应变等效假定"和"余应变能等效假定"得到损伤模型 A 和 B 的弹性本构关系:

$$\{\varepsilon_e\}_A = [D_A^*]^{-1}\{\sigma\} = [D]^{-1}\frac{\{\sigma\}}{1 - \Omega}, \quad \{\varepsilon_e\}_B = [D_B^*]^{-1}\{\sigma\} = [D]^{-1}\frac{\{\sigma\}}{(1 - \Omega)^2} \tag{4-121}$$

对式 (4-121) 求时间的导数, 可得弹性应变的应变率:

对损伤模型 A:

$$\{\dot{\varepsilon}_e\}_A = [D_A^*]^{-1}\{\dot{\sigma}\} + [\dot{D}_A^*]^{-1}\{\sigma\} = \frac{[D]^{-1}}{1 - \Omega}\{\dot{\sigma}\} - \frac{[D]^{-1}}{(1 - \Omega)^2}\{\sigma\} \tag{4-122a}$$

对损伤模型 B:

$$\{\dot\varepsilon_{\mathrm{e}}\}_{\mathrm{B}} = [D_{\mathrm{B}}^*]^{-1}\{\dot\sigma\} + [\dot D_{\mathrm{B}}^*]^{-1}\{\sigma\} = \frac{1}{(1-\Omega)^2}[D]^{-1}\{\dot\sigma\} - \frac{2\dot\Omega}{(1-\Omega)^3}[D]^{-1}\{\sigma\} \quad (4\text{-}122\mathrm{b})$$

全应变 $\{\varepsilon\} = \{\varepsilon_{\mathrm{e}}\} + \{\varepsilon_{\mathrm{vp}}\}$ 关于时间求导数得

$$\{\dot\varepsilon\} = \{\dot\varepsilon_{\mathrm{e}}\} + \{\dot\varepsilon_{\mathrm{vp}}\} \tag{4-123}$$

黏–弹–塑性材料的应力、应变关系一般以黏–塑性应变速率的形式给出，根据文献 [25]，可将黏–弹–塑性损伤材料的黏–塑性应变率表达式推广为

$$\{\dot\varepsilon_{\mathrm{vp}i}\} = \gamma\langle\phi(F^*)\rangle\frac{\partial F^*}{\partial\{\sigma_i\}} \tag{4-124}$$

式中，γ 为材料的流动系数；F^* 是黏–弹–塑性损伤材料的屈服函数，可通过把有效应力引入未损伤材料的各种屈服函数得到；$\{\varepsilon\}$、$\{\dot\varepsilon_{\mathrm{e}}\}$ 和 $\{\dot\varepsilon_{\mathrm{vp}}\}$ 分别是时刻 t 时的总应变率、弹性应变速率和黏–塑性应变速率，并有以下的关系：

$$\begin{aligned}\langle\phi(F^*)\rangle = 1, &\quad \text{若材料发生屈服}\\ \langle\phi(F^*)\rangle = 0, &\quad \text{若材料未发生屈服}\end{aligned} \tag{4-125}$$

按文献 [25] 的建议，黏–弹–塑性屈服函数模型也可选为下面的一种：

$$\phi(F^*) = \left(\frac{F^*-F_0}{F_0}\right)^N \quad \text{或} \quad \phi(F^*) = \mathrm{e}^{M\left(\frac{F^*-F_0}{F_0}\right)} - 1 \tag{4-126}$$

其中，M、N 是由黏–弹–塑性实验测得的材料常数。式 (4-126) 中取不同的塑性屈服模型 F^*，可以得到有不同塑性屈服特征的黏–弹–塑性模型。

对损伤模型 A 和 B 可得黏–弹–塑性损伤材料的全应变速率的表达式如下：

$$\begin{aligned}\{\dot\varepsilon\}_{\mathrm{A}} &= \{\dot\varepsilon_{\mathrm{e}}\}_{\mathrm{A}} + \{\dot\varepsilon_{\mathrm{vp}}\} = \frac{1}{1-\Omega}[D]^{-1}\{\dot\sigma\} - \frac{\dot\Omega}{(1-\Omega)^2}[D]^{-1}\{\sigma\} + \gamma\langle\phi(F^*)\rangle\frac{\partial F^*}{\partial\{\sigma\}}\\ \{\dot\varepsilon\}_{\mathrm{B}} &= \{\dot\varepsilon_{\mathrm{e}}\}_{\mathrm{B}} + \{\dot\varepsilon_{\mathrm{vp}}\} = \frac{1}{(1-\Omega)^2}[D]^{-1}\{\dot\sigma\} - \frac{2\dot\Omega}{(1-\Omega)^3}[D]^{-1}\{\sigma\}\\ &\quad + \gamma\langle\phi(F^*)\rangle\frac{\partial F^*}{\partial\{\sigma\}}\end{aligned}$$

$$\tag{4-127}$$

2. 岩石黏–弹–塑性损伤的最小耗能原理

材料的黏–弹–塑性损伤破坏过程实质是材料中的流变损伤、弹性损伤和黏–塑性损伤的演化耦合，因此应用最小耗能原理研究黏–弹–塑性损伤理论是很有效的。

对黏-弹-塑性损伤材料，系统的耗散能应为黏-塑流变应变耗散、损伤耗散、塑性变形耗散的集合。根据连续损伤力学的内变量理论，任一微小单位体积的黏-弹-塑性损伤材料的耗能率表达式，根据耗散不等式 (4-7)，在不考虑热耗散情况下变为

$$\rho_0 \varphi(t) = \sigma : \dot{\varepsilon}^N + Y : \dot{\Omega} + R\dot{\gamma} \tag{4-128}$$

式中，$\dot{\varepsilon}^N$ 为由耗散引起的不可逆非线性应变率，对黏-弹-塑性损伤材料来讲，可以将损伤变量引起的不可逆非线性应变 ε_i^N 认为就是黏-塑性应变 ε_{vpi}。式 (4-128) 中第一项为流变能耗，第二项为损伤能耗，第三项为强弱化能耗。根据最小耗能原理必须对每一项能耗建立耗能约束条件。耗能函数中第一项是内变量流变应变速率，其约束条件应是屈服函数。

黏-弹-塑性损伤材料的屈服函数 F^* 可以有很多选择。可以通过把有效应力引入未损伤材料的各种屈服函数得到。本节根据文献 [28]，对岩石介质采用由主应力空间表示的屈服破坏准则给出了一种一般形式的屈服函数表达式：

$$F^*(\sigma_1, \sigma_2, \sigma_3) = \sigma_1^2 + \sigma_2^2 + \sigma_3^2 - \sigma_1\sigma_2 - \sigma_2\sigma_3 - \sigma_3\sigma_1$$
$$+ (1 - \Omega)(f_c - f_t)(\sigma_1 + \sigma_2 + \sigma_3) - (1 - \Omega^2)f_t f_c = 0 \tag{4-129}$$

还需补充第二个内变量损伤速率和第三个内变量积累强弱化应变率的约束条件。它们的形式可由材料的损伤-积累应变实验及材料强弱化-积累应变实验确定。通过实验数据可分别假定按指数函数和幂函数的形式拟合，可得如下的约束条件：

$$F_2(Y, \xi_D) = Y : \Omega_u \exp(-\kappa \xi_D^m), \quad F_3(R, t) = R : \xi_D^m \tag{4-130}$$

式中，Ω_u 为材料破坏时的损伤临界值；κ 和 m 为材料参数；Ω_u、κ 和 m 都可由实验确定。

$$\xi_D = (\{\varepsilon_{vp}\}^T \{\varepsilon_{vp}\})^{1/2} \tag{4-131}$$

是材料的累积流变应变参数。

于是根据最小耗能原理 [27]，黏-弹-塑性损伤材料的破坏过程中，材料在任意时刻都应在约束条件式 (4-128)、式 (4-130) 下使黏-弹-塑性损伤材料的耗能最小。于是有

$$\frac{\partial[\rho\varphi(t) + \lambda_1 F^*]}{\partial \sigma_i} = 0, \quad \frac{\partial[\rho\varphi(t) + \lambda_2 F_2(Y, t)]}{\partial Y} = 0, \quad \frac{\partial[\rho\varphi(t) + \lambda_3 F_3(R, t)]}{\partial R} = 0 \tag{4-132}$$

将式 (4-128)，式 (4-130) 代入式 (4-132) 得

$$\{\dot{\varepsilon}_{vp}\} = -\lambda_1 \frac{\partial F^*}{\partial \{\sigma\}}, \quad \dot{\Omega} = -\lambda_2 \frac{\partial F_2}{\partial Y}, \quad \dot{\gamma} = -\lambda_3 \frac{\partial F_3}{\partial R} \tag{4-133}$$

3. 岩石的黏–弹–塑性损伤演化方程

表达式 (4-133) 与本章中由损伤力学热动力学理论给出的损伤力学基本关系极其相似。比较黏–弹–塑性材料的黏–塑性应变速率的本构模型的一般表达式 (4-124)，可得式 (4-133) 中的比例常数 λ_1：

$$\lambda_1 = -\gamma \left\langle \phi(F^*) \right\rangle \tag{4-134}$$

将式 (4-129)、式 (4-134) 代入式 (4-133) 中的第一式得黏–塑性流变应变速率为

$$
\begin{cases}
\dot{\varepsilon}_{\mathrm{vp}1} = -\gamma \left\langle \phi(F^*) \right\rangle \left[2\sigma_1 - \sigma_2 - \sigma_3 + (1-\Omega)(f_\mathrm{c} - f_\mathrm{t}) \right] \\
\dot{\varepsilon}_{\mathrm{vp}2} = -\gamma \left\langle \phi(F^*) \right\rangle \left[2\sigma_2 - \sigma_1 - \sigma_3 + (1-\Omega)(f_\mathrm{c} - f_\mathrm{t}) \right] \\
\dot{\varepsilon}_{\mathrm{vp}3} = -\gamma \left\langle \phi(F^*) \right\rangle \left[2\sigma_3 - \sigma_2 - \sigma_1 + (1-\Omega)(f_\mathrm{c} - f_\mathrm{t}) \right]
\end{cases}
\tag{4-135}
$$

将式 (4-130) 代入式 (4-133) 中的第二、第三式得

$$\dot{\Omega} = -\lambda_2 \Omega_\mathrm{u} \exp(-\kappa \xi_D^m), \quad \dot{\gamma} = -\lambda_3 \xi_D^m \tag{4-136}$$

按文献 [26] 的描述，由材料的损伤–积累应变关系可拟合为如下的指数函数：

$$\Omega = \Omega_\mathrm{u} - \Omega_\mathrm{u} \exp(-\kappa \xi_D^m) \tag{4-137}$$

式 (4-137) 关于时间求导数得

$$\dot{\Omega} = \Omega_\mathrm{u} \kappa m \xi_D^{m-1} \exp(-\kappa \xi_D^m) \dot{\xi}_D \tag{4-138}$$

其中，$\dot{\xi}_D$ 可由式 (4-131) 对时间求导得到

$$\dot{\xi}_D = \left(\{\varepsilon_{\mathrm{vp}}\}^\mathrm{T} \{\varepsilon_{\mathrm{vp}}\} \right)^{-1/2} \{\varepsilon_{\mathrm{vp}}\}^\mathrm{T} \{\dot{\varepsilon}_{\mathrm{vp}}\} \tag{4-139}$$

将式 (4-133) 中的第一式 (黏–塑性流变应变速率) 代入式 (4-139) 后，和式 (4-131) 一起代入式 (4-138) 得

$$\dot{\Omega} = \gamma \left\langle \phi(F^*) \right\rangle \kappa m \Omega_\mathrm{u} \xi_D^{m-2} \{\varepsilon_{\mathrm{vp}}\}^\mathrm{T} \frac{\partial F^*}{\partial \{\sigma\}} \exp(-\kappa \xi_D^m) \tag{4-140}$$

比较式 (4-136) 中的第一式，得比例常数 λ_2 为

$$\lambda_2 = -\gamma \left\langle \phi(F^*) \right\rangle \kappa m \xi_D^{m-2} \{\varepsilon_{\mathrm{vp}}\}^\mathrm{T} \frac{\partial F^*}{\partial \{\sigma\}} \tag{4-141}$$

材料强弱化率一般都通过实验数据拟合为幂函数的形式，如

$$\gamma = \kappa \xi_D^m \tag{4-142}$$

对式 (4-142) 关于时间求导数得

$$\dot{\gamma} = m\kappa\xi_D^{m-1}\dot{\xi}_D \tag{4-143}$$

将式 (4-139) 和式 (4-133) 中的第一式 (黏–塑性流变应变速率) 代入式 (4-143) 后得

$$\dot{\gamma} = \gamma\langle\phi(F^*)\rangle m\kappa\xi_D^{-2}\{\varepsilon_{\mathrm{vp}}\}^{\mathrm{T}}\frac{\partial F^*}{\partial\{\sigma\}}\xi_D^m \tag{4-144}$$

比较式 (4-136) 中的第二式, 得比例常数 λ_3 为

$$\lambda_3 = -\gamma\langle\phi(F^*)\rangle m\kappa\xi_D^{-2}\{\varepsilon_{\mathrm{vp}}\}^{\mathrm{T}}\frac{\partial F^*}{\partial\{\sigma\}} \tag{4-145}$$

将式 (4-135)、式 (4-140)、式 (4-144) 组合起来, 便得到黏–弹–塑性损伤岩石的黏–塑性应变流变速率、岩石的黏–塑性损伤发展速率和岩石的黏–弹–塑性材料积累应变强弱化速率的演化方程:

$$\begin{aligned}
\{\dot{\varepsilon}_{\mathrm{vp}}\} &= -\gamma\langle\phi(F^*)\rangle\begin{cases} 2\sigma_1 - \sigma_2 - \sigma_3 + (1-\Omega)(f_{\mathrm{c}} - f_{\mathrm{t}}) \\ 2\sigma_2 - \sigma_1 - \sigma_3 + (1-\Omega)(f_{\mathrm{c}} - f_{\mathrm{t}}) \\ 2\sigma_3 - \sigma_2 - \sigma_1 + (1-\Omega)(f_{\mathrm{c}} - f_{\mathrm{t}}) \end{cases} \\
\dot{\Omega} &= \gamma\langle\phi(F^*)\rangle\kappa m\Omega_{\mathrm{u}}\xi_D^{m-2}\{\varepsilon_{\mathrm{vp}}\}^{\mathrm{T}}\frac{\partial F^*}{\partial\{\sigma\}}\exp(-\kappa\xi_D^m) \\
\dot{\gamma} &= \gamma\langle\phi(F^*)\rangle m\kappa\xi_D^{-2}\{\varepsilon_{\mathrm{vp}}\}^{\mathrm{T}}\frac{\partial F^*}{\partial\{\sigma\}}\xi_D^m
\end{aligned} \tag{4-146}$$

岩石的黏–塑性损伤屈服方程式 (4-129)、黏–弹–塑本构方程 (4-127) 和演化方程 (4-146) 组成了岩石介质的黏–弹–塑性动力损伤理论的基本方程。它们可分别对不同的损伤模型 A 和 B 应用于有限元数值分析理论中。

4.5.3 黏–弹–塑性动力损伤有限元算法

1. 黏–弹–塑性损伤理论的增量方程模型

本章给出了黏–弹–塑性材料的动力损伤模型及其演化方程, 为编写程序的方便, 需把它们改写为增量方程的形式。

损伤变量的增量方程由损伤变量的发展方程写为

$$\Delta\Omega = \kappa R\xi_D^{R-2}\Omega_{\mathrm{u}}\gamma\langle\phi_n(F^*)\rangle\{\varepsilon_{\mathrm{vp}}\}^{\mathrm{T}}\frac{\partial F^*}{\partial\{\sigma_n\}}\exp(-\kappa\xi_D^R)\Delta t \tag{4-147}$$

黏–塑性应变的增量方程为

$$\{\Delta\varepsilon_{\mathrm{vp}}\}\gamma\langle\phi_n(F^*)\rangle\frac{\partial F^*}{\partial\{\sigma_n\}}\Delta t \tag{4-148}$$

当采用显式中心差分法时, 应力的增量方程可写为

$$\{\Delta\sigma\} = [D^*]([B]\{\Delta d\} - \{\dot{\varepsilon}_{\mathrm{vp}}\}\Delta t) \tag{4-149}$$

2. 动力方程时间积分格式

本节对黏–弹–塑性材料的动力损伤模型及其演化方程采用中心差分方法对时间进行积分, 求解动力方程。采用中心差分近似法后, 其加速度可近似地表示为

$$\{\ddot{d}\} \approx \{a\}_n = \frac{1}{(\Delta t)^2}(\{d\}_{n+1} - 2\{d\}_n + \{d\}_{n-1}) \tag{4-150}$$

而速度近似为

$$\{\dot{d}\} \approx \{v\}_n = \frac{1}{2(\Delta t)}(\{d\}_{n+1} - \{d\}_{n-1}) \tag{4-151}$$

这里的 Δt 是时间步, 因此只要取时刻 $t_n - \Delta t$、t_n 和 $t_n + \Delta t$ 的位移值。把式 (4-150) 和式 (4-151) 代入损伤材料的有限元动力平衡方程, 可得

$$[M]\left\{\frac{\{d\}_{n+1} - 2\{d\}_n + \{d\}_{n-1}}{(\Delta t)^2}\right\} + [C^*]_n\left\{\frac{\{d\}_{n+1} - \{d\}_{n-1}}{2(\Delta t)}\right\} + \{P^*\}_n = \{f\}_n \tag{4-152}$$

上式整理后得

$$\begin{aligned}
d_{n+1} &= \left[[M] + \frac{\Delta t}{2}[C^*]_n\right]^{-1} \times \{(\Delta t)^2[\{f\}_n - \{P^*\}_n] + 2[M]\{d\}_n \\
&\quad - \left[[M] - \frac{\Delta t}{2}[C^*]_n\right]\{d\}_{n-1}
\end{aligned} \tag{4-153}$$

因此, 由上式可见, $t_n + \Delta t$ 时刻的位移可以写成时刻 $t_n - \Delta t$ 和 t_n 的位移函数:

$$\{d\}_{n+1} = g(\{d\}_n, \{d\}_{n-1}) \tag{4-154}$$

由此可见, 在 $t_n + \Delta t$ 时刻的位移, 可以用时刻 $t_n - \Delta t$ 和 t_n 的位移表示。

因此, 对于平面应力和平面应变问题的动力方程的时间积分格式可表示为

$$\begin{aligned}
(d_{ui})_{n+1} &= \left(m_{ii} + \frac{\Delta t}{2}(c_{ii}^*)_n\right)^{-1} \\
&\quad \times \left\{(\Delta t)^2[(f_{ui})_n - (p_{ui}^*)_n] + 2m_{ii}(d_{ui})_n - \left(m_{ii} - \frac{\Delta t}{2}(c_{ii}^*)_n\right)(d_{ui})_{n-1}\right\} \\
(d_{vi})_{n+1} &= \left(m_{ii} + \frac{\Delta t}{2}(c_{ii}^*)_n\right)^{-1} \\
&\quad \times \left\{(\Delta t)^2[(f_{vi})_n - (p_{vi}^*)_n] + 2m_{ii}(d_{vi})_n - \left(m_{ii} - \frac{\Delta t}{2}(c_{ii}^*)_n\right)(d_{vi})_{n-1}\right\}
\end{aligned} \tag{4-155}$$

当式 (4-155) 未发生, 即 $\Omega = 0$ 时, 损伤材料的积分格式就退化为未损伤材料的积分格式, 这样该损伤材料的积分格式就具有普遍性。

3. 初值的计算

在采用中心差分法时，在 $t_n + \Delta t$ 时刻所满足的平衡方程，只包括前面两个时刻 $t_n - \Delta t$ 和 t_n 的值，因此有必要计算初值以便从初始条件求得 $d(0 - \Delta t)$ 值。

由式 (4-151) 可以得到

$$\dot{d}(0) \approx v(0) = \frac{d(0 + \Delta t) - d(0 - \Delta t)}{2\Delta t} \tag{4-156}$$

如果把这些近似值代入式 (4-155) 中，可以写出表达式：

$$(d_{ui})_1 = \left(m_{ii} + \frac{\Delta t}{2}(c_{ii}^*)_0 \right)^{-1} \left\{ (\Delta t)^2 [(f_{ui})_0 - (p_{ui}^*)_0] + 2m_{ii}(d_{ui})_0 \right.$$
$$\left. - \left(m_{ii} - \frac{\Delta t}{2}(c_{ii}^*)_0 \right) [-2\Delta t(v_{ui})_0 + (d_{ui})_1] \right\} \tag{4-157}$$

上式可化简为

$$(d_{ui})_1 = \frac{(\Delta t)^2}{2m_{ii}}[(f_{ui})_0 - (p_{ui}^*)_0] + (d_{ui})_0 + (B)_0\Delta t(v_{ui})_0 \tag{4-158}$$

式中，

$$(B)_0 = 1 - \frac{(C_{ii}^*)_0\Delta t}{2m_{ii}} \tag{4-159}$$

同理，在另一个方向 v 上有

$$(d_{vi})_1 = \frac{(\Delta t)^2}{2m_{ii}}[(f_{vi})_0 - (p_{vi}^*)_0] + (d_{vi})_0 + B\Delta t(v_{vi})_0 \tag{4-160}$$

因此，可以由节点的初始位移 d_0 和初始速度 v_0 来计算 $d(0 - \Delta t)$ 值。

4. 黏–弹–塑性动力损伤有限元模型的计算流程

在黏–弹–塑性动力损伤的计算过程中，每一个时间步 t_n 开始时需要输入 $\{d\}_n$，$\{\varepsilon_{vp}\}_n$，Ω_n 三个变量，在该时间步首先计算出总应变 $\{\varepsilon\}_n$、弹性应变 $\{\varepsilon_e\}_n$、有效弹性矩阵 $[D^*]$、应力 $\{\sigma\}_n$，再利用某种形式的损伤屈服模型 $\phi_n(F^*)$ 判断是否发生黏–塑性屈服，若屈服，计算出该时间步的黏–塑性应变率 $\{\dot{\varepsilon}_{vp}\}_n$ 和损伤发展率 $\dot{\Omega}$；若没有发生黏–塑性屈服，则黏–塑性应变率 $\{\dot{\varepsilon}_{vp}\}_n$ 和损伤发展率 $\dot{\Omega}$ 都为零，最后利用中心差分格式和增量方程计算出 $\{d\}_{n+1}$、$\{\varepsilon_{vp}\}_{n+1}$、$\Omega_{n+1}$，为下一个时间步的计算做好准备。具体的计算流程见图 4-7。

5. 稳定性与收敛性讨论

本节所建立的黏–弹–塑性动力损伤模型中，采用显式动态分析方法。显式动态分析方法就是指结构在某时间段结束时的状态仅取决于该时间段开始时的位移、速度和加速度。因此，显示动态求解法是一个运算简便、应用广泛的方法，该方法广泛地应用于各种各样的非线性固体和结构力学问题的分析当中。

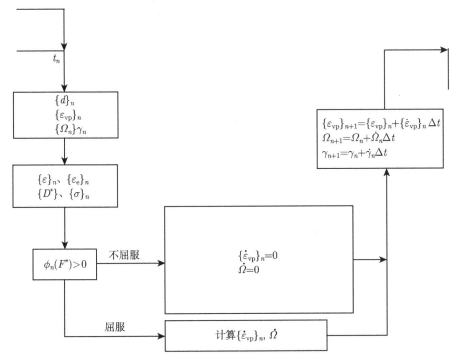

图 4-7 黏–弹性动力损伤有限元模型的计算流程图

基于时间段开始时刻 t 的模型状态，应用显式方法求解，模型的状态通过时间的增量 Δt 发生变化。状态能够发生变化而且要保留对问题的精确描述，一般的时间增量非常短。如果时间增量比最大的时间增量长，此时间增量就是所谓超出了稳定极限。超过稳定极限的可能后果就是数值不稳定，会导致解答不收敛。一般不可能精确地确定稳定极限，而是采用保守的估计值。稳定极限对可靠性和精确性有很大的影响，所以必须一致地和保守地确定。

（Ⅰ）**稳定极限的定义** 稳定极限通常是依据系统的最高频率 ($\omega_{\max}$) 来定义的。无阻尼时稳定极限由下式定义：

$$\Delta t_{\text{stable}} = 2/\omega_{\max} \tag{4-161}$$

有阻尼时由下式定义：

$$\Delta t_{\text{stable}} = \frac{2}{\omega_{\max}}(\sqrt{1+\xi^2} - \xi) \tag{4-162}$$

ξ 是具有最高频率的模型的临界阻尼比。也许与人们的工程直觉相反，在算法中阻尼通常是减小稳定极限的。

　　系统的实际最高频率是基于复杂的一组相互作用的因素，要确切计算出其值是比较困难的。通常的代替办法是采用一个有效、保守的估算。不考虑模型整体，估算模型中每个单独构件的最高频率，它常与扩展的模态有关。可以观察到由一个个单元为基础确定的最高频率常比有限元组合模型的最高频率要高。

　　基于一个个单元的估算，稳定极限可以用单元长度 L^e 和材料波速 C^d 重新定义：

$$\Delta t_{\text{stable}} = \frac{L^e}{C^d} \tag{4-163}$$

因为没有明确怎么确定单元的长度，对于多数单元类型，例如，一个扭曲的四边形单元，上述方程只是实际一个单元的稳定极限的估算。作为近似值，可以采用最短的单元尺寸，但是结果估算并不一定总是保守的。单元尺寸越短，稳定极限越小。

　　波速是材料的一个特性：

$$C^d = \sqrt{\frac{E}{\rho}} \tag{4-164}$$

其中，E 是材料的杨氏模量，ρ 是材料的密度。材料的刚度越大，波速越高，结果是稳定极限越小。密度越高，波速越低，结果是稳定极限越大。所以，对于刚度较大的单元，建议采用隐式动态分析方法。

　　我们只是用稳定极限定义提供了一些简单的理解。稳定极限是扩展波通过由单元特征长度定义的距离的短暂时间。如果知道最小的单元尺寸和材料的波速，就能估算稳定极限。例如，如果最小单元尺寸是 5mm，扩展波速是 5000m/s，稳定的时间增量就算在 10^{-6}s 量级。

　　(Ⅱ) 影响稳定极限的因素　主要从质量、材料特性和网格划分三个方面讨论对稳定极限的影响。

　　(1) 质量对稳定极限的影响。质量密度影响稳定极限，在某些环境下，缩放质量密度能够潜在地提高分析的效率。例如，因为许多模型的复杂的离散性，有些区域常包含着控制稳定极限的非常小或者形状极差的单元，这些控制单元常常数量很少并且可能存在于局部区域。通过只增加这些控制单元的质量，稳定极限可以显著增加，同时对模型整体动力学行为的影响是可以忽略的。

　　(2) 材料特性对稳定极限的影响。材料模型通过其扩展波速的效果影响稳定极限。在线性材料中，波速是常数，所以，在分析过程中稳定极限的唯一变化来自于此分析中最小单元尺寸的变化。在非线性材料中，如带有塑性的金属，波速随着材料屈服的材料刚度的变化而变化。刚度在屈服之后下降，减小了波速并且相应地增加了稳定极限。

　　(3) 网格划分对稳定极限的影响。因为稳定极限大致与最短的单元尺寸成比例，所以单元的尺寸尽可能大是非常有益的。不幸的是，对于精确的分析采用一个精细的网格是非常有必要的。为了获得最高的稳定极限，在要求的网格精度水平下，最好的方法是采用一个尽可能均匀的网格。因为稳定极限是以模型中最小单元的尺寸为基础的，甚至一个单独的微小单元或者形状极差的单元都能迅速地降低稳定极限。

4.6 岩石的脆性动力损伤力学模型

4.6.1 岩石类介质的脆性非线性破坏特征

茂木清夫在研究中指出，岩石在三轴实验中的应力–应变关系有两种类型：A型——达到屈服点后的永久性变形是由塑性变形产生的；B型——岩石没有明显的屈服点，而是当应力达到一定的值时突然破坏，岩石破坏后的变形则是由断裂面的滑动摩擦和断裂面间的碎屑流动而发生的，岩石表现出脆性性质[28]。

在岩石结构的损伤演变过程中，岩石材料的宏观性质随着它微观几何结构的变化而变化[29]。对脆性岩石材料，动力破坏过程就是新的微观裂纹群的产生与已有宏观裂纹群的增长所形成的。可以说岩石材料的非线性特性一般是伴随一种特殊形式的微观结构的不可逆变化而产生的。这种变化与损伤过程的发生是同一回事[11,29]。因此，当分析岩石结构的损伤力学问题时，不仅要考虑岩石内的损伤的形成、发展和最终破坏与岩石材料的物理特性有关，同时损伤对岩石材料的弹性模量、破坏强度、屈服应力、疲劳极限、蠕变速率、阻尼比、频率特性和热传导系数等物理性质也会产生显著的影响，这种耦合现象在损伤力学研究中也必须重视。这种岩石材料的特性与岩体结构的损伤效应相互影响的非线性耦合特性是岩体结构损伤动力学的非线性关键所在。上述的特性在各向异性时可能更显著[12,30,32]。

4.6.2 最小耗能原理与各向同性脆性损伤–断裂准则

在各向同性损伤情况下，在线弹性材料的脆性破坏过程中有

$$\varepsilon_1 = \frac{1}{(1-\Omega)E}[\sigma_1 - \nu(\sigma_2 + \sigma_3)]$$

$$\varepsilon_2 = \frac{1}{(1-\Omega)E}[\sigma_2 - \nu(\sigma_1 + \sigma_3)] \tag{4-165}$$

$$\varepsilon_3 = \frac{1}{(1-\Omega)E}[\sigma_3 - \nu(\sigma_2 + \sigma_1)]$$

设作用在某损伤单元的名义主应力为 σ_i，则该单元因 σ_i 所导致的破坏过程中，由损伤引起的耗能率为

$$\varphi = \sigma_i \dot{\varepsilon}_i^N \tag{4-166}$$

其中，$\dot{\varepsilon}_i^N$ 为由损伤引起的不可逆应变率，由式 (4-165) 可以得到

$$\dot{\varepsilon}_1^N = \frac{-\dot{\Omega}}{(1-\Omega)^2 E}[\sigma_1 - \nu(\sigma_2 + \sigma_3)]$$

$$\dot{\varepsilon}_2^N = \frac{-\dot{\Omega}}{(1-\Omega)^2 E}[\sigma_2 - \nu(\sigma_1 + \sigma_3)] \qquad (4\text{-}167)$$

$$\dot{\varepsilon}_3^N = \frac{-\dot{\Omega}}{(1-\Omega)^2 E}[\sigma_3 - \nu(\sigma_2 + \sigma_1)]$$

将式 (4-167) 代入式 (4-166)，线弹性材料破坏过程中的耗能率的表达式如下：

$$\varphi = \frac{-\dot{\Omega}}{(1-\Omega)^2 E}[\sigma_1^2 + \sigma_2^2 + \sigma_3^2 - 2\nu(\sigma_1\sigma_2 + \sigma_2\sigma_3 + \sigma_1\sigma_3)] \qquad (4\text{-}168)$$

设在损伤耗能过程中的任意时刻都应满足的准则为

$$F(\sigma_1, \sigma_2, \sigma_3) = 0 \qquad (4\text{-}169)$$

于是根据最小耗能原理 [27] 应有

$$\frac{\partial(\varphi + \lambda F)}{\partial \sigma_i} = 0 \qquad (4\text{-}170)$$

成立，其中，λ 为拉格朗日乘子。将式 (4-168) 代入式 (4-170) 可得

$$\frac{\partial F}{\partial \sigma_1} = \frac{2\dot{\Omega}}{(1-\Omega)^2 E\lambda}[\sigma_1 - \nu(\sigma_2 + \sigma_3)]$$

$$\frac{\partial F}{\partial \sigma_2} = \frac{2\dot{\Omega}}{(1-\Omega)^2 E\lambda}[\sigma_2 - \nu(\sigma_1 + \sigma_3)] \qquad (4\text{-}171)$$

$$\frac{\partial F}{\partial \sigma_3} = \frac{2\dot{\Omega}}{(1-\Omega)^2 E\lambda}[\sigma_3 - \nu(\sigma_2 + \sigma_1)]$$

将式 (4-171) 代入 $\mathrm{d}F = \dfrac{\partial F}{\partial \sigma_1}\mathrm{d}\sigma_1 + \dfrac{\partial F}{\partial \sigma_2}\mathrm{d}\sigma_2 + \dfrac{\partial F}{\partial \sigma_3}\mathrm{d}\sigma_3$，然后积分可得

$$F(\sigma_1, \sigma_2, \sigma_3) = \frac{\dot{\Omega}}{(1-\Omega)^2 E\lambda}[\sigma_1^2 + \sigma_2^2 + \sigma_3^2 - 2\nu(\sigma_1\sigma_2 + \sigma_2\sigma_3 + \sigma_1\sigma_3)] + C_0 \qquad (4\text{-}172)$$

对脆性破坏过程而言，可设损伤稳定发展，即可认为损伤速率 $\dot{\Omega}$ 为一常数。于是有

$$2\frac{[\sigma_1^2 + \sigma_2^2 + \sigma_3^2 - 2\mu(\sigma_1\sigma_2 + \sigma_2\sigma_3 + \sigma_1\sigma_3)]}{2(1-\Omega)^2 E\lambda} = C \qquad (4\text{-}173)$$

其中，

$$C = -\frac{\lambda C_0}{2\dot{\Omega}}$$

在简单拉伸条件下，可得

$$C = \frac{\sigma_{\mathrm{t}}^2}{2(1 - \Omega_{\mathrm{u}})^2 E} \tag{4-174}$$

其中，σ_{t} 为材料的单轴抗拉强度；Ω_{u} 为材料的极限损伤值。

至此，线弹性材料的脆性损伤破坏准则可表示为

$$2 \frac{[\sigma_1^2 + \sigma_2^2 + \sigma_3^2 - 2\nu(\sigma_1\sigma_2 + \sigma_2\sigma_3 + \sigma_1\sigma_3)]}{2(1 - \Omega)^2 E\lambda} = \frac{\sigma_{\mathrm{t}}^2}{2(1 - \Omega_{\mathrm{u}})^2 E} \tag{4-175}$$

$$\lambda = \frac{[\sigma_1^2 + \sigma_2^2 + \sigma_3^2 - 2\nu(\sigma_1\sigma_2 + \sigma_2\sigma_3 + \sigma_1\sigma_3)]}{\sigma_{\mathrm{t}}^2/2} \tag{4-176}$$

在各向同性情况下，损伤应变释放率 Y 的表达式可由材料和损伤的各向同性定，即 $E_1 = E_2 = E_3 = E, \mu_{ij}=\mu, G_{ij} = G, \Omega_1 = \Omega_2 = \Omega_3$ 由式 (4-22) 退化后为

$$Y = \frac{\sigma_{\mathrm{eq}}^2}{2(1 - \Omega)^2 E\lambda} \left[\frac{2}{3}(1 + \nu) + 3(1 - 2\nu)\frac{\sigma_{\mathrm{m}}^2}{\sigma_{\mathrm{eq}}^2} \right] \tag{4-177}$$

其中，

$$\sigma_{\mathrm{eq}} = \left[\frac{3}{2}(\sigma_1^2 + \sigma_2^2 + \sigma_3^2 - 3\sigma_{\mathrm{m}}^2) \right] \tag{4-178}$$

$$\sigma_{\mathrm{m}} = \frac{1}{3}(\sigma_1 + \sigma_2 + \sigma_2) \tag{4-179}$$

将式 (4-177) 和式 (4-178) 代入式 (4-176) 有

$$Y = 2 \frac{[\sigma_1^2 + \sigma_2^2 + \sigma_3^2 - 2\nu(\sigma_1\sigma_2 + \sigma_2\sigma_3 + \sigma_1\sigma_3)]}{2(1 - \Omega)^2 E\lambda} \tag{4-180}$$

由式 (4-176) 和式 (4-180) 可见，由最小耗能原理 (4-170) 得到的损伤准则 (4-175) 也可用损伤应变能释放率的形式表示为

$$Y = Y_{\mathrm{u}} = \frac{\sigma_{\mathrm{t}}^2}{2(1 - \Omega_{\mathrm{u}})^2 E} \tag{4-181}$$

式中，Y_{u} 为材料的极限损伤应变能释放率，则与 Lemaitre 在文献 [6] 中给出的用损伤应变能释放率表示的损伤准则式是一致的。

上面给出了在各向同性情况下线弹性材料的脆性损伤准则，这是一种比较简单的情况，各向异性的脆性损伤情况还有待于做进一步的研究。

4.6.3 动力损伤发展方程的指数函数模型

从理论上来看，$\Omega = 0$，对应无损伤情形；$\Omega = 1$，对应岩石体元的破坏状态。但是在实际的材料中，无论是岩石、混凝土，还是金属、复合材料等，都存在一定的"先天缺陷"，即在加载之前材料中都有一定的微裂纹和微孔穴，这就意味着实

际材料中存在一定的初始损伤, 对应于材料有一个初始损伤值 Ω_0。通常在进行损伤分析之前都要对材料的初始损伤值进行估算。同时, 在材料失效时, 介质内的微裂纹和微孔穴一般也没有充满整个横截面, 即材料失效时承载截面还没有完全为零, 所以材料的极限损伤值 Ω_u 通常接近 1.0 而小于 1.0。材料的极限损伤值 Ω_u 通常由实验确定。但是材料失效破坏过程是材料的损伤从初始损伤值 Ω_0 向极限损伤值 Ω_u 发展演化的过程。这就是所谓的损伤发展。

为了对损伤发展作完整的分析, 需要引入如下形式的损伤发展方程 [23,30]:

$$\dot{\Omega} = \dot{\Omega}(\sigma_{ij}, \Omega, \cdots) \tag{4-182}$$

它表示了损伤增长速率, 其实际上是将分布于一个元素内的损伤速率作为应力、时间、坐标和前一时刻的损伤状态的函数 (如在二维情况下: $\sigma(x, y, t)$, $\Omega(x, y, t)$)。由于动力损伤发展所依赖的因素太多, 因此, 有限元动力分析中完美的损伤发展方程的建立会困难一些。

4.6.4 各向异性脆性损伤速率模型

大多数研究将动力损伤方程假定为指数形式 [30,31]。到目前为止, 主要提出了两种损伤发展准则以针对不同的材料。第一种为应力的指数函数形式 [23,30], 另一种是以弹性损伤应变能释放率为基础 [31,32]。本书中上述两种准则都将被应用。各向异性情况下, 它们可分别被表示为

$$\frac{\mathrm{d}\Omega_i}{\mathrm{d}t} = \begin{cases} A\left(\dfrac{\sigma_{\mathrm{eq}}}{1 - \Omega_i}\right)^n, & \sigma_{\mathrm{eq}} \geqslant \sigma_{\mathrm{d}i} \\ 0, & \sigma_{\mathrm{eq}} < \sigma_{\mathrm{d}i} \end{cases} \tag{4-183}$$

$$\frac{\mathrm{d}\Omega_i}{\mathrm{d}t} = \begin{cases} B\bar{Y}^k, & Y_i > Y_{\mathrm{d}i} \\ 0, & Y_i \leqslant Y_{\mathrm{d}i} \end{cases} \tag{4-184}$$

式 (4-183) 中, $A > 0$, $n > 0$ 为与荷载速率有关的材料常数。A 和 n 可用文献 [30], [33] 中的三点试测分析的实验估计出。式 (4-184) 中的参数 $B > 0$, $k > 0$ 也是材料常数, 同 A 和 n 一样, 可按文献 [30] 中的类似方法, 由实验测量定出。σ_{eq} 可被看作以某种破坏准则为基础的等效应力。$\sigma_{\mathrm{d}i}$ 可被看作当 i 方向的损伤 Ω_i 开始增长时拉应力的门槛值。总的损伤应变能释放率 $\bar{Y}$, 已在式 (4-22), 式 (4-23) 和式 (4-24) 中给出了定义表达式。

4.6.5 莫尔–库仑脆性损伤模型

1. 有孔压的莫尔–库仑脆性损伤破坏准则

岩石类材料的损伤过程是一个复杂的破坏失效过程, 它包含了介质变形、岩体断裂、孔隙压力变化、孔隙率演变等过程的耦合 [23]。为了能描述岩层中上述的失

效破坏现象, 本节在文献 [28] 的基础上提出了一种修正的莫尔–库仑脆性损伤破坏准则。它可以在岩石类介质中引入由孔隙压力与损伤所造成的有效应力和由孔隙水所造成的有效黏聚力耦合失效过程, 如下所示:

$$\tau_{\mathrm{n}}^* = c^* - \sigma_{\mathrm{n}}^* \tan \varphi \tau$$

其中, τ_{n}^* 是破坏面上的有效剪应力; σ_{n}^* 是破坏面上的有效法向应力; c^* 是有效黏聚力; φ 是介质的内摩擦角。有效法向应力 σ_{n}^* 应当由破坏面上的外荷载所引起的法向内力与孔隙压力所引起的内力的和来确定。鉴于损伤变量与孔隙率的面积折减率等效的概念 [11,37], 破坏面上的有效法向应力可通过损伤变量 Ω 及孔隙压力 P(图 4-8) 表示为

$$\sigma_{\mathrm{n}}^* = \frac{1}{1-\Omega}\sigma_{\mathrm{n}} + \frac{\Omega}{1-\Omega}P \tag{4-185}$$

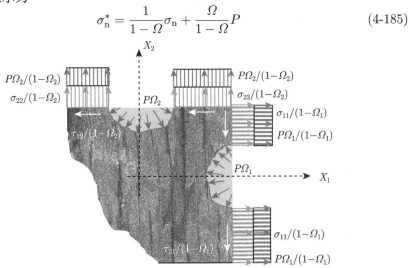

图 4-8　有孔隙水压的损伤模型

通常, 将有裂隙的岩石作为脆性损伤材料时, 由于孔隙水的效应, 应当引入有效黏聚力的概念。因此, 有效黏聚力是与孔隙率、孔隙压力及损伤变量有关的材料状态参数。孔隙水对有效黏聚力的影响可被假定为孔隙率 Φ 及孔隙水压 P 的某种函数。于是, 含水的孔隙介质的有效黏聚力 c^* 被考虑为

$$c^* = f(\Phi, P)c \tag{4-186}$$

其中, $f(\Phi, P)$ 被定义为孔压效应函数。对脆性材料可假定损伤对材料的内摩擦角没有影响, 也可以假定损伤对材料的内摩擦角 φ 有影响, 从而建立有效内摩擦角 φ^* 的概念。利用各向同性抗拉强度 R_{t} 与黏聚力 c 的关系 [28]:

$$R_{\mathrm{t}} = \frac{2c\cos\varphi}{1+\sin\varphi} \tag{4-187}$$

在假定损伤对材料的内摩擦角 φ 没有影响的情况下，函数 $f(\varPhi, P)$ 可被重新表示为损伤岩石的有效拉伸强度与无损岩石的拉伸强度之比：

$$\frac{R_t^*}{R_t} = f(\varPhi, P) \tag{4-188}$$

式中，函数 $f(\varPhi, P)$ 也是孔隙率和孔隙水压对抗拉强度的某种影响函数，它可由在不同孔隙水压条件下测量不同孔隙率材料的抗拉强度实验确定。于是对含有损伤裂隙及孔隙水的脆性岩石，其修正后的失效破坏准则可由式 (4-184)~ 式 (4-186) 得到

$$F = \frac{\sigma_{eq}}{1-\varOmega} + \frac{\varOmega P}{1-\varOmega} - f(\varPhi, P)\frac{1-\sin\varphi}{2\sin\varphi}R_t = 0 \tag{4-189}$$

其中，σ_{eq} 被定义为破坏面上的莫尔–库仑等效应力

$$\sigma_{eq} = \tau_n \cot\varphi + \sigma_n \tag{4-190}$$

式 (4-189) 可描述出介质应力、孔隙压力、材料损伤、孔隙率演变对材料强度劣化和介质的破坏失效条件的综合效应。

2. 有效黏聚力的脆性损伤演化模型

岩体的破坏机理是与岩层中裂隙的增长和孔隙率的变化有关的。但是，如果有局部的奇异性发生，例如，出现局部拉伸或剪切破坏区时，那么这些区内便可能出现可导致裂纹群和孔隙率发展的局部化初始损伤，并且随着失效破坏程度的加重，损伤将增长和传播，造成宏观孔隙率的增大和演变。

为了简化有孔隙压力的脆性裂隙岩体介质在荷载下脆性损伤发展和孔隙率演化的动力方程，需要假定：① 岩石晶格的平均尺寸是与时间无关的；② 介质中任何点一旦失效准则被满足，该点邻域介质中的损伤发展和孔隙率演变便立刻开始；③ 失效破坏过程中介质内没有任何塑性变形发生，即材料中该点的失效准则一旦被满足，该点局部的断裂破坏便立即发生、宏观变形立即恢复。这就是说，从连续损伤力学及热动力学的观点来看，当材料发生脆性破坏时所耗散的能量不是耗散于塑性变形，而是仅耗散于介质材料中的微观结构的改变 (即脆性材料的损伤发展和孔隙率演变)，这是脆性损伤的物理机理。于是，如果假定介质的内摩擦角不受损伤发展影响，则可直接对式 (4-189) 关于时间求导数为

$$\dot{\sigma}_{eq} + \dot{\varOmega}P + \left[\varOmega - \frac{1+\sin\varphi}{2\sin\varphi}(1-\varOmega)R_t\frac{\partial f(\varPhi, P)}{\partial \varPhi}\right]\dot{P}$$
$$- \frac{1+\sin\varphi}{2\sin\varphi}R_t\left[\frac{3}{2}(1-\varOmega)\varOmega^{\frac{1}{2}}\frac{\partial f(\varPhi, P)}{\partial \varPhi} - f(\varPhi, P)\right]\dot{\varOmega} = 0 \tag{4-191}$$

其中, 顶部的点代表对时间的偏导数; $\dot{\Omega}$ 是损伤发展率; $\dot{P}$ 是孔隙压力随时间的变化率。式 (4-191) 中的莫尔–库仑等效应力的速率可被表示为

$$\dot{\boldsymbol{\sigma}}_{\text{eq}} = \frac{\partial \boldsymbol{\sigma}_{\text{eq}}}{\partial \boldsymbol{\sigma}_{ij}} \dot{\boldsymbol{\sigma}}_{ij} \tag{4-192}$$

式 (4-192) 中应力张量 $\boldsymbol{\sigma}_{ij}$ 的速率可由损伤材料的本构方程 [23,29,31] 确定如下:

$$\dot{\boldsymbol{\sigma}}_{ij} = -\frac{2\dot{\Omega}}{1-\Omega}\boldsymbol{\sigma}_{ij} + \frac{(1-\Omega)^2}{2}\boldsymbol{D}_{ijkl}\left(\frac{\partial \dot{u}_l}{\partial x_k} + \frac{\partial \dot{u}_k}{\partial x_l}\right) \tag{4-193}$$

其中, $\boldsymbol{D}_{ijkl}$ 是非损伤介质的弹性张量。将式 (4-193) 代入式 (4-191), 考虑失效破坏的局部效应及上述假定, 以修正的莫尔–库仑损伤失效破坏准则为基础的损伤发展的速率方程可表示为

$$\dot{\Omega} = H(F)\frac{\dfrac{(1-\Omega)^2}{2}\dfrac{\partial \boldsymbol{\sigma}_{\text{eq}}}{\partial \boldsymbol{\sigma}_{ij}}\boldsymbol{D}_{ijkl}\left(\dfrac{\partial \dot{u}_l}{\partial x_k} + \dfrac{\partial \dot{u}_k}{\partial x_l}\right) + \left[\Omega + (1-\Omega)\dfrac{\partial f(\Phi,P)}{\partial P}R_{\text{t}}\dfrac{1+\sin\varphi}{2\sin\varphi}\right]\dot{P}}{\dfrac{2\boldsymbol{\sigma}_{ij}}{1-\Omega}\dfrac{\partial \boldsymbol{\sigma}_{\text{eq}}}{\partial \boldsymbol{\sigma}_{ij}} + \left[f(\Phi,P) - \dfrac{3(1-\Omega)\Omega^{\frac{1}{2}}}{2}\dfrac{\partial f(\Phi,P)}{\partial \Phi}\right]\dfrac{1+\sin\varphi}{2\sin\varphi}R_{\text{t}} - P}$$

$$\tag{4-194}$$

其中, $H(F)$ 是 F 单位阶跃函数, 可被看作 "局部化作用因子", 它使得损伤发展只能发生于失效破坏准则被满足的局部区域; 实效破坏准则 F 的表达式已在式 (4-189) 中定义。

3. 基于有效剪切强度的脆性损伤演化模型

式 (4-194) 给出的损伤演化模型假定了介质在损伤发展过程中材料的内摩擦角不受损伤影响, 是不变的。但是实际介质在损伤发展过程中, 不论是材料的黏聚力还是材料的内摩擦角都受到损伤的劣化影响, 应当考虑受损伤劣化影响时材料有效黏聚力 c^* 和有效内摩擦角 φ^* 都会发生变化的更一般情况, 即有效剪切强度演化模型 (图 4-9)。

在修正的莫尔–库仑脆性损伤破坏准则中, τ_n^* 是破坏面上的有效剪应力; c^* 是有效黏聚力; σ_n^* 是破坏面上的有效法向应力; φ^* 是介质的有效内摩擦角。采用有效黏聚力和有效内摩擦角修正的莫尔–库仑脆性损伤破坏准则为

$$\frac{\tau_n}{1-\Omega} = c^* + \frac{\sigma_n + \Omega P}{1-\Omega}\tan\varphi^* \tag{4-195}$$

实际岩体的单轴抗压强度 R_c 与抗剪强度 c, φ 的关系 [36], 有

$$R_c = 2c\cos\varphi/(1-\sin\varphi) \tag{4-196}$$

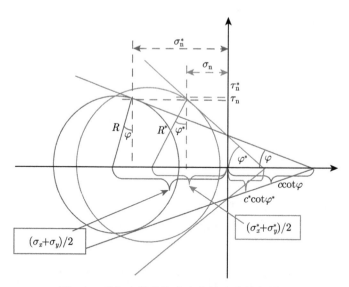

图 4-9   引入有效黏聚力和有效内摩擦角模型

可推广到损伤岩体的有效强度值，如

$$R_c^* = 2c^* \cos\varphi^*/(1 - \sin\varphi^*) \tag{4-197}$$

记比值 $R_c^*/R_c = 1 - \Omega$，则由式 (4-196) 和式 (4-197) 可得

$$c^* = (1 - \Omega)c\frac{\cos\varphi}{1 - \sin\varphi}\frac{1 - \sin\varphi^*}{\cos\varphi^*} = (1 - \Omega)c\frac{\cos\varphi}{1 - \sin\varphi}(\sec\varphi^* - \tan\varphi^*) \tag{4-198}$$

通过用指数函数形式，拟合通过测试得到的岩石介质脆性损伤后的有效内摩擦系数与原岸滩岩石的摩擦系数的比值，可得

$$\tan\varphi^* = A(1 - \Phi)^n \tan\varphi = A(1 - \Omega^{\frac{3}{2}})^n \tan\varphi \tag{4-199}$$

此式只在 $\Omega \neq 0$ 时成立，否则，要定义 A 为非线性：

$$A = \begin{cases} 1, & \Omega = 0 \\ \text{常数}, & \Omega > 0 \end{cases}$$

所以损伤岩石的摩擦系数和未损伤岩石的摩擦系数应该存在以下的关系：

$$\tan\varphi^* = (1 - \Omega^{\frac{3}{2}})^n \tan\varphi \tag{4-200}$$

式中，n 为材料参数，可通过实验确定。

由式 (4-200) 可以得出有效摩擦角与损伤变量的关系，再代入式 (4-198)，则得出有效黏聚力与损伤变量的关系，因此可以画出有效黏聚力与损伤变量的关系曲线。

解非线性方程组

$$
\begin{cases}
\dfrac{\tau_{\mathrm{n}}}{1-\Omega} = c^* + \dfrac{\sigma_{\mathrm{n}} + \Omega P}{1-\Omega}\tan\varphi^* \\[2mm]
c^* = (1-\Omega)c\dfrac{\cos\varphi}{1-\sin\varphi}(\sec\varphi^* - \tan\varphi^*)\dfrac{\tau_{\mathrm{n}}}{1-\Omega} = c^* + \dfrac{\sigma_{\mathrm{n}} + \Omega P}{1-\Omega}\tan\varphi^* \\[2mm]
\tan\varphi^* = (1-\Phi)^n\tan\varphi = (1-\Omega^{\frac{3}{2}})^n\tan\varphi
\end{cases} \tag{4-201}
$$

损伤岩体的有效抗剪强度 c^*, φ^* 和损伤状态 Ω, 可通过破坏面上的应力 τ_{n}, σ_{n}, 孔隙压力 P 及非侵蚀土体的抗剪强度 c, φ 与实验常数 A, n 求出。

对式 (4-201) 关于时间求导数得

$$
\begin{cases}
\dot{\tau}_{\mathrm{n}} = \dot{c}^*(1-\Omega) - c^*\dot{\Omega} + (\dot{\sigma}_{\mathrm{n}} + \dot{\Omega}P + \Omega\dot{P})\tan\varphi^* + \sec^2\varphi^*(\sigma_{\mathrm{n}} + \Omega P)\dot{\varphi}^* \\[2mm]
\dot{c}^* = -c\dfrac{\cos\varphi}{1-\sin\varphi^*}(\sec\varphi^* - \tan\varphi^*)\dot{\Omega} \\[2mm]
\qquad\quad +(1-\Omega)c\dfrac{\cos\varphi}{1-\sin\varphi^*}(\sec\varphi^*\tan\varphi^* - \sec^2\varphi^*)\dot{\varphi}^* \\[2mm]
\sec^2\varphi^*\dot{\varphi}^* = -\dfrac{3}{2}n\Omega^{\frac{1}{2}}(1-\Omega^{\frac{3}{2}})^{n-1}A\tan\varphi\dot{\Omega}
\end{cases}
$$

$$\tag{4-202}$$

求解该非线性常微分方程组, 可求出裂隙岩石介质损伤过程中的 $\Omega(t), c^*(t), \varphi^*(t)$ 和 Ω 的演化规律。

下面通过例子来说明损伤对裂隙岩石剪切强度的影响。图 4-10、图 4-11 给出了裂隙岩石的有效内摩擦角与有效黏聚力比值随损伤变量变化的关系。

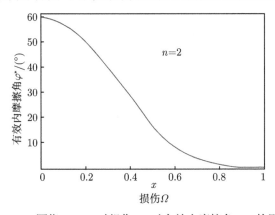

图 4-10　幂指 $n=2$ 时损伤 Ω 对有效内摩擦角 φ^* 的影响

由图可见,

$$
\frac{c^*}{c} = (1-\Omega)\frac{\cos\varphi}{1-\sin\varphi}\frac{1-\sin\varphi^*}{\cos\varphi^*} = (1-\Omega)\frac{\sec\varphi^* - \tan\varphi^*}{\sec\varphi - \tan\varphi} \tag{4-203}
$$

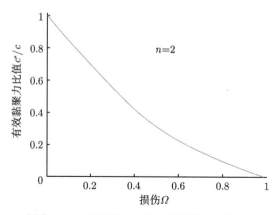

图 4-11　幂指 $n = 2$ 时损伤 Ω 对有效黏聚力比值 c^*/c 的影响

因为

$$\sec \varphi^* = \sqrt{1 + \tan^2 \varphi^*}$$

有

$$\frac{c^*}{c} = (1 - \Omega) \frac{\sqrt{1 + \tan^2 \varphi^*} - \tan \varphi^*}{\sqrt{1 + \tan^2 \varphi} - \tan \varphi} \tag{4-204}$$

将 $\tan \varphi^* = A(1 - \Omega^{\frac{3}{2}})^n \tan \varphi$ 代入得

$$\frac{c^*}{c} = (1 - \Omega) \frac{\sqrt{1 + A^2(1 - \Omega^{\frac{3}{2}})^{2n} \tan^2 \varphi} - A(1 - \Omega^{\frac{3}{2}})^n \tan \varphi}{\sqrt{1 + \tan^2 \varphi} - \tan \varphi} \tag{4-205}$$

对大多数材料, 近似地有 $(1 - \sin \varphi^*)/(1 - \sin \varphi) \approx 1$, 于是

$$\frac{c^*}{c} = (1 - \Omega) \frac{\sqrt{1 + A^2(1 - \Omega^{\frac{3}{2}})^{2n} \tan^2 \varphi}}{\sqrt{1 + \tan^2 \varphi}} \tag{4-206}$$

在式 (4-205) 中取 $A{=}1$, $n{=}2$, $\varphi{=}60°$, 让 Ω 从 0 到 1 变化, 绘出图 4-10、图 4-11 中的曲线。

4. 损伤对有效剪切强度的影响讨论

剪切强度是岩石–岩体结构的重要安全指标。损伤对岩土工程材料的有效剪切强度的影响是本节要讨论的主要内容。

图 4-12 给出了对不同的幂函数形式的模型, 有效内摩擦角的行为是如何受损伤状态影响的。由图可见, 对一个原始的 (最初的无损) 内摩擦角为 $\varphi{=}60°$ 的孔隙介质, 当有效内摩擦角的幂函数模型定义为不同的幂函数参数 $n = 1,2,3,4,5,\cdots,10,\cdots,$ ∞ 时, 损伤状态的影响是不同的。可以看出, 损伤的增加导致有效内摩擦角明显

降低。此外，幂函数参数值 n 越高，模型的曲线越陡峭，这意味着损伤的影响更为敏感。

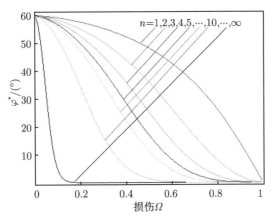

图 4-12 不同幂指数模型与损伤状态的有效内摩擦角 φ^*

图 4-13 给出有效内摩擦角 φ^* 由于不同的损伤状态的影响，在损伤孔隙介质具有不同的初始内摩擦角 $\varphi = 10°, 20°, 30°, 40°, 50°, 60°$ (即不同的初始剪切强度) 时，呈现下降的趋势。可以看出，初始内摩擦角 φ 越大 (即初始抗剪强度越高)，损伤对有效抗剪强度的影响越明显。

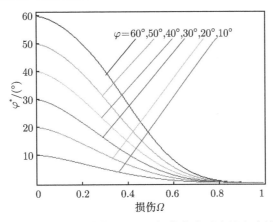

图 4-13 对 $n = 4$ 的幂指数模型，不同损伤状态对有效内摩擦角的影响

图 4-14 中的绘图，用于观察不同幂函数模型中损伤对有效黏结强度参数的影响行为。

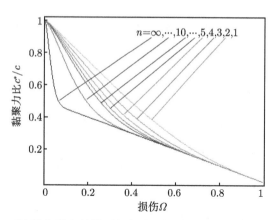

图 4-14   不同幂指数参数模型的有效和初始黏聚力之比随损伤的变化

图 4-14 描述了具有初始非损伤的内摩擦角为 $\varphi=60°$ 的孔隙介质, 当选不同的幂函数的参数 $n = 1,2,3,5,\cdots,10,\cdots,\infty$ 时, 其有效的黏结强度参数 (有效黏聚力)c^* 的演化行为。该图形是按损伤的 (即有效的) 有效黏聚力 c^* 与非损伤的 (即初始的) 的黏聚力 c 的比值 c^*/c 来显示的。可以看出, 损伤的增加导致有效黏聚力显著降低, 然而幂函数参数 n 较大时, 有效黏聚力的降低更明显。除了非常高的幂函数参数 (n 趋向于 ∞) 所致的最陡峭的曲线外, 幂函数参数对模型的影响并非也如图 4-12 一样是很崎岖的情况, 在此做了比较。这意味着内摩擦角的分布变化对损伤的影响, 对有效黏聚力参数的扰动是不大的。

图 4-15 显示了在不同的初始内摩擦角 $\varphi=10°$、$20°$、$30°$、$40°$、$50°$、$60°$ 和幂函数模型的参数为 $n = 4$ 的情况下, 损伤对比值 $c^*(\Omega,\varphi)/c$(有效黏聚强度参数 c^* 和初始黏聚力 c 之间的比值) 的影响。

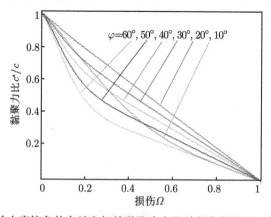

图 4-15   不同初始内摩擦角的有效和初始黏聚力之比随损伤的变化 (幂指数参数 $n = 4$)

可以看出, 在不同损伤值对黏聚力比 $c^*(\Omega,\varphi)/c$ 的影响下, 不同曲线的基本增加趋势, 与不同的初始剪切强度参数的情况是类似的, 这种情况分别对应于不同的初始内摩擦角 $\varphi=60°,\,50°,\,40°,\,30°,\,20°,\,10°$。

同时, 初始内摩擦角 φ 的增加使得初始剪切强度较高, 并且受损伤增加的影响的比值 $c^*(\varOmega,\varphi)/c$ 增加得更显著。但是, 应该指出的是, 初始内摩擦角为 $\varphi=10°$ 的曲线的倾向与其他的不同, 其原因可能在于这里的孔隙介质的初始内摩擦角不可能低于 $10°$。

4.6.6 裂隙损伤孔隙介质的有效渗透特性

1. 裂隙损伤孔隙介质孔隙率与损伤间的等效关系

岩土体作为天然地质材料, 内部赋存着大量的孔隙、裂隙, 这些缺陷的存在不但改变了岩土体的力学特性, 而且严重影响着岩土体的渗透特性。以往的大多数孔隙介质模型都假定孔隙率和渗透系数是与时间无关的材料常数[39,40], 然而从损伤力学的观点看, 面积的折减率同样影响材料的渗透特性。因此, 损伤变量可用来定义由孔隙率所造成的面积折减。介质的各向异性损伤特征可通过引入损伤主值 $(\varOmega_1,\,\varOmega_2,\,\varOmega_3)$ 或相应的面积折减率主值 $(\varphi_1,\,\varphi_2,\,\varphi_3)$ 来描述, 见图 4-16。

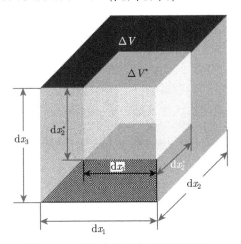

图 4-16 孔隙率和损伤关系示意图

由此, 利用面积折减率 (损伤) 的概念, 有

$$\varOmega_i = \varphi_i = \frac{\mathrm{d}s_i^*}{\mathrm{d}x_j\mathrm{d}x_k} \tag{4-207}$$

其中, $\varOmega_i$ 称为沿 x_i 方向的损伤变量, φ_i 为法线方向沿 x_i 截面的面积折减率, $\mathrm{d}s_i^*$ 是由孔隙率所造成的法线方向为 x_i 的截面积 $\mathrm{d}x_j\mathrm{d}x_k$ 的折减面积。显然, 损伤变量 $\varOmega$ 与孔隙率 $\varPhi$ 之间存在一种关系, 这种关系可被定义为

$$\varPhi = (\varOmega_1\varOmega_2\varOmega_3)^{1/2} \tag{4-208}$$

在各向同性情况下，$\Omega_1 = \Omega_2 = \Omega_3 = \Omega$，由此

$$\Phi = (\Omega)^{3/2} \tag{4-209}$$

式 (4-208) 和式 (4-209) 可用于损伤发展方程，描述孔隙率的演变过程。于是，裂隙损伤介质的孔隙率的变化率可从孔隙率和损伤所定义的面积折减率等效的概念 [37,38] 表示为

$$\dot{\Phi} = \frac{3}{2}\Omega^{\frac{1}{2}}\dot{\Omega} \tag{4-210}$$

对式 (4-209) 关于时间求导数，可得孔隙率演化的速率方程。于是，便可借助于求出的损伤发展方程。将式 (4-209) 和式 (4-210) 改写为增量形式，就得到岩石类材料中脆性损伤发展和孔隙率演变的方程。

2. 介质的完备的有效 Darcy 定律

上面的分析给出，损伤变量与介质的孔隙率的面积折减率是等效的 [11,37]，孔隙介质任何一个界面作用的有效法向应力可通过损伤变量 Ω 及孔隙压力 P 表示为 $\sigma_n^* = (\sigma_n + \Omega P)/(1 - \Omega)$(图 4-8)。通常，将有裂隙的孔隙介质作为损伤孔隙材料时，由于介质中孔隙水压的效应，应当引入有效黏渗透系数的概念。因此，有效黏渗透系数应当是与孔隙率、孔隙压力及损伤变量有关的材料状态参数。

假设有如图 4-17 所示的渗流流束，长度为 $\mathrm{d}L$，截面面积为 $\mathrm{d}A$，作用在该流束上的力有孔隙水流的自重 $\gamma_w \Phi \mathrm{d}L \mathrm{d}A$ (其中，$\gamma_w = \rho g$ 为水的重度，Φ 为裂隙损伤孔隙介质的体积孔隙率)、介质颗粒之间孔隙通道的摩擦阻力 F 和流速两端的孔隙水压力 p 和 $p + \mathrm{d}p$。如果略去水流的惯性力，则根据作用力平衡的条件可得

$$(p + \mathrm{d}p)\Omega\mathrm{d}A - p\Omega\mathrm{d}A + \gamma_w \Phi\mathrm{d}L\mathrm{d}A\sin\theta + F = 0 \tag{4-211}$$

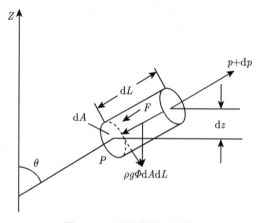

图 4-17　渗流流束示意图

从达西 (Darcy) 定律提出后, 到目前为止大多数文献认为: 孔隙介质是按面积 ΦA 通过流体的, 即上面的流体平衡方程是按下式得出 Darcy 定律表达式的:

$$(p + \mathrm{d}p)\Phi\mathrm{d}A - p\Phi\mathrm{d}A + \gamma_w\Phi\mathrm{d}L\mathrm{d}A\sin\theta + F = 0 \tag{4-212}$$

换言之, 普遍认为 $\Phi = \Omega$, 然而, 式 (4-209) 已经证明 $\Phi \neq \Omega$。从下面的分析可以看出这样的假定会导致常规的 Darcy 定律公式 $v = -kJ$ 包含一些谬误。

由图 4-17 可以看出:

$$\sin\theta = \mathrm{d}z/\mathrm{d}L \tag{4-213}$$

其中, z 为位置水头, 总水头可写为 $h = p/\rho g + z$, 将式 $h = p/\rho g + z$ 全微分可得

$$\mathrm{d}p = \rho g(\mathrm{d}h - \mathrm{d}z) \tag{4-214}$$

将上式代入式 (4-211) 中, 可以得到

$$\rho g\left(\frac{\mathrm{d}h}{\mathrm{d}L} - \frac{\mathrm{d}z}{\mathrm{d}L}\right)\Omega + \rho g\Phi\frac{\mathrm{d}z}{\mathrm{d}L} + \frac{F}{\mathrm{d}A\mathrm{d}L} = 0 \tag{4-215}$$

即

$$\frac{\mathrm{d}h}{\mathrm{d}L} - \left(1 - \frac{\Phi}{\Omega}\right)\frac{\mathrm{d}z}{\mathrm{d}L} + \frac{F}{\rho g\Omega\mathrm{d}A\mathrm{d}L} = 0 \tag{4-216}$$

作用在渗流途径上一个介质颗粒上的阻流阻力 f 可用斯托克斯 (Stocks) [39] 公式来计算, 即

$$f = \lambda\tau v^* d \tag{4-217}$$

式中, λ 为 Stocks 系数; τ 为邻近颗粒的影响系数, 对于无限水体中的圆球, $\tau = 3\pi$; v^* 为孔隙水的流速; d 为土粒的直径。如果渗流裂隙损伤介质柱中共有 N 个颗粒, 则

$$N = \frac{V}{m} = \frac{(1 - \Phi)\mathrm{d}A\mathrm{d}L}{\varsigma d^3} \tag{4-218}$$

式中, V 为裂隙损伤介质柱中颗粒的总体积; m 为一个颗粒的体积; ς 为球体系数; Φ 为裂隙损伤介质柱的孔隙率。因此整个裂隙损伤介质柱的总阻力为

$$F = Nf = \frac{(1 - \Phi)\mathrm{d}A\mathrm{d}L}{\varsigma d^3}\lambda\tau v^* d \tag{4-219}$$

将公式 (4-219) 和 $v^* = v/\Omega$ (v 为渗流截面上的平均流速) 及 $J = -\mathrm{d}h/\mathrm{d}L$ 代入公式 (4-216) 得

$$-J - \left(1 - \frac{\Phi}{\Omega}\right)\frac{\mathrm{d}z}{\mathrm{d}L} + \frac{(1 - \Phi)}{\Omega^2}\frac{\lambda\tau v}{\varsigma d^2\rho g} = 0 \tag{4-220}$$

由式 (4-214) 可得

$$\frac{\mathrm{d}z}{\mathrm{d}L} = -\left(\frac{1}{\rho g}\frac{\mathrm{d}p}{\mathrm{d}L} + J\right) \tag{4-221}$$

由式 (4-220) 和式 (4-221) 可以得到

$$J = -\left(1 - \frac{\Omega}{\Phi}\right)\frac{1}{\rho g}\frac{\mathrm{d}p}{\mathrm{d}L} + \frac{(1-\Phi)}{\Omega^2}\frac{\Omega}{\Phi}\frac{\lambda\tau v}{\varsigma d^2 \rho g} \tag{4-222}$$

因此，可以得到平均流速表达式：

$$v = -\frac{\Phi^2}{(1-\Phi)}\frac{\varsigma\rho g}{\lambda\tau}d^2\frac{\Omega}{\Phi}J + \frac{\Phi^2}{(1-\Phi)}\frac{\varsigma\rho g}{\lambda\tau}d^2\frac{\Omega}{\Phi}\left(1 - \frac{\Omega}{\Phi}\right)\frac{1}{\rho g}\frac{\mathrm{d}p}{\mathrm{d}L} \tag{4-223}$$

对常规孔隙介质引入参数 $\alpha=\varsigma\Phi/\lambda(1-\Phi)$，其值决定于颗粒的几何形状及其排列形成的孔隙状况，定义常规孔隙介质的渗透系数 $k=\alpha d^2\rho g/\tau$。因此，常规孔隙介质的渗透系数 k 定义为

$$k = \frac{\varsigma\Phi}{\lambda(1-\Phi)}d^2\frac{\rho g}{\tau} \tag{4-224}$$

然而，实际上裂隙损伤孔隙介质并非全截面 A 通过流体的，只是在孔隙截面面积 ΩA 上通过流体。因此，必须引入有效渗透性的概念 [37,38]，上述各式的有效参数也可写成为 $\alpha^* = \alpha\Omega = \dfrac{\varsigma\Phi}{\lambda(1-\Phi)}\Omega$，于是，裂隙损伤孔隙介质的实际有效渗透系数为

$$k^* = \alpha^* d^2\frac{\rho g}{\tau} = \Omega a d^2\frac{\rho g}{\tau} = \Omega\frac{\varsigma\Phi}{\lambda(1-\Phi)}d^2\frac{\rho g}{\tau} = \Omega k \tag{4-225}$$

代入式 (4-223)，可以得到

$$v = -k\Omega J + k\Omega\left(1 - \frac{\Omega}{\Phi}\right)\frac{1}{\rho g}\frac{\mathrm{d}p}{\mathrm{d}L} \tag{4-226}$$

上式可改写成有效渗透系数和有效渗流比降 (有效空间中) 表示的 Darcy 定律形式：

$$v = -k^* J + k^*\left(1 - \frac{\Omega}{\Phi}\right)\frac{1}{\rho g}\frac{\mathrm{d}p}{\mathrm{d}L} = -k^*\left[J - \left(1 - \frac{\Omega}{\Phi}\right)\frac{1}{\rho g}\frac{\mathrm{d}p}{\mathrm{d}L}\right] = -k^* J^* \tag{4-227}$$

式 (4-227) 的形式与常规 Darcy 定律形式上似乎相同，但它是在有效参数空间中给出的，其中，J^* 定义为裂隙损伤孔隙介质的有效渗流比降 [37,38]，其表达式为

$$J^* = J - \left(1 - \frac{\Omega}{\Phi}\right)\frac{1}{\rho g}\frac{\mathrm{d}p}{\mathrm{d}L} \tag{4-228}$$

如果将式 (4-226) 中的第一项看作常规水力梯度 (渗流比降) 对孔隙截面上平均流速的贡献，则第二项便是孔压梯度对裂隙损伤孔隙介质截面上平均流速的贡献。

引入有效渗透系数的定义 (4-225)，式 (4-226) 变为

$$v = -k^* J + \kappa^*\frac{1}{\rho g}\frac{\mathrm{d}p}{\mathrm{d}L} \tag{4-229}$$

显然，$\kappa^* = k^*\left(1 - \dfrac{\Omega}{\Phi}\right) = k\Omega\left(1 - \dfrac{\Omega}{\Phi}\right)$ 可定义为裂隙损伤孔隙介质中有效压力传导系数 [37,38]，则可以得出

$$v = -k\Omega J + k\Omega\left(1 - \frac{\Omega}{\Phi}\right)\frac{1}{\rho g}\frac{\mathrm{d}p}{\mathrm{d}L} \tag{4-230}$$

或

$$v = -k^* J + \kappa^* \frac{1}{\rho g}\frac{\mathrm{d}p}{\mathrm{d}L} \tag{4-231}$$

式 (4-230)、式 (4-231) 就是裂隙损伤孔隙介质的完备有效 Darcy 定律公式 [37,38]。

由此可以看出，如果认为孔隙介质是按面积 ΦA 通过流体的，则应取 $\Omega = \Phi$，则有效渗透系数就与常规的渗透系数相等，即 $k = k^*$，有效压力传导系数 $\kappa^* = 0$，而且，由式 (4-229) 给出的裂隙损伤孔隙介质完备有效的 Darcy 定律公式便退化为常规的 Darcy 定律公式。如果截面是密实的，即无法过流，则 $\Omega = 0$，由式 (4-229) 可以得出 $v = 0$。从上述讨论显然可以看出，常规的渗流 Darcy 定律，仅在 $\Omega = \Phi$ 的假定 (即孔隙介质是按面积 ΦA 过流的假定) 下才成立，这在逻辑上明显是不完备或有谬误的。于是，裂隙损伤孔隙介质有效渗透系数 k^* 与常规渗透系数 k 之间的关系为

$$\frac{k^*}{k} = \Omega = \Phi^{\frac{2}{3}} \tag{4-232}$$

裂隙损伤孔隙介质中有效压力传导系数 κ^* 与常规渗透系数 k 的关系 [37,38] 为

$$\frac{\kappa^*}{k} = \Omega\left(1 - \frac{\Omega}{\Phi}\right) = \Phi^{\frac{2}{3}}\left(1 - \frac{1}{\Phi^{\frac{1}{3}}}\right) = \Omega\left(1 - \frac{1}{\Omega^{\frac{1}{2}}}\right) \tag{4-233}$$

裂隙损伤孔隙介质中有效压力传导系数 κ^* 与有效渗透系数 k^* 的关系 [37,38] 为

$$\frac{\kappa^*}{k^*} = 1 - \frac{\Omega}{\Phi} = 1 - \frac{1}{\Phi^{\frac{1}{3}}} = 1 - \frac{1}{\Omega^{\frac{1}{2}}} \tag{4-234}$$

4.6.7 裂隙损伤孔隙介质渗透特性的讨论

1. 常规渗透系数的特性讨论

孔隙介质颗粒之间所形成的孔隙是渗流的直接通道，当直径为 d 的球形颗粒按立方体排列时，孔隙通道的等效直径为 $d_0 = 0.414d$；当球形颗粒按菱形排列时，孔隙通道的等效直径为 $d_0 = 155d$；对于颗粒不均匀的孔隙介质，其最小孔隙通道直径为 $d_0 = 0.44\Phi d_e/(1 - \Phi)$，式中 d_e 为不均匀孔隙介质的有效直径。对引入孔隙面积折减率的 Darcy 定律 $v = -k\mathrm{d}h/\Omega\mathrm{d}L$ 而言，是根据渗透水流为层流的假定所导

得的，因此只有在水流的雷诺数 Re 不超过某一临界值时才能成立，当超过这一临界值时水流就处于紊流流态，所以一般认为常规 Darcy 定律的适用范围是

$$Re = \frac{v\rho d_0}{\eta} < 1 \sim 10 \tag{4-235}$$

式中，d_0 为孔隙介质的等效孔隙直径，即水可以自由流动的那部分孔隙的直径；η 为黏滞性系数。渗透系数表示介质渗透性强弱的程度，它与许多因素有关，如介质的种类、孔隙介质颗粒的级配、孔隙介质的密实度、渗透液体的动力黏滞系数及温度等。介质的种类不同，其渗透系数的大小是不同的，例如，黏性土的渗透系数较小，非黏性土的渗透系数较大。介质的颗粒级配对孔隙介质的渗透系数的影响最大，因为孔隙介质的颗粒级配在很大程度上影响到孔隙介质的孔隙尺寸、孔隙的形状和孔隙比的大小。当颗粒越细，越不均匀时，介质的渗透系数就越小；当颗粒越粗，越均匀和越浑圆时，介质的渗透系数就越大。介质的密实度也直接影响到介质中孔隙和孔隙比的大小，所以对孔隙介质的渗透系数也有很大影响。介质的密实度大，则孔隙比小，故介质的渗透系数小；介质的密实度小，则孔隙比大，故介质的渗透系数大。Hubbert [40] 曾对由直径为 d 的均匀玻璃圆球组成的理想孔隙介质进行了实验，用密度为 ρ 和动力黏滞性系数为 η 的液体作为流体，发现通过介质的渗透流速 v 不仅与流体的水力坡降 dh/dL 成正比，而且也与介质颗粒直径的平方 d^2 和流体的质量 $m=\rho g$ 成正比，与流体的动力黏滞性系数 η 成反比，写成等式则可以得到

$$v = -\frac{Cd^2\rho g}{\eta}\frac{dh}{dL} \tag{4-236}$$

式中，C 为比例常数，如果渗流介质是土壤，则常数 C 与介质的颗粒大小及分布、颗粒的球度及其密实程度等有关。将式 $k = \dfrac{Cd^2\rho g}{\eta}$ 与式 (4-224) 比较可知：

$$C = \frac{\Phi^2}{(1-\Phi)}\frac{\varsigma\eta}{\lambda\tau} \tag{4-237}$$

　　渗透系数与液体的动力黏滞性系数有很大关系。实验表明，液体在孔隙介质中的渗透流速与液体的动力黏滞性系数成反比，与液体的质量成正比，故渗透系数也与液体的动力黏滞性系数成反比，与液体的质量成正比。由上面的讨论可以看出，孔隙介质体的孔隙率 Φ 和介质颗粒的直径 d 是影响渗透系数的最关键因素，其他因素的改变也是首先影响孔隙介质的孔隙率 Φ 和介质颗粒直径 d 的改变，从而间接影响渗透系数。本节在其他参数取为常数的情况下，让孔隙介质颗粒的直径 d 从 0.001 增加到 0.1，孔隙率从 0.01 增加到 0.8，研究了孔隙土的常规渗透系数 k 随孔隙率 Φ 和平均土颗粒直径 d 的变化关系曲面性态，孔隙率和孔隙介质平均颗粒直

径这两个因素对土体的常规渗透系数影响都很明显，尤其在这两个因素都增加时，其最大影响可达到 40 倍。

2. 有效渗透系数特性的讨论

由式 (4-212) 得到的常规 Darcy 定律公式 $v=-kJ$ 与式 (4-230) 得到的裂隙损伤孔隙介质完备有效的 Darcy 定律公式 $v = -k^*J + \kappa^* \dfrac{1}{\rho g} \dfrac{\mathrm{d}p}{\mathrm{d}L}$ 是明显不同的。常规的 Darcy 定律仅给出一个材料渗透参数 k，因为它是目前大多数文献常用的，所以本节称其为"常规的渗透系数" k。因为其含有逻辑上的谬误，本节得到的裂隙损伤孔隙介质的完备有效的 Darcy 定律，包含两个材料渗透参数，即有效渗透系数 k^* 和有效压力传导系数 κ^*，它们之间的关系由式 (4-232)~ 式 (4-234) 给出。

图 4-18 给出了有效渗透系数与常规渗透系数的比值 k^*/k 分别随孔隙率 Φ 或损伤状态 Ω 变化性态的曲线。显然，裂隙损伤状态 Ω(即孔隙面积折减率) 和体积孔隙率 Φ 对比值 k^*/k 的影响是同趋势的，Ω 的影响是呈线性的，但 Φ 的影响是呈非线性的，而且 Φ 的影响要比同样大小的 Ω 影响要大。

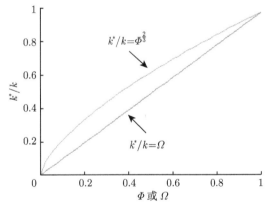

图 4-18 有效渗透系数与常规渗透系数比值 k^*/k 分别随孔隙率 Φ 或损伤状态 Ω 变化性态的曲线

图 4-19 给出了有效压力传导系数与常规渗透系数的比值 κ^*/k 分别随孔隙率 Φ 或损伤状态 Ω 变化性态的曲线。显然，损伤状态 Ω(即孔隙面积折减率) 和孔隙率 Φ 对比值 κ^*/k 的影响也是同趋势的，比值 κ^*/k 先是随 Ω 或 Φ 在较小取值的范围内增大时非线性地呈现陡峭降低形态，然后随 Ω 或 Φ 的增大又变大。这说明在低孔隙状态时孔隙内压力大，流体不易流入；κ^*/k 对流动有阻碍作用，故称为有效压力传导系数。随着 Ω 或 Φ 的增大，孔隙状态变大，孔隙内压力变小使流体容易流入。图中说明存在一个损伤或孔隙率范围使比值 κ^*/k 最小，即有效压力传导系数最小，这导致孔压梯度 $\partial P/\partial L$ 对有效渗流的影响最小。

　　图 4-20 给出了有效压力传导系数与有效渗透系数的比值 κ^*/k^* 分别随孔隙率 Φ 或损伤状态 Ω 变化性态的曲线。显然，损伤状态 Ω(即孔隙面积折减率) 和孔隙率 Φ 对比值 κ^*/k^* 的影响是同趋势的，但在低孔隙率状态时 Ω 的影响要比同样大小 Φ 的影响要大。

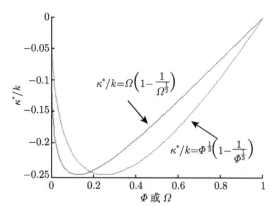

图 4-19　有效压力传导系数与常规渗透系数的比值 κ^*/k 分别随孔隙率 Φ 或损伤状态 Ω 变化性态的曲线

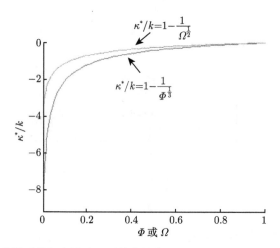

图 4-20　有效压力传导系数与有效渗透系数的比值 κ^*/k^* 分别随孔隙率 Φ 或损伤状态 Ω 变化性态的曲线

4.6.8　损伤结构的阻尼矩阵

1. 阻尼比的损伤因子

由于损伤引起了材料内的微观结构的变化，损伤材料的常数和内部耗能 (内阻尼) 也发生了变化 [11,34]，因此，损伤单元的阻尼矩阵应当和刚度矩阵一样被看作损伤状态变量 Ω 的函数。严格讲，质量矩阵也应随损伤变化。但是，从质量守恒的观点来看总质量没有损失，所以可以作出质量矩阵与损伤状态无关的假定。

损伤对材料阻尼影响的文章不论是实验研究或是理论研究尚不多见发表。为了从数值分析的观点讨论这一问题，按如下的方式来假定瑞利 (Rayleigh) 阻尼比较方便：

$$[C^*(\Omega(t))] = \alpha^*[M] + \beta^*[K^*(\Omega(t))] \tag{4-238}$$

其中，α^*, β^* 为损伤材料的 Rayleigh 阻尼参数。

对式 (4-238) 中所定义的 Rayleigh 阻尼，在损伤状态下第 i 阶振动模态所对应的阻尼比 ς^* 可类似于非损伤状态改写为

$$\varsigma^* = \frac{1}{2}\left(\frac{\alpha^*}{\omega_i^*} + \beta^*\omega_i^*\right) \tag{4-239}$$

其中，ω_i^* 是损伤结构的第 i 阶圆频率。

由于高阶模态对结构动力响应的贡献远比一阶和二阶模态小，因此动力响应仅近似地采用一阶和二阶的模态来确定阻尼比。在各向同性情况下，当 Rayleigh 阻尼参数 α 和 β 被看作常数时，可以找到一个简单的损伤前和损伤后的频率关系式：

$$\omega_i^* = (1 - \Omega)\omega_i \tag{4-240}$$

损伤材料的阻尼比和未损伤材料的阻尼比可分别写出：

$$\varsigma_i^* = \frac{1}{2}\left(\frac{\alpha}{(1-\Omega)\omega_i} + (1-\Omega)\beta\omega_i\right) \tag{4-241}$$

$$\varsigma_i = \frac{1}{2}\left(\frac{\alpha}{\omega_i} + \beta\omega_i\right) \tag{4-242}$$

针对式 (4-240)、式 (4-241) 和式 (4-242) 中的第一和第二阶频率 ω_1, ω_2，可定义一个损伤和非损伤状态阻尼比的比值 $\eta_\varsigma = \varsigma^*/\varsigma$ 作为损伤变量 Ω 及非损伤状态时的固有频率比 ω_1/ω_2 的函数，表示如下：

$$\eta_\varsigma = \frac{\varsigma^*}{\varsigma} = \frac{\dfrac{1}{(1-\Omega)} + (1-\Omega)\dfrac{\omega_1}{\omega_2}}{1 + \dfrac{\omega_1}{\omega_2}} \tag{4-243}$$

因为当结构的几何参数和物理参数是给定时，固有频率比 ω_1/ω_2 是一个确定的值，式 (4-243) 可用来考察损伤对结构的材料阻尼的影响。因此，η_ς 可被定义为"阻尼比的损伤因子"。式 (4-243) 与式 (4-239) 相结合，可被用来估计损伤状态的

阻尼比 ζ^*。通过已知的材料固有频率比 ω_1/ω_2 和未损伤的阻尼比 ζ，在给定损伤状态的损伤阻尼比 $\zeta^* = \eta_\zeta \zeta$ 可以通过式 (4-243) 求得。

于是，损伤状态的 Rayleigh 阻尼参数 α^*, β^*，可通过求得损伤状态的频率 ω_1^*, ω_2^* 和阻尼比 ζ^* 后近似地确定出：

$$\alpha^* = \frac{2\omega_1^* \omega_2^*}{\omega_1^* \omega_2^*} \zeta^* \tag{4-244}$$

$$\beta^* = \frac{2}{\omega_1^* + \omega_2^*} \zeta^* \tag{4-245}$$

在各向同性损伤情况下，式 (4-244)、式 (4-245) 可简化为

$$\alpha^* = \frac{2\dfrac{\omega_1}{\omega_2}}{1 + \dfrac{\omega_1}{\omega_2}} (1 - \Omega)\zeta^* \tag{4-246}$$

$$\beta^* = \frac{2}{\omega_1 + \omega_2} \frac{\zeta^*}{(1 - \Omega)} \tag{4-247}$$

类似于式 (4-243)，Rayleigh 阻尼的损伤因子 η_α 和 η_β 可定义为 $\eta_\alpha = \alpha^*/\alpha$ 和 $\eta_\beta = \beta^*/\beta$。损伤的阻尼参数 α^*, β^* 可以由下式确定：

$$\eta_\alpha = \frac{\alpha^*}{\alpha} = \frac{1 + (1 - \Omega)^2 \dfrac{\omega^1}{\omega^2}}{1 + \dfrac{\omega_1}{\omega_2}} \tag{4-248}$$

$$\eta_\beta = \frac{\beta^*}{\beta} = \frac{\dfrac{1}{(1 - \Omega)^2} + \dfrac{\omega^1}{\omega^2}}{1 + \dfrac{\omega_1}{\omega_2}} \tag{4-249}$$

即使式 (4-243) 表达的关系是在 Rayleigh 阻尼参数保持常数的假设下得到的，仍然可以证明它可以应用于一般的情况：

$$\zeta_i^* = \frac{1}{2} \left(\frac{\alpha^*}{(1 - \Omega)\omega_i} + (1 - \Omega)\beta^* \omega_i \right) \tag{4-250}$$

把式 (4-246) 和式 (4-247) 代入式 (4-250)，可以得到

$$\zeta^* = \frac{\dfrac{1}{(1 - \Omega)} + (1 - \Omega)\dfrac{\omega_1}{\omega_2}}{1 + \dfrac{\omega_1}{\omega_2}} \frac{1}{2} \left(\frac{\alpha}{\omega_1} + \beta\omega_1 \right) = \eta_\zeta \zeta \tag{4-251}$$

对损伤及非损伤材料也可引入等效黏滞阻尼，表示如下：

$$r^* = 2\overline{m}\omega^* \zeta^* \tag{4-252}$$

$$r = 2\overline{m}\omega\varsigma \tag{4-253}$$

式中，$\overline{m}$ 是等效质量，损伤和非损伤材料的等效黏滞阻尼之比可写为

$$\eta_r = \frac{r^*}{r} = (1 - \Omega)\eta_\varsigma = \frac{1 + (1 - \Omega)^2\dfrac{\omega_1}{\omega_2}}{1 + \dfrac{\omega_1}{\omega_2}} \tag{4-254}$$

2. 损伤材料的阻尼特性讨论

为了研究损伤对结构阻尼比的影响，可以通过记录悬臂梁的振幅衰减过程的数值计算结果，模拟在各种损伤状态下测量悬臂梁阻尼的实验过程的方法来实现。

对固有频率比 $\dfrac{\omega_1}{\omega_2} = 0.1596$ 的悬臂梁的阻尼比、黏滞阻尼和极限阻尼的损伤因子 $\eta_\varsigma, \eta_r, \eta_{r_c}$ 与损伤变量 Ω 的关系如图 4-21 所示。由图可见，当损伤发展时，阻尼比 ζ^* 显著地增加，而等效黏滞阻尼和极限阻尼降低，其原因是损伤发展时材料的固有频率显著降低，并且临界阻尼降低得比黏滞阻尼降低得更为厉害。

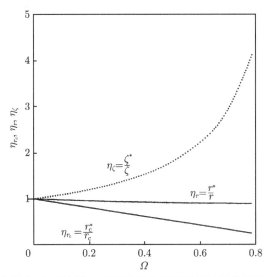

图 4-21　固有频率下，阻尼比、黏滞阻比和极限阻尼的损伤因子 $\eta_\varsigma, \eta_r, \eta_{r_c}$ 与损伤变量 Ω 的关系

图 4-22～图 4-24 表示了阻尼比的损伤因子 $\eta_\varsigma, \eta_\alpha, \eta_\beta$ 与损伤变量 Ω 和频率比 $\dfrac{\omega_1}{\omega_2}$ 的关系。由图 4-22 可见：阻尼比的损伤因子 η_ξ 受频率比和损伤变量的影响，在定频率比的情况下，随损伤变量的增大而增大。

图 4-23 显示了损伤变量对 Rayleigh 阻尼参数 α^* 的影响；图 4-24 显示了损伤变量对 Rayleigh 阻尼参数 β^* 的影响。应当指出的是，阻尼参数 α^* 与质量矩阵有关，并且阻尼参数 β^* 与刚度矩阵关系密切。从图 4-23 可以看出：当损伤增加

时，α^* 的损伤因子 $\eta_\alpha = \alpha^*/\alpha_0$ 随频率比值的增加而降低，特别是第一和第二阶频率相同时。

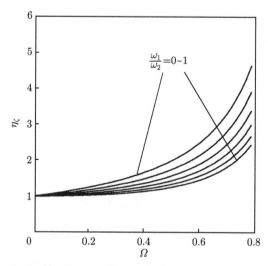

图 4-22　不同频率比情况下，阻尼比的损伤因子 η_ζ 与损伤变量的关系

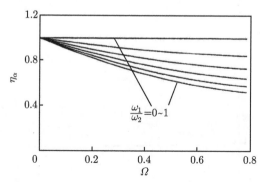

图 4-23　不同频率比情况下，阻尼参数 α^* 的损伤因子 η_α 与损伤变量的关系

　　从图 4-24 可以看出：损伤对阻尼参数 β^* 的影响是非常显著的。当损伤值 $\Omega = 0.8$ 时，β^* 的损伤因子 $\eta_\beta = \beta^*/\beta_0$ 在低频率比的情况下可高达 25。正如所期望的：当没有损伤发生或有轻微的损伤发生时，阻尼比的损伤因子 η_β 约等于 1。非常有趣的是：图 4-24 与图 4-22 非常相似。究其原因是图 4-22 中所勾画的阻尼比的损伤因子 η_ξ 和图 4-24 所显示的阻尼参数 β^* 的损伤因子 η_β，实际上都是与结构的刚度特性密切相关的。因此，我们可以说损伤对结构的刚度矩阵的影响要比质量矩阵的影响显著得多。

　　在损伤值 $\Omega = 0.8$ 时，阻尼比的损伤因子 η_ξ 可高达 5.0。

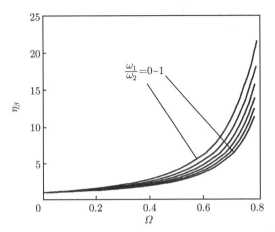

图 4-24 不同频率比情况下，阻尼参数 β^* 的损伤因子 η_β 与损伤变量的关系

4.6.9 动力损伤发展方程的时间积分

1. 损伤发展方程的时间积分

在损伤力学有限元分析中，积分损伤动力发展方程是比较困难的。为了克服这个困难，必须在单元中引入平均损伤变量 $\overline{\Omega}$ 和平均损伤发展率 $\dot{\overline{\Omega}}$ 的概念。这样，一个单元内的损伤发展率给出为

$$\frac{\mathrm{d}\overline{\Omega}}{\mathrm{d}t} = \begin{cases} \dfrac{1}{V_{\mathrm{e}}} \displaystyle\int_{V_{\mathrm{e}}} A\left(\dfrac{\sigma_{\mathrm{eq}}}{1-\overline{\Omega}}\right)^n \mathrm{d}v, & \sigma_{\mathrm{eq}} \geqslant \sigma_{\mathrm{d}} \\ 0, & \sigma_{\mathrm{eq}} < \sigma_{\mathrm{d}} \end{cases} \tag{4-255}$$

式中，V_{e} 为单元的体积。一般来讲，材料参数 A 和 n 在一个单元内可看作是不变的。因此，上式可以写为

$$\frac{\mathrm{d}\overline{\Omega}}{\mathrm{d}t} = \begin{cases} \dfrac{A}{V_{\mathrm{e}}(1-\overline{\Omega})^n}\bar{\sigma}_{\mathrm{eq}n}, & \sigma_{\mathrm{eq}} \geqslant \sigma_{\mathrm{d}} \\ 0, & \sigma_{\mathrm{eq}} < \sigma_{\mathrm{d}} \end{cases} \tag{4-256}$$

式中，

$$\bar{\sigma}_{\mathrm{eq}n} = \frac{1}{V_{\mathrm{e}}} \int_{V_{\mathrm{e}}} (\sigma_{\mathrm{eq}})^n \mathrm{d}v \tag{4-257}$$

式 (4-256) 的积分可以采用高斯积分技术来处理。在二维情况下，第 i 时间步单元内的平均损伤增长率可以表示如下：

$$\frac{\overline{\Delta\Omega_i}}{\Delta t_i} = \frac{1}{V_{\mathrm{e}}} \int_{V_{\mathrm{e}}} \frac{A}{(1-\overline{\Omega}_i)^n} [\sigma_{\mathrm{eq}}(x,y,t_i)]^n H[\sigma_{\mathrm{eq}}(x,y,t_i) - \sigma_{\mathrm{d}}] \mathrm{d}v \tag{4-258}$$

式中，$H(x)$ 为单位跃阶函数，定义如下：

$$H(x) = \begin{cases} 1, & x > 0 \\ 0, & x \leqslant 0 \end{cases} \qquad (4\text{-}259)$$

在式 (4-258) 积分中，$\dfrac{1}{(1 - \overline{\Omega_i})^n}$ 在时刻 t_i 可以看作一个常量，可以拿到积分式外，因此从时刻 t_i 到 t_{i+1} 的损伤变量的增量可以写为

$$\overline{\Delta\Omega_i} = \frac{A\Delta t}{A_e(1 - \overline{\Omega_i})^n} \iint_{A_e} [\sigma_{eq}(x, y, t_i)]^n H[\sigma_{eq}(x, y, t_i) - \sigma_d] \mathrm{d}x\mathrm{d}y \qquad (4\text{-}260)$$

式中，A_e 为单元的面积。

用高斯积分技术，式 (4-260) 中的积分可以写为

$$\Theta_{eq}(t_i) = \frac{1}{A_e} \sum_{k=1}^{3} \sum_{l=1}^{3} w_{kl}[\sigma_{eq}(\xi_k, \eta_l, t_i)]^n H[\sigma_{eq}(\xi_k, \eta_l, t_i) - \sigma_d] \qquad (4\text{-}261)$$

式中，$\xi_k, \eta_l(k, l = 1, 2, 3)$ 是高斯积分点；$w_{kl}(k, l = 1, 2, 3)$ 是权值；$\sigma_{eq}(\xi_k, \eta_l, t_i)$ 是 t_i 时刻在高斯积分点 (ξ_k, η_l) 的等效应力。这样，式 (4-260) 可以写为

$$\overline{\Delta\Omega_i} = \frac{A\Delta t}{A_e(1 - \overline{\Omega_i})^n} \Theta_{eq}(t_i) \qquad (4\text{-}262)$$

这样，在 t_{i+1} 时刻单元内的损伤累积可以由下式计算：

$$\overline{\Delta\Omega_{i+1}} = \overline{\Delta\Omega_i} + \frac{A\Delta t}{A_e(1 - \overline{\Omega_i})^n} \Theta_{eq}(t_i)\Delta t_i \qquad (4\text{-}263)$$

2. 系统动力方程组的 Newmark 积分格式

在动力分析中，有限元系统方程组对时间离散后的一般形式是

$$[M]\{\ddot{d}_{t+\Delta t}\} + [C^*]_{t+\Delta t}\{\dot{d}_{t+\Delta t}\} + [K^*]_{t+\Delta t}\{d_{t+\Delta t}\} = \{F_{t+\Delta t}\} \qquad (4\text{-}264)$$

其中，系统的阻尼矩阵 $[C^*]$ 和系统的刚度矩阵 $[K^*]$ 是时间的函数。系统在 $t+\Delta t$ 时刻未知的位移场矢量是 $\{d_{t+\Delta t}\}$，速度场矢量是 $\{\dot{d}_{t+\Delta t}\}$，加速度场矢量是 $\{\ddot{d}_{t+\Delta t}\}$。它们都应当满足系统的动力学方程组。这些微分量都是时间的函数，必须对时间进行积分，才能进行求解过程。

常用的时间积分格式主要有两种，其中一种叫纽马克 (Newmark) 时间积分格式。这种时间积分格式应用于动力损伤有限元分析的主要特点如下。

显然对式 (4-264) 进行时间积分，还应该补充两组方程才能求解。这两个补充方程可以由速度和加速度的泰勒 (Talor) 展开，采用某种近似得到。Newmark 法是取速度展开的一次近似式：

$$\{\dot{d}_{t+\Delta t}\} = \{\dot{d}_t\} + \{\widetilde{\ddot{d}}\}\Delta t \tag{4-265}$$

式中，$\{\ddot{d}\}$ 是 $\{\ddot{d}\}$ 在区间 $[t, t+\Delta t]$ 内某一点的速度和加速度值，Newmark 取近似假设为

$$\{\widetilde{\ddot{d}_t}\} = (1-\gamma)\{\ddot{d}_t\} + \gamma\{\ddot{d}_{t+\Delta t}\}, \quad 0 \leqslant \gamma \leqslant 1 \tag{4-266}$$

于是有

$$\{\dot{d}_{t+\Delta t}\} = \{\dot{d}_t\} + (1-\gamma)\{\ddot{d}_t\}\Delta t + \gamma\{\ddot{d}_{t+\Delta t}\}\Delta t \tag{4-267}$$

Newmark 取位移的二次展开式：

$$\{d_{t+\Delta t}\} = \{d_t\} + \{\dot{d}_t\}\Delta t + \frac{1}{2}\{\ddot{d}\}\Delta t^2 \tag{4-268}$$

并对速度 $\{\ddot{d}\}$ 取类似的假设：

$$\{\ddot{d}\} = (1-2\beta)\{\ddot{d}_t\} + 2\beta\{\ddot{d}_{t+\Delta t}\}, \quad 0 \leqslant 2\beta \leqslant 1 \tag{4-269}$$

于是又有

$$\{d_{t+\Delta t}\} = \{d_t\} + \{\dot{d}_t\}\Delta t + \frac{1}{2}(1-2\beta)\{\ddot{d}_t\}\Delta t^2 + \beta\{\ddot{d}_{t+\Delta t}\}\Delta t^2 \tag{4-270}$$

式 (4-264)、式 (4-267) 和式 (4-270) 便是 Newmark 法的基本公式。由此可以建立起从 t 时刻到 $t+\Delta t$ 时刻状态向量的递推关系。实际计算可将式 (4-267) 和式 (4-270) 代入式 (4-264)，求得位移向量 $\{d_{t+\Delta t}\}$，然后代入式 (4-270)，求得加速度向量 $\{\ddot{d}_{t+\Delta t}\}$，将 $\{\ddot{d}_{t+\Delta t}\}$ 代入式 (4-267)，最后求得速度向量 $\{\dot{d}_{t+\Delta t}\}$。

综合上述逻辑，具体的步骤实现如下：

1) 初始计算

(1) 形成损伤刚度矩阵 $[K^*]$、质量矩阵 $[M]$ 和损伤阻尼矩阵 $[C^*]$。

(2) 获得初始状态向量 $\{d_0\}$、$\{\dot{d}_0\}$ 和 $\{\ddot{d}_0\}$。

(3) 选择步长 Δt 和参数 $\alpha, \beta(\gamma \geqslant 0.50, \beta \geqslant 0.25(0.5+\alpha)^2)$，并计算下列有关常数：

$$a_0 = \frac{1}{\beta\Delta t^2}, \quad a_1 = \frac{\gamma}{\beta\Delta t}, \quad a_2 = \frac{1}{\beta\Delta t}l, \quad a_3 = \frac{1}{2\beta} - 1, \quad a_4 = \frac{\gamma}{\beta} - 1$$

$$a_5 = \frac{1}{2}\left(\frac{\gamma}{\beta} - 1\right), \quad a_6 = \Delta t(1-\gamma), \quad a_7 = \gamma\Delta t$$

2) 对每个时间步的计算

(1) 算当前时刻的内状态变量"损伤状态积累""非线性应变状态积累""强弱化状态参数积累""损伤阻尼因子状态更新"。

损伤状态积累：$\Omega_{t+\Delta t} = \Omega_t + \Delta\Omega_{t+\Delta t}$

非线性应变状态积累：$\varepsilon_{t+\Delta t}^N = \varepsilon_t^N + \Delta\varepsilon_{t+\Delta t}^N$

强弱化状态参数积累：$\gamma_{t+\Delta t} = \gamma_t + \Delta\gamma_{t+\Delta t}$

损伤阻尼因子状态更新：$\varsigma_{t+\Delta t}^* = \eta_\varsigma(\Omega_{t+\Delta t})\varsigma$

(2) 形成当前时刻损伤状态下的"刚度""阻尼"矩阵。

$$[\hat{K}^*]_{t+\Delta t} = [K^*]_{t+\Delta t} + a_0[M] + a_1[C^*]_{t+\Delta t}$$

(A) 分解"刚度"矩阵 $[\hat{K}^*]_{t+\Delta t} = [L][D^*]_{t+\Delta t}[L]^{\mathrm{T}}$。

(B) 线性迭代循环。

(3) 计算 $t+\Delta t$ 时刻的"荷载"向量。

$$\{\hat{F}_{t+\Delta t}\} = \{F_{t+\Delta t}\} + [M](a_0\{d_t\} + a_2\{\dot{d}_t\} + a_3\{\ddot{d}_t\})$$
$$+ [C^*]_{t+\Delta t}(a_1\{d_t\} + a_4\{\dot{d}_t\} + a_5\{\ddot{d}_t\})$$

(4) 计算 $t+\Delta t$ 时刻的位移 $\{d_{t+\Delta t}\}$。

$$[L][D^*]_{t+\Delta t}[L]^{\mathrm{T}}\{d_{t+\Delta t}\} = \{\hat{F}_{t+\Delta t}\}$$

(5) 计算 $t+\Delta t$ 时刻的加速度、速度。

$$\{\ddot{d}_{t+\Delta t}\} = a_0(\{d_{t+\Delta t}\} - \{d_t\}) - a_2\{\dot{d}_t\} - a_3\{\ddot{d}_t\}$$

$$\{\dot{d}_{t+\Delta t}\} = \{d_t\} + a_6\{\ddot{d}_t\} + a_7\{\ddot{d}_{t+\Delta t}\}$$

(6) 计算 $t+\Delta t$ 时刻的内状态变量增量。

损伤变量增量 $\Delta\Omega_{t+\Delta t}$

非线性应变变量增量 $\Delta\varepsilon_{t+\Delta t}^N$

强弱化参数增量 $\Delta\gamma_{t+\Delta t}$

3) 完成所有时间步的计算后输出结果

3. 系统动力方程组的 Wilson-θ 法

威尔逊 θ 法 (Wilson-θ 法) 是线性加速度法的推广，它把线性加速度假定的范围 $[t, t+\Delta t]$ 扩充到 $[t, t+\theta\Delta t]$。Wilson-θ 法作如下假设：

$$\{\ddot{d}_{t+\tau}\} = \{\ddot{d}_t\} + \frac{\tau}{\theta\Delta t}(\{\ddot{d}_{t+\theta\Delta t}\} - \{\ddot{d}_t\}), \quad 0 \leqslant \tau \leqslant \theta\Delta t \qquad (4\text{-}271)$$

线性加速度法假定在时间 $[t, t+\theta\Delta t]$ 范围内加速度按直线规律变化着。这时，位移对时间的三阶导数应为常数，即

$$\{\dddot{d}_t\} = \frac{\{\ddot{d}_{t+\theta\Delta t}\} - \{\ddot{d}_t\}}{\theta\Delta t} = 常数 \tag{4-272}$$

在此假设下，取速度的一阶泰勒展开式速度和位移的二级泰勒展开式，可得速度和位移的表达式：

$$\{\dot{d}_{t+\tau}\} = \{\dot{d}_t\} + \tau\{\ddot{d}_t\} + \frac{\tau^2}{2\theta\Delta t}(\{\ddot{d}_{t+\theta\Delta t}\} - \{\ddot{d}_t\}) \tag{4-273}$$

$$\{d_{t+\tau}\} = \{d_t\} + \tau\{\dot{d}_t\} + \frac{\tau^2}{2}\{\ddot{d}_t\} + \frac{\tau^3}{6\theta\Delta t}(\{\ddot{d}_{t+\theta\Delta t}\} - \{\ddot{d}_t\}) \tag{4-274}$$

在式 (4-273) 和式 (4-274) 中，令 $\tau = \theta\Delta t$，便得 $t+\theta\Delta t$ 时刻的速度和位移：

$$\{\dot{d}_{t+\theta\Delta t}\} = \{\dot{d}_t\} + \frac{\theta\Delta t}{2}(\{\ddot{d}_{t+\theta\Delta t}\} + \{\ddot{d}_t\}) \tag{4-275}$$

$$\{d_{t+\theta\Delta t}\} = \{d_t\} + \theta\Delta t\{\dot{d}_t\} + \frac{\theta^2(\Delta t)^2}{6}(\{\ddot{d}_{t+\theta\Delta t}\} + 2\{\ddot{d}_t\}) \tag{4-276}$$

加上 $t+\theta\Delta t$ 时刻的动力学方程：

$$[M]\{\ddot{d}_{t+\theta\Delta t}\} + [C^*]_{t+\theta\Delta t}\{\dot{d}_{t+\theta\Delta t}\} + [K^*]_{t+\theta\Delta t}\{d_{t+\theta\Delta t}\} = \{F_{t+\theta\Delta t}\} \tag{4-277}$$

就可以建立从 t 到 $t+\theta\Delta t$ 的递推关系。但这不是我们的目的，因为这就是普通的线性加速度法，无非把步长 Δt 扩充为 $\theta\Delta t$ 而已。我们的目标是建立从 t 时刻到 $t+\Delta t$ 时刻状态向量的递推关系。

利用式 (4-275) 和式 (4-276)，写出用位移表示的加速度、位移的表达式：

$$\{\ddot{d}_{t+\theta\Delta t}\} = \frac{6}{\theta^2(\Delta t)^2}(\{d_{t+\theta\Delta t}\} - \{d_t\}) - \frac{6}{\theta\Delta t}\{\dot{d}_t\} - 2\{\ddot{d}_t\} \tag{4-278}$$

$$\{\dot{d}_{t+\theta\Delta t}\} = \frac{3}{\theta\Delta t}(\{d_{t+\theta\Delta t}\} - \{d_t\}) - 2\{\dot{d}_t\} - \frac{\theta\Delta t}{2}\{\ddot{d}_t\} \tag{4-279}$$

把式 (4-278) 和式 (4-279) 代入动力学方程式 (4-277)，得到关于 $\{d_{t+\theta\Delta t}\}$ 的方程：

$$[\widetilde{K}^*]_{t+\theta\Delta t}\{d_{t+\theta\Delta t}\} = \{\widetilde{F}_{t+\theta\Delta t}\} \tag{4-280}$$

求解该方程可得 $\{d_{t+\theta\Delta t}\}$。然后求 $t+\Delta t$ 时刻的状态向量。

在式 (4-271) 中，令 $\tau = \Delta t$，得

$$\{\ddot{d}_{t+\Delta t}\} = \{\ddot{d}_t\} + \frac{1}{\theta}(\{\ddot{d}_{t+\theta\Delta t}\} - \{\ddot{d}_t\}) \tag{4-281}$$

将式 (4-278) 代入上式, 可得

$$\{\ddot{d}_{t+\Delta t}\} = \frac{6}{\theta^3(\Delta t)^2}(\{d_{t+\theta\Delta t}\} - \{d_t\}) - \frac{6}{\theta^2\Delta t}\{\dot{d}_t\} + \left(1 - \frac{3}{\theta}\right)\{\ddot{d}_t\} \qquad (4\text{-}282)$$

在式 (4-275) 和式 (4-276) 中, 令 $\theta = 1$, 可得

$$\{\dot{d}_{t+\Delta t}\} = \{\dot{d}_t\} + \frac{\Delta t}{2}(\{\ddot{d}_{t+\Delta t}\} + \{\ddot{d}_t\}) \qquad (4\text{-}283)$$

$$\{d_{t+\Delta t}\} = \{d_t\} + \Delta t\{\dot{d}_t\} + \frac{(\Delta t)^2}{6}(\{\ddot{d}_{t+\Delta t}\} + 2\{\ddot{d}_t\}) \qquad (4\text{-}284)$$

式 (4-282)、式 (4-283) 和式 (4-284) 就是从 t 时刻到 $t + \Delta t$ 时刻的 Wilson-θ 法的递推关系。

将 Wilson-θ 法的计算步骤综合如下:

1) 初始计算

(1) 形成损伤刚度矩阵 $[K^*]$、质量矩阵 $[M]$ 和损伤阻尼矩阵 $[C^*]$。

(2) 获得初始状态向量 $\{d_0\}$、$\{\dot{d}_0\}$ 和 $\{\ddot{d}_0\}$。

(3) 选择步长 Δt, 并计算下列有关常数:

$$\theta = 1.4, \quad a_0 = \frac{6}{(\theta\Delta t)^2}, \quad a_1 = \frac{3}{\theta\Delta t}, \quad a_2 = 2a_1, \quad a_3 = \frac{\theta\Delta t}{2}$$

$$a_4 = \frac{a_0}{\theta}, \quad a_5 = -\frac{a_2}{\theta}, \quad a_6 = \left(1 - \frac{3}{\theta}\right), \quad a_7 = \frac{\Delta t}{2}, \quad a_8 = \frac{(\Delta t)^2}{6}$$

2) 对每个时间步的计算

(1) 算当前时刻的内状态变量"损伤状态积累""非线性应变状态积累""强弱化状态参数积累""损伤阻尼因子状态更新", 表达式同前。

损伤状态积累: $\Omega_{t+\Delta t} = \Omega_t + \Delta\Omega_{t+\Delta t}$

非线性应变状态积累: $\varepsilon_{t+\Delta t}^N = \varepsilon_t^N + \Delta\varepsilon_{t+\Delta t}^N$

强弱化状态参数积累: $\gamma_{t+\Delta t} = \gamma_t + \Delta\gamma_{t+\Delta t}$

损伤阻尼因子状态更新: $\varsigma_{t+\Delta t}^* = \eta_\varsigma(\Omega_{t+\Delta t})\varsigma$

(2) 形成当前时刻损伤状态下的"刚度""阻尼"矩阵。

$$[\hat{K}^*]_{t+\theta\Delta t} = [K^*]_{t+\theta\Delta t} + a_0[M] + a_1[C^*]_{t+\theta\Delta t}$$

(A) 分解"刚度"矩阵 $[\hat{K}^*]_{t+\theta\Delta t} = [L][D^*]_{t+\theta\Delta t}[L]^{\mathrm{T}}$。

(B) 非线性迭代循环:

(a) 计算 $t + \theta\Delta t$ 时刻的"荷载"向量:

$$\{\hat{F}_{t+\theta\Delta t}\} = \{F_{t+\theta\Delta t}\} + [M](a_0\{d_t\} + a_2\{\dot{d}_t\} + 2\{\ddot{d}_t\})$$

$$+ [C](a_1\{d_t\} + 2\{\dot{d}_t\} + a_3\{\ddot{d}_t\})$$

(b) 计算 $t + \theta\Delta t$ 时刻的位移 $\{d_{t+\Delta t}\}$:

$$[L][D][L]^{\mathrm{T}}\{d_{t+\theta\Delta t}\} = \{\widetilde{F}_{t+\theta\Delta t}\}$$

(c) 计算 $t + \Delta t$ 时刻的加速度、速度和位移:

$$\{\ddot{d}_{t+\Delta t}\} = a_4(\{d_{t+\theta\Delta t}\} - \{d_t\}) + a_5\{\dot{d}_t\} + a_6\{\ddot{d}_t\}$$

$$\{\dot{d}_{t+\Delta t}\} = \{\dot{d}_t\} + a_7(\{\ddot{d}_{t+\Delta t}\} + \{\ddot{d}_t\})$$

$$\{d_{t+\Delta t}\} = \{d_t\} + \Delta t\{\dot{d}_t\} + a_8(\{\ddot{d}_{t+\Delta t}\} + 2\{\ddot{d}_t\})$$

(C) 计算 $t + \theta\Delta t$ 时刻的内状态变量增量。

损伤变量增量: $\Delta\Omega_{t+\theta\Delta t}$

非线性应变变量增量: $\Delta\varepsilon^N_{t+\theta\Delta t}$

强弱化参数增量: $\Delta\gamma_{t+\theta\Delta t}$

3) 完成所有时间步的计算后输出结果

参 考 文 献

[1] Allen D, Harris C. A thermo-mechanical constitutive theory for elastic composites with distributed damage–I. Theoretical Development, Int. J. Sods Structures, 1987, 23: 1301-1318.

[2] Germain P, Nguyen Q, Suquet P. Continuum thermodynamics. ASME, J. of Appl. Mech., 1983, 50: 1010-1020.

[3] Davison L, Stevens A. Thermomechanical constitution of spalng elastic bodies. J. Appl. Phys., 1973, 44: 667-674.

[4] Coleman B, Gurtin M. Thermodynamics with internal state variables. J. Chem. Phys., 1967, 47: 597-613.

[5] Zhang W H, Cai Y Q. Continuum Damage Mechanics and Numerical Application. Berlin-Heidelberg: Springer-Verlag GmbH, 2008.

[6] Lemaitre J. Evaluation of dissipation and damage in metals submitted to dynamic loading//Proceedings ICM-1. Kyoto, Japan, 1971.

[7] Siddall J. Probabistic Engineering Design, Marcel Dekker, INC. New York and Basel, 1983.

[8] Krajcinovic D, Fonseka G U. The continuous damage theory of brittle materials, Part 1: General Theory. Trans. ASME, J. of Appl. Mech., 1981, 48: 809-824.

[9] Murakami S, Ohno N. Constitutive equations of creep and creep damage in poly crystalne metals. Research Report from Nagoya University, 1984, 36: 161-177.

[10]　Zhang W H, Valliappan S. Continuum damage mechanics theory and application—part I: theory; part II – application. Int. J. of Damage Mech., 1998, 7: 250-273, 274-297.

[11]　Zhang W H, Cai Y Q. Continuum Damage Mechanics and Numerical Application. Berlin-Heidelberg: Springer-Verlag GmbH, 2008.

[12]　Valliappan S, Zhang W H, Murti V. Finite element analysis of anisotropic damage mechanics problems. J. of Engg. Frac. Mech., 1990, 35: 1061-1076.

[13]　Broberg L. A new criterion for brittle creep rupture. ASME, J. Mech. Trans., 1974, 41: 809.

[14]　Ashby M F, Cocks A C F. Creep fracture by void growth//Ponter A R S, Hayhurst D R. Creep in Structure. Bern: Springer, 1981: 368-387.

[15]　Aubry D, Kodaissi E. A visco-plastic constitutive equation for clays including a damage law. ICF-6, Cannes, 1984: 421-428.

[16]　Bazant Z, Kim S. Plastic-fracture theory for concrete. J. Engg. Mech., ASCE, 1979, 105: 407-421.

[17]　Alfredo H, Wilson H. Probability Concepts in Engineering Planning and Design, Volume II, Decision, Risk and Reabity. John Wiley and Sons: Inc., 1984.

[18]　Aubry D, Kodaissi E. A visco-plastic constitutive equation for clays including a damage law. ICF-6, Cannes, 1984: 421-428.

[19]　Anderheggen A. A conforming triangular finite element plate bending solution. Int. J. for Numerical Methods in Engineering, 1970, 2: 259-263.

[20]　张我华, 金羹. 各向异性损伤力学中的弹塑性分析. 固体力学学报, 2000, 21(1): 89-94.

[21]　Barron G. A finite element and cumulative damage analysis of a keyhole test specimen. Paper 750041 Presented at SAE Automotive Engg., Cong., Detroit,MI, 1975: 32-39.

[22]　Lemaitre J. A continuous damage mechanics model for ductile fracture. J. of Engg. Mater. and Tech., 1985, 107: 83-89.

[23]　Zhang W H. Numerical analysis of damage mechanics problems. Sydney: School of Civil Engineering University of New South Wales, Australia, 1992.

[24]　熊谷, 直一, 笹嶋, 等. 岩石の長年クリープ実験: 巨大試片約 20 年間. 小試片約 3 年間の結果 (岩石力学小特集). 材料, 1978, 27: 155-161.

[25]　Owen D R J, Hinton E. Finite Elements in Plasticity: Theory and Practice. Pineridge Press Limited Swansea. U. K., 1980.

[26]　Frantziskonis G, Desai C S. Constitutive model with strain softening. International Journal of Solids structures, 1987, 23(6): 733-750.

[27]　周筑宝. 最小耗能原理及其应用. 北京: 科学出版社, 2001.

[28]　周维垣. 高等岩石力学. 北京: 水利电力出版社, 1990.

[29]　唐春安. 岩石破裂过程中的灾变. 北京: 煤炭工业出版社, 1993.

[30]　Kachanov L. Introduction to Continuum Damage Mechanics. Martinus Nijhoff Pubshers, 1986.

[31] Zhang W H, Chen Y M, Jin Y. A study of dynamic responses of incorporating damage materials and structure. Structural Engineering and Mechanics, 2000, 12: 139-156.

[32] Yazdchi M, Valliappan S, Zhang W H. A continuum model for dynamic damage evolution of anisotropic brittle materials. Int. J. Num. Meth. Eng., 1996, 39: 1555-1584.

[33] Lemaitre J. A Course on Damage Mechanics. Berlin Heidelberg New York: Springer-Verlag, 1992.

[34] Lemaitre J, Chaboche J L. Mechanics of Solids. Cambridge: Cambridge University Press, 1990.

[35] Lemaitre J. Introduction to continuum damage mechanics//Allix O, Hild F. Continuum Damage Mechanics of Materials and Structures. Elsevier, U.K. 2002: 235-258.

[36] 蔡美峰. 岩石力学与工程. 北京: 科学出版社, 2008.

[37] 薛新华, 张我华. 岩土渗流损伤力学——理论与数值分析. 成都: 四川大学出版社, 2012.

[38] 薛新华, 张我华. 双标量损伤模型及其对 Biot 固结的有限元应用. 岩土力学, 2010, 31(1): 20-26.

[39] 陶振宇, 窦铁生. 关于岩石水力学模型. 力学进展, 1994, 24(3): 409-417.

[40] 王慧明, 王恩志, 韩小妹, 等. 低渗透岩体饱和渗流研究进展. 水科学进展, 2003, 14(2): 242-248.

[41] Genevios R. A finite element solution of nonlinear creep problem in rocks. Int. J. Rock. Mech. Min. Sci., 1981: 18(1): 35-46.

第5章 冲击荷载的侵彻损伤与破碎力学模型

5.1 脆性岩石冲击的动力损伤破碎响应行为

初始损伤不可避免地存在于复杂性形态的岩石中。在冲击荷载作用下，岩石会产生两种效应，一种是材料刚度退化，另一种是应力波耗散。这表明，初始损伤是影响岩石冲击损伤响应的重要因素。同时，在岩石的不连续界面上，像一种"能量壁垒"一样，使得轻微的裂纹发展经常受到阻止。只有当更多的能量提供给介质时，才可以产生新的裂纹。岩石的动态破坏及其演化实际上是材料破碎过程中的能量耗散过程。在不同的冲击荷载作用下，岩石的碎裂破坏程度反映了在断裂过程中能量损耗的大小，声波的衰减系数是用于估计岩石损伤的一个有效的声学指标 [1,2]。

5.1.1 声波衰减系数与损伤能量的关系

爆炸和高速撞击会在介质中产生冲击波，在冲击波前沿，用以描述介质状态和运动状态的物理参数发生了变化。在稳定波的冲击压缩过程中，会产生不可逆的能量耗散，并且在等熵膨胀线和 Rayleigh 线之间的冲击压缩区域的面积中表现出可逆的能量释放过程 [1]。对于固体材料，如岩石等，在 Rayleigh 线和 Hugoniot 线之间的面积差异，近似于由冲击波引起的能量耗散密度 [3]。

采用单级轻型气体炮的冲击实验技术是研究岩石动力损伤的理想方法 [1,4]。当弹头击中岩石试样时，能够在样品中产生冲击波并且将材料从初始状态压缩到终止状态。因此，可以在这些测试标本中造成不同等级的损伤。试样中的损伤现象可以用超声来检测。在实验中可以观察到受损试件的频谱特征和声波衰减情况。

岩石样品中的损伤程度可以通过观察在冲击波的过程中不可逆的能量耗散大小的反射得到。基于波动理论的超声探测技术，可以作为一种有效的综合仪器检测方法，以估计损伤状态和岩石性质的变化，从而进一步预测损伤裂缝的扩展和演化。随着损伤的增长，在波的传播过程中应力波的衰减变得更加显著，也就是说，衰减系数增加。因此，动力损伤的耗散能量 Φ^* 与声波的衰减系数 α_p 有显著的相关性。所以，这种关系可以被描述为 [1]

$$\alpha_\mathrm{p} = \alpha_0 + K_\mathrm{p}\Phi^* \tag{5-1}$$

其中，$\alpha_\mathrm{p}(\mathrm{dB/cm})$，$\alpha_0$ 和 K_p 都是岩石材料常数。在研究中，对砂岩取 $\alpha_0 = 4.86004$，$K_\mathrm{p} = 1.0 \times 10^5$。

根据损伤力学原理，损坏的材料的损伤能量耗散率 Φ^* 可以表示为 [3]

$$\Phi^* = -\frac{1}{2}[\lambda(\varepsilon_{\mathrm{m}}^{\mathrm{e}})^2 + 2\mu\{\varepsilon_{ij}^{\mathrm{e}}\}^{\mathrm{T}}\{\varepsilon_{ij}^{\mathrm{e}}\}] \tag{5-2}$$

因此，式 (5-1) 可被写为

$$\alpha_{\mathrm{p}} = \alpha_0 + K_{\mathrm{p}}\Phi^* = \alpha_0 - \frac{1}{2}K_{\mathrm{p}}[\lambda(\varepsilon_{\mathrm{m}}^{\mathrm{e}})^2 + 2\mu\{\varepsilon_{ij}^{\mathrm{e}}\}^{\mathrm{T}}\{\varepsilon_{ij}^{\mathrm{e}}\}] \tag{5-3}$$

5.1.2 冲击破碎损伤演化方程的建模

如果在原始岩体中存在一组随机分布的裂隙，其中微裂纹被激活并积累形成岩体的损伤状态，这就导致了材料性能的劣化。如果引入等效体积模型，在文献 [3] 中提出的关于细小裂纹密度的关系式可考虑为裂纹密度 C_{d} 的方式，于是可以定义一些损伤参数如

$$\frac{K^*}{K} = 1 - \frac{16}{9}\left(\frac{1-\nu^{*2}}{1-2\nu}\right)C_{\mathrm{d}}, \quad \Omega = \frac{16}{9}\left(\frac{1-\nu^{*2}}{1-2\nu}\right)C_{\mathrm{d}} \tag{5-4}$$

$$K^* = K(1-\Omega), \quad G^* = \frac{3K^*(1-2\nu^*)}{2(1+\nu^*)} \tag{5-5}$$

根据穿透理论 [5]，有

$$\nu^* = \nu\exp\left(-\frac{16}{9}\beta C_{\mathrm{d}}\right), \quad 0 \leqslant \beta \leqslant 1 \tag{5-6}$$

其中，β 是一个常数，它控制材料在卸载和加载时的材料行为。同时，微观力学分析表明，超声衰减系数与材料中的裂纹密度之间的关系由文献 [1] 表示为

$$R = hC_{\mathrm{d}}/\alpha_{\mathrm{p}} \tag{5-7}$$

其中，h 是常数，单位为 dB。在该研究中，$h=6.01$dB 是根据实验为砂岩选定的，R 是轻微裂纹平均长度的一半。对于脆性岩石，根据文献 [1] 中的能量平衡原理，可给出：

$$R = \frac{1}{2}\left(\frac{\sqrt{20}K_{\mathrm{IC}}}{\rho c\dot{\varepsilon}}\right)^{\frac{2}{3}} \tag{5-8}$$

其中，K_{IC} 和 c 分别是材料的断裂韧性和纵波速度。

由于岩石冲击产生的损伤耗散能 Φ^* 和衰减系数 α_{p} 之间的关系提供了岩石损伤演化的规律，其中损伤 Ω 通过式 (5-4)~ 式 (5-8) 与 α_{p} 连接。这些速率的形式表示的损伤演化方程是由体积拉伸模型构成的；但是，材料的屈服强度在体积压缩状态服从莫尔–库仑准则：

$$\sigma_{\mathrm{s}} = [\sigma_0(1 + C_1\ln\dot{\varepsilon}_{\mathrm{p}}) + C_2 p](1-\Omega) \tag{5-9}$$

其中，σ_0 是静态屈服强度，C_1 是由应变率影响的参数，$\dot{\varepsilon}_p$ 是塑性应变速率，Ω 是拉伸损伤，C_2 是周围的压力常数，p 是压力。在体积压缩的条件下，在文献 [1], [6] 中给出的损伤演化方程为

$$\dot{\Omega}_c = \lambda \dot{W}_p / (1 - \Omega) \tag{5-10}$$

其中，λ 是损伤的敏感参数，$\dot{W}_p = dW_p/dt$ 是压缩塑性能。损伤值 Ω_c 是在压缩中定义的标量，它将被视为拉伸损伤的初始值。从式 (5-10) 中发现，当材料被压缩时，拉伸损伤演化影响材料的屈服强度，同时损伤影响材料拉伸硬化 (式 (5-5))。

5.1.3　动态本构关系建模

冲击损坏引起的材料劣化表示为

$$\{\sigma_{ij}^*\} = 3K(1 - \Omega)\varepsilon_m\{\delta_{ij}\} + 2G(1 - \Omega)\{\varepsilon_{ij}\} \tag{5-11}$$

其中，$\{\varepsilon_{ij}\}$ 是应变张量；$\{\delta_{ij}\}$ 是单位张量。将公式重新写为偏量部分和体积部分的速率形式，有

$$\begin{aligned}\{\dot{S}_{ij}^*\} &= 2G(1 - \Omega)\{\dot{\varepsilon}_{ij}\} - 2G\{\varepsilon_{ij}\}\dot{\Omega} \\ \dot{p} &= 3K(1 - \Omega)\dot{\varepsilon}_m - 3K\varepsilon_m\dot{\Omega}\end{aligned} \tag{5-12}$$

岩石的动力损伤可用最大主应力准则和体积应力准则判断。如果材料是在某体积拉伸状态，损伤便由裂纹的积累形成，而如果材料表现出脆性断裂，损伤是由最大主应力准则产生的。在某体积压缩状态，如果荷载满足最大主应力准则，压缩强度 σ_s 便是零，否则强度服从莫尔--库仑准则。压缩中的损伤值 Ω_c 是在拉伸条件下损伤的初始值 (反之亦然)。结构构件只有在损伤值 Ω 达到 1 的条件下，才丧失承载力 (无论是拉伸还是压缩)。

5.2　脆性岩石冲击动力损伤所致的破碎

5.2.1　脆性岩石的碎裂概念

通常当材料承受高速加载时，在相对短的时间内产生很高的应力，从而导致材料的机械响应，这与低速加载下的力学响应基本不同。因此，材料受到高速率的变形，有着广泛重要的实际应用，包括在岩石爆破、玻璃破碎、装甲穿透等方面明显的例子。当一种脆性材料受到高速加载，会使许多裂纹成核并在脆性材料瞬态同时传播，最终凝聚并将固体分离成碎片。Clifton [7] 指出，这种速率相关的行为可以在几乎所有的脆性材料中观察到，包括岩石、陶瓷和玻璃。例如，在岩石材料中，如果应变率以三个数量级变化，这可能会近似地导致一个数量级的失效应力 [8]。

许多以关联的动力断裂和碎片功能为目的的理论模型已经被提出，是因为它对理解动力损伤和碎片的机理是很重要的。Taylor 等 [6] 根据对裂纹系统在连续

水平下的分析发展了一种损伤模型, 用以模拟在爆炸中应力波所导致的断裂和碎裂。Shockey 等 [9] 根据断裂过程是断裂所产生缺陷的固有分布被激活、生长与凝聚过程, 发展了一个损伤模型, 用来预测损伤裂纹–损伤的尺寸谱和在爆炸荷载作用下所产生的框架断裂。Grady 和 Kipp[10] 通过强调可测量的断裂性能对应变速率的依赖性, 如断裂强度、断裂能量和碎裂尺寸大小, 描述了岩石的动态断裂和碎裂。对恒应变率加载的特殊情况下, 从许多连续损伤的模型 [11,12] 中得到了一个近似的但明确表达的损伤模型, 它假设微裂纹的发生和生长是瞬态、立即发生的 [6,10,13], 并且, 损伤变量定义为伸展应变和体积拉应变的函数。在体积拉伸状态中的材料损伤也在文献 [14], [15] 中讨论过。然而, 文献 [16], [17] 指明, 在体积压缩状态下, 伴随着压缩荷载作用, 会导致三轴状态的异常, 因此脆性材料的响应可能会受到最大主拉应变大小的很大影响。这意味着, 损伤也可能发生在脆性材料的体积压缩状态中。

在这一节, 给出了脆性岩体的碎裂行为的动力损伤本构模型。在模型中损伤被假定为各向同性的, 并认为是时间和所施加应力的函数。为了对在体积压缩状态下造成的损伤建模, 在模型中定义和使用了一个等效拉伸应变。该模型提供了一个定量的方法, 通过在动力碎裂过程中裂纹聚结所产生的碎裂, 来模拟碎裂的分布和碎片的尺寸大小, 并将数值结果与独立的现场测试结果进行了比较。

5.2.2 损伤演化导致的碎裂

由于脆性材料的损伤特性与微裂纹的萌生、扩展和贯通有关, 激活裂纹的速率取决于材料在该点的变形。当脆性岩石材料受到拉伸应力, 除非应力值大于其准静态强度时, 它才会失败, 这里提出了计算裂纹激活率 $\dot{N}$ 的模型。它是假定:

$$\dot{N} = \alpha \left\langle \bar{\varepsilon} - \varepsilon_{\mathrm{cr}} \right\rangle^{\beta} \tag{5-13}$$

其中, α 和 β 是两个参数; 角括号 $\langle \cdot \rangle$ 表示函数被定义为 $\langle x \rangle = \left(|x| + x \right) / 2$; $\varepsilon_{\mathrm{cr}}$ 表示准静态的临界拉伸应变, 它被假定为准静态实效应变。应该指出的是, 式 (5-13) 与 Yang 等在文献 [14] 中给出的是类似的。在方程 (5-13) 中的等效拉伸应变可以定义为

$$\bar{\varepsilon} = \sqrt{\sum_{j=1}^{3} \left(\left\langle \varepsilon_j \right\rangle \right)^2} \quad (\varepsilon_j \text{ 是主应变}) \tag{5-14}$$

当脆性岩石材料受到高于其准静态强度的应力作用时, 损伤的演化可以由在时间 t 内激活的裂纹数来决定, 如下:

$$\Omega(t) = \int_{t_0}^{t} \dot{N}(s) V(t - s) \mathrm{d}s \tag{5-15}$$

其中，t_0 是等效拉伸应变 $\bar{\varepsilon}$ 达到临界值 ε_{cr} 时所需的时间，而 $V(t-s)$ 的值，是由一个在过去 s 时间，激活裂纹的增长的微观结构确定，如下：

$$V(t-s) = \frac{4}{3}\pi r^3 = \frac{4}{3}\pi c_g^3 (t-s)^3 \tag{5-16}$$

其中，c_g 是裂纹增长的速度，一般在 $0 < c_g < c_1$ 范围内 (c_1 是弹性波速度)。下面的关系通常是用于动力裂纹扩展 [18] 假定的：

$$c_g = 0.38\sqrt{E/\rho} \tag{5-17}$$

方程 (5-16) 的导数是基于这样的假设，一旦裂纹被激活，其生长速度会很快地达到 c_g。于是将式 (5-13) 和式 (5-16) 代入式 (5-15) 满足：

$$\Omega(t) = \frac{4}{3}\alpha\pi c_g^3 \int_{t_0}^{t} \langle \bar{\varepsilon} - \varepsilon_{cr} \rangle^\beta (t-s)^3 ds \tag{5-18}$$

5.2.3　碎裂行为的描述

碎裂是与裂纹的萌生、传播和聚结相协调的。因此，有必要知道裂纹尺寸和裂纹条数，以便预测碎裂片段的大小。因此，由式 (5-15) 所定义的损伤是通过裂纹尺寸的分布给定的：

$$\Omega(t) = \frac{4}{3}\alpha\pi c_g^3 \int_{t_0}^{t_g(t-t_0)} \omega(r,t) dr \tag{5-19}$$

其中，

$$\omega(r,t) = \frac{4\pi r^3}{3c_g}\dot{N}(\tau) \tag{5-20}$$

是微损伤指标或裂纹体积分维数的分布，其中有下列关系：$\tau = t - r/c_g$。

根据数值模拟结果和一些测试结果针对高速荷载下的脆性岩石材料 [14,31−33]，当动态拉伸应力达到动态断裂应力，损伤值为 0.22 左右时，即

$$\Omega_r = \Omega(t_F) = 0.22 \tag{5-21}$$

这也是碎裂开始时的最小损伤值，并且对应于时刻 t_F 裂纹聚结的发生。在裂纹聚结时假定碎片的两侧是由裂纹面形成的。注意到裂纹半径 $r = L/2$ 具有的 L 是碎片的常规大小，碎片大小的分布可以得到如下：

$$F(L) = \frac{1}{2}\omega(L/2, t_F) \tag{5-22}$$

为了预测材料中任何点的平均碎片段大小，单位体积内的总裂纹面积 A^* 必须给定为

$$A^*(t) = \int_{t_0}^{t} \dot{N}(s)A(t-s)ds \tag{5-23}$$

此处, 面积 $A(t-s)$ 是由在过去的时刻 s 激活裂纹生长的微结构率来确定的,

$$A(t-s) = 2\pi r^2 = 2\pi c_{\mathrm{g}}^2 (t-s)^2 \tag{5-24}$$

将式 (5-13) 和式 (5-24) 代入式 (5-23), 可知

$$A^*(t) = 2\alpha\pi c_{\mathrm{g}}^2 \int_{t_0}^{t} \langle \bar{\varepsilon} - \varepsilon_{\mathrm{cr}} \rangle^{\beta} (t-s)^2 \mathrm{d}s \tag{5-25}$$

从式 (5-18) 和式 (5-25), 在材料中任何点的平均碎片段大小可以从文献 [34] 的裂纹密度 $N(t)$ 计算出:

$$L_m(t) \left(\frac{1}{N(t)} \right)^{1/3} = \sqrt[3]{\frac{9\pi}{2} \frac{[\Omega(t)]^{2/3}}{W(t)}} \tag{5-26}$$

5.2.4 材料碎裂参数的确定

在目前的损伤和碎裂模型中, 有三个参数, 即 α, β 和 $\varepsilon_{\mathrm{cr}}$ 需要从脆性材料的动力断裂特性来确定。准静态失效应变 $\varepsilon_{\mathrm{cr}}$ 可以很容易地从单轴准静态拉伸实验结果确定:

$$\varepsilon_{\mathrm{cr}} = \sigma_{\mathrm{st}}/E \tag{5-27}$$

其中, σ_{st} 为准静态拉伸强度, E 为初始材料的杨氏模量。其他参数的测定讨论如下:

假设单轴应变率是恒定的, 拉伸应变可以表示为

$$\varepsilon = \dot{\varepsilon}_0 t \tag{5-28}$$

其中, $\dot{\varepsilon}_0$ 是恒定的单轴拉伸应变速率, 式 (5-18) 可以简化为

$$\Omega(t) = \frac{4}{3}\alpha\pi c_{\mathrm{g}}^3 \dot{\varepsilon}_0^{\beta} \int_{t_0}^{t} \langle s - t_{\mathrm{c}} \rangle^{\beta} (t-s)^3 \mathrm{d}s = m\dot{\varepsilon}_0^{\beta} \langle s - t_{\mathrm{c}} \rangle^{\beta+4} \tag{5-29}$$

此处, 使用了关系 $t_{\mathrm{c}} = \varepsilon_{\mathrm{cr}}/\dot{\varepsilon}_0$ 且

$$m = \frac{8\pi c_{\mathrm{g}}^3 \alpha}{(\beta+1)(\beta+2)(\beta+3)(\beta+4)} \tag{5-30}$$

是一个取决于材料特性的常数。

在最大拉伸的情况下, 脆性材料由于分布的微观裂纹的发展产生了损伤, 并由于裂纹的凝聚, 在没有明显的塑性变形的情况下, 导致最终断裂 [35]。因此, 在这种情况下, 忽略塑性应变, 即 $\varepsilon = \varepsilon^{\mathrm{e}}$, 可得有效的轴向应力如下:

$$i\sigma^* = (1 - \Omega)(\lambda - 2\nu\lambda + 2\mu)\varepsilon = (1 - \Omega)E\varepsilon \tag{5-31}$$

其中，ν 是泊松比；λ 和 μ 是拉密的常数。

如果拉伸应变对应的断裂应力 σ_{F} 用 ε_{F}，表示，从式 (5-31) 和式 (5-28) 得到

$$\sigma_{\mathrm{F}} = (1 - \Omega_{\mathrm{F}})E\varepsilon_{\mathrm{F}}, \quad \varepsilon_{\mathrm{F}} = \dot{\varepsilon}_0 t_{\mathrm{F}} \tag{5-32}$$

从式 (5-29) 可得

$$t_{\mathrm{F}} - t_{\mathrm{c}} = \left(\frac{\Omega_{\mathrm{F}}}{m}\right)^{\frac{1}{\beta+4}} \dot{\varepsilon}_0^{\frac{-\beta}{\beta+4}} \tag{5-33}$$

结合式 (5-32) 和式 (5-33)，并使用下列关系：$\varepsilon_{\mathrm{cr}} = \dot{\varepsilon}_0 t_{\mathrm{c}}$，单轴拉伸荷载下，在一定应变速率下的断裂应力为

$$\sigma_{\mathrm{F}} = (1 - \Omega_{\mathrm{F}})\sigma_{\mathrm{st}} + E(1 - \Omega_{\mathrm{F}})\left(\frac{\Omega_{\mathrm{F}}}{m}\right)^{\frac{1}{\beta+4}} \dot{\varepsilon}_0^{\frac{-\beta}{\beta+4}} \tag{5-34}$$

依赖于应变速率的最终断裂应力可由上述方程来提供。由于岩石、混凝土等脆性材料的断裂应力取决于应变速率的立方根 [15,16,19,20]，β 可以取 8。于是从式 (5-34) 可以得到

$$\alpha = \frac{\Omega_{\mathrm{F}}}{n} \dot{\varepsilon}_0^4 \left(\frac{E(1 - \Omega_{\mathrm{F}})}{\sigma_{\mathrm{F}} - (1 - \Omega_{\mathrm{F}})\sigma_{\mathrm{st}}}\right)^{\beta+4} \tag{5-35}$$

其中

$$n = \frac{8\pi c_{\mathrm{g}}^3}{(\beta+1)(\beta+2)(\beta+3)(\beta+4)} \tag{5-36}$$

应该指出的是，式 (5-35) 给出的是参数 α、断裂应力 σ_{F}、裂纹扩展速度 c_{g} 和拉伸应变率 $\dot{\varepsilon}_0$ 之间的关系。

5.3　冲击荷载的侵彻损伤分析

各种工程结构在冲击荷载攻击下的侵彻、损伤、碎裂、破坏，是关系到结构安全，人民生命财产安全，甚至国家安全的重要问题。近期，在连续损伤力学理论框架内，出现了许多研究工程材料在冲击荷载攻击下的侵彻、损伤、碎裂、破坏现象的本构理论的成果。这些研究成果在上述本构理论的基础上，研究了材料中的侵彻、损伤、碎裂、破坏过程的机理，并对有限厚度工程结构 (混凝土) 靶的侵彻问题进行了系统的数值模拟研究 [21]，得到了一些有价值的规律。计算结果与实验结果吻合得很好。对于工程结构在冲击荷载攻击下的侵彻、损伤、碎裂、破坏的安全问题研究，有一定的参考价值。

5.3.1 侵彻问题引论

各种精确制导武器的发展对防护工程结构的威胁越来越大。早期进行防护结构设计时，假设弹头不直接命中目标内部，只是在目标表面爆炸或靠近目标时爆炸。然而现在弹头发展到可以直接侵入结构内部爆炸。如今，大多数的防护结构是用混凝土材料建造的，并且大量的重要工程设施都以混凝土材料为主要建材，例如，水坝和原子反应堆的未氧化涂层。这些结构的安全会受到从外部环境集约化攻击的威胁，在实际运行中，原子反应堆要求具备很高的反侵透和反散裂能力。因此，研究有限厚度混凝土靶的侵彻损伤和破坏规律具有重要的材料安全意义。

本节在总结他人实验的基础上，对其采用有限元程序模拟的弹头在有限厚度混凝土靶内撞击和爆炸的侵彻过程的研究成果进行了整理评论。评价其在有限元程序中，考虑弹头的损伤力学效应和准刚性过程技术特征后，所重新定义的材料的破坏滑动面的合理性。

5.3.2 材料的侵彻损伤与破坏

在本书的研究讨论中，按文献 [22] 给出了两个损伤准则：第一个是扭曲损伤，当材料的等效塑性应变达到材料允许的最大等效塑性应变值 $\varepsilon_{\max}^{\mathrm{P}}$ 时，将其称为材料损伤；第二个是体积膨胀损伤 (其研究假设金属弹头和靶标不能一次又一次地损伤)。对于坚韧的材料，微缺陷 (如孔洞等) 的产生和发展造成了这种损伤。使用 Ω 代表宏观损伤变量，当 Ω 达到材料的允许损坏极限 Ω_{c} 时，认为材料失效破坏。

在计算过程中，将应变等效原理应用于靶材料，可以得到损伤对材料常数的影响。它们表示如下：

$$G^* = G_{\mathrm{s}}(1 - \Omega), \quad \sigma_{\mathrm{Y}}^* = \sigma_{\mathrm{Y_s}}(1 - \Omega), \quad K^* = K_{\mathrm{s}}(1 - D) \tag{5-37}$$

其中，G^* 是混凝土材料的有效剪切模量；σ_{Y}^* 是混凝土材料的有效屈服应力；K^* 是状态方程中一种有效的材料常数；Ω 是损伤变量。下标 s 表示实体量。损伤变量 Ω 定义为，在包括损伤的单位体积材料中微裂纹所占的比例。根据 Bai [23] 的损伤统计演化方程，损伤发展方程可以描述如下：

$$\frac{\partial \Omega}{\partial t} = \frac{1 - \nu^2}{2\lambda E} \pi (\sigma^2 - \sigma_{\mathrm{c}}^2) C_{\mathrm{R}} \Omega \tag{5-38}$$

其中，ν 是泊松比；λ 是单位面积的表面能量；σ_{c} 是损伤的门槛应力；E 是杨氏模量；C_{R} 是 Rayleigh 波速度。

5.3.3 侵彻损伤过程中材料的本构方程

计算过程中，采用了弹塑性模型。应力分为两种类型，体积部分 (p, ε_v) 和偏部分 (s_{ij}, e_{ij})。此处采用了 Murnagham 状态方程来描述靶标材料的 p-v 关系：

$$p = \frac{k_1}{n_1} \left[\left(\frac{v_0}{v} \right)^{n_1} - 1 \right] \tag{5-39}$$

其中，k_1, n_1 是材料参数，v 是材料的具体体积。

靶标使用 Johnson Cook 模型 [24]。它不仅能反映金属的特点，而且也能反映混凝土的特征，计算可以得到良好的效果。因此屈服应力选为

$$\sigma_Y = \sigma_Y(\overline{\varepsilon_p}) \left[1 + \beta \ln \left(\frac{\overset{\bullet}{\varepsilon_p}}{\overset{\bullet}{\varepsilon_0}} \right) \right] \left(1 + C_2 p + C_3 p^2 \right) \left(1 - \Omega \right) \tag{5-40}$$

其中，$\overline{\varepsilon_p}$ 是累积等效塑性应变；β, C_2, C_3 是材料常数；$\sigma_Y(\overline{\varepsilon_p})$ 是在参考应变率 $\dot{\varepsilon}_0$ 下材料的硬化规律。

5.3.4 侵彻损伤的基本方程与数值计算技术

侵透问题的连续介质力学基本方程如下：

动量守恒方程

$$\rho \frac{\partial u_i}{\partial t} = \frac{\partial \sigma_{ij}}{\partial x_j} \tag{5-41}$$

能量守恒方程

$$\frac{\partial E}{\partial t} = \sigma_{ij} \frac{\partial \varepsilon_{ij}}{\partial t} \tag{5-42}$$

其中，ρ 是材料密度；u_i 是质点的速度；σ_{ij} 是应力张量的分量；ε_{ij} 是应变张量的分量；E 是单位体积比内能。在拉格朗日描述的方法中，质量守恒方程自动满足。

文献 [21] 采用了文献 [25] 中的有限元法进行了计算模拟，网格单元是三角单元。在模拟高速撞击时，需要允许弹头可以在两个表面之间滑动。因此，采用了滑动面技术。该技术的主要思想如下：通过指定的主节点，来确定一个"主要"滑动面。在按时间增量 Δt 积分的过程中，要考虑在被穿破的节点与主要滑动表面之间存在相互作用，该作用位于主要滑动表面上的被穿破的节点上，并沿着时刻 $t - \Delta t$ 到 t，连接节点的连线方向上移动。

于是，基于动量守恒和动量矩守恒，被穿破的节点位置可以固定起来。为了计算 45 #钢圆形平板 (图 5-1) 在高速冲击的混凝土靶标时的侵砌损伤，在文献 [21] 中考虑了重新定义主要滑动表面的技术。主要思路如下：一个单元有两个或三个主节点，便是"主要"单元。当元素失效破坏时，如果它有两个主要节点，则主要节点数加 1。然后，单元要重新定义并且重新整理主要节点。在其他情况下，该单元有三个节点，主要节点数便减少一个，然后，对该单元素重新定义主要节点并重新整理主节点。通过这种方法，数值计算不仅保持了稳定性，而且也反映了在冲击侵彻过程中弹头质量的损失。

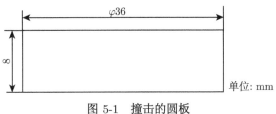

图 5-1 撞击的圆板

这种 45 #钢弹头的强度高于混凝土, 应力波的阻力也比混凝土高很多。当一个弹头在以小于 800m/s 的低冲击速度侵彻混凝土靶标时, 弹体的变形是很小的。这可以从一个 45 #钢弹头的侵彻混凝土靶标的实验中观察到。为了提高 (45 #钢, 图 5-2) 弹头穿透混凝土靶标的侵彻计算效率, 弹头被处理为一个准刚性体, 它在弹头侵彻的特殊节点具有平均的速度。通过这种技术, 弹头的质量损失是不能发生所谓误差的。计算结果的结论与文献 [21] 的实验数据吻合 (图 5-3)。

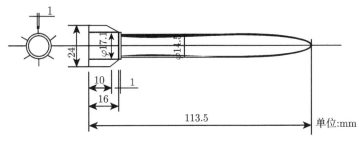

图 5-2 实验的导弹头

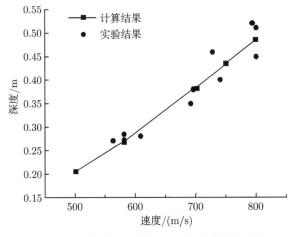

图 5-3 计算结果与文献 [21] 的实验结果对比

5.4　脆性岩石冲击动力损伤所致的破碎分析算例

5.4.1　数值应用及验证的例子

这里的脆性岩石动力损伤模型是通过文献 [1], [26] 用一个有限元程序, 模拟了槽深孔爆破问题中对岩石动力损伤的碎裂机理分析来实现的。

1. 沟槽爆破特性的模拟

一般来说, 凹槽爆破技术不同于台阶爆破技术。通常凹槽是一个狭窄形式的沟槽, 其中, 爆破只有一个向上的自由面。当爆破面积和作用范围足够大时, 我们能够观察到爆破作用下明显的岩石的切割机理, 地质条件发生了很大变化, 因此, 必须不断调整爆破参数。爆破面周围必须受到一些重要设施的保护。在爆破中, 飞石和周围的摇动必须严格地控制, 一些岩块更具有应当脱离出的更加明显的动力学特征。

针对深孔爆破的复杂性特点, 采用数值分析的方法能较好地解决这一问题。采用孔壁上的脉冲压力作用来模拟柱状炸药的爆炸效应, 采用阻抗匹配法来计算孔壁上的压力。对爆炸的状态方程可以通过 JWL Johns-Wilkens-Lee 模型描述。由于对称性, 只有一半场地被纳入计算。深孔的底部和右侧的边界被假定为一个非反射边界, 以消除能量反射的影响。为了节省计算机 CPU 的时间, 并考虑爆破设计的要求, 在槽中的深孔爆破的过程, 应当以类比模型 [1] 模拟。

基于在文献 [4] 中同样的原理, 模拟中考虑了有两排爆破孔的槽。采用的爆破参数如下: 孔直径为 $d=100mm$, 排距为 $B_1=2m$, 装药长度为 $h_2=3.5m$, 药茎长为 $h_1=1.5m$, 孔深为 $h=5m$。数值模拟的参数是: $d' \approx 3mm$, $B_1' \approx 57mm$, $h_1'=42.9mm$, $h_2'=100mm$, $h' \approx 142.9mm$。

图 5-4 和图 5-5 是分别对典型的时刻所模拟的损伤分布和冯·米泽斯等效应力分布的云图像 [26]。损伤值的范围是 $0 \sim 1$, 等效应力范围是 $0 \sim 550MPa$。

2. 模拟结果的讨论及分析

通过分析图 5-4, 可以得到以下结论: ① 当爆轰时间 $t' < 108\mu s$ 时 (即相当于在实际爆破工程中的起爆时间 $t < 5.4ms$), 如果应力波没有达到自由面, 在介质中的损伤只是一个压缩型的。② 在 $t' = 54\mu s$ (即 $t = 2.7ms$) 时的损伤分布可以通过这种损伤形式来嵌入, 孔洞周围的介质由于爆炸所产生的压力和剪力作用而被摧毁。在冲击波传播及爆轰过程的摄影绘图中, 通过不同灰度得到不同的变色数字, 用来代表不同的损伤变化。损伤的程度从孔中心向两侧逐渐减小, 在洞的附近可近似地达到最大值 $\Omega \approx 1$。这表明, 介质已被完全摧毁。③ 当爆轰时间 $t' \geqslant 108\mu s$ 时

(即 $t \geqslant 5.4\text{ms}$)，应力波从自由面反射，并且在孔顶部的部分岩石，由于反射应力波的拉伸作用，被损伤致毁损状态。该部分的岩石损伤是冲击压缩与反射拉伸损伤相结合的共同作用所导致的广义损伤。④ 当爆轰时间 $t' = 180\mu\text{s}$ 时 (即 $t = 9.0\text{ms}$)，自由表面附近的介质的损伤已得到充分的发展，并出现了明显的分层现象。因此，孔底部附近的一部分岩石失去了其抗剪切能力，并成为流动态，而其他部分已经被压力和剪切毁坏了。因此，由于在卸载期间的强烈冲击影响，进一步的损伤仍然瞬时地产生着。在图 5-4 中损伤分布的最后结果显示出在洞顶部的那部分岩石有层裂损伤的形式。槽两侧和底部的岩石呈现出不同损伤程度的压缩损伤状态，并产生三个明显的损伤区域，区域 I：$\Omega_1 = 0.3 \sim 0.6$，区域 II：$\Omega_2 = 0.2 \sim 0.3$，区域 III：$\Omega_3 = 3.6 \times 10^{-5} \sim 0.1$。因此，在沟槽爆破设计时，必须考虑损伤区域 I 的影响，因此槽上的最后轮廓线，应包括所有的区域 I 或区域 I 的一部分，否则，在槽被崩开后会出现一个不稳定的边界区域或滥掘挖现象。由此，要用爆破分散器和爆破缓冲来控制振动损伤，以达到理想的爆破效果。

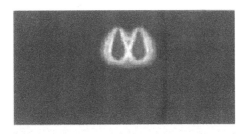

(a) $t'=54\mu\text{s}$ ($t=2.7\text{ms}$)

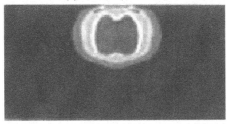

(b) $t'=108\mu\text{s}$ ($t=5.4\text{ms}$)

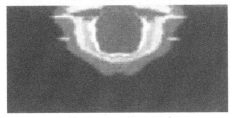

(c) $t'=180\mu\text{s}$ ($t=9.0\text{ms}$)

图 5-4　爆破中的损伤分布的云图像 [26]

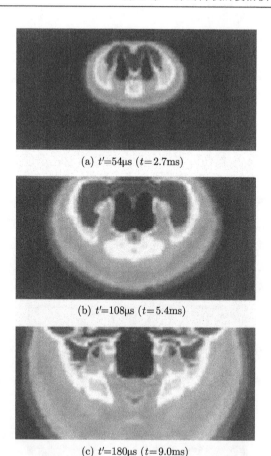

(a) $t'=54\mu s$ ($t=2.7ms$)

(b) $t'=108\mu s$ ($t=5.4ms$)

(c) $t'=180\mu s$ ($t=9.0ms$)

图 5-5　爆破中的冯·米泽斯等效应力分布的云图像 [26]

根据图 5-4，在对应的时间内将冯·米泽斯等效应力显示在图 5-5 中。冯·米泽斯等效应力可以表示为 $\sigma_{eq}= (3\{S_{ij}\}^T\{S_{ij}\}/2)^{1/2}$，其中 $\{S_{ij}\}$ 是偏应力张量。当 σ_{eq} 达到屈服应力 σ_y 时，材料屈服，并产生一些塑性变形。当炸药在孔井底部爆炸时，爆轰波传播到周围介质中，并产生应力波。爆轰波的传播速度与介质中的应力波不一致，所以一个单孔的应力场的图像是一个 T 主轴 U 的形状，但当应力场是在邻近增加一个孔后而引起时，应力分布显示在图 5-5 中。当应力波到达自由表面时 (即 $t' = 108\mu s$, $\sigma_{eqmax}=441MPa$)，自由表面附近的岩石开始产生一种分层劈裂的状态，并且层状分裂趋势逐渐明显，似乎随时间的增加具有更大的范围。同时，随着爆破空腔的形成，产生了许多裂纹，并且在应力波传播过程中，爆炸气体膨胀。当加载后，冲击波成为向外传播的卸载波，这显示在图 5-5 中 (即 $t' = 180\mu s$, $\sigma_{eqmax}=335MPa$)。通过对卸载波的分析，可以得出以下结论：岩石在爆炸冲击波作用下受到强烈的压缩，并且在很短的时间内产生大量的弹性应变能。由于爆破腔的形式，许多径向裂纹相外扩散，然后，压力便迅速下降到一定水平。接着，岩体中储存的应变能突然向与压力应力波相反的方向释放，造成卸荷损伤现象。卸荷损伤现象不同于由压缩应力波产生的层状分裂损伤，它是从自由边界反射成介质内部的拉伸应力波，给出一个"完全的拉伸应力"后，是能够出现的 [5]。

5.4.2 脆性岩石由于动力损伤的碎裂分析算例

1. 荷载条件

为了验证上述理论推导，本节对油页岩在承受拉伸应力作用下的响应进行了研究。分析对象是含有约 80mL/kg 干酪根含量的油页岩。将弹性模量、泊松比、准静态轴向抗压强度、质量密度和准静态拉伸强度作为有代表性的材料特性参数，分别取为：E=17.8GPa，$\nu = 0.27$，$\sigma_s = 50$MPa，$\rho = 2.26$Mg/m^3 及 $\sigma_{st} = 5$MPa。使用上述材料特性参数，该模型中所需的计算材料参数将被确定为是油页岩材料的。取参数 β 等于 8，所以，断裂应力是依赖于加载速率的三次方根，而且裂纹增长速度 c_g 是 1066m/s，它是从式 (5-17) 中计算出的。对典型的准静态情况，如果准静态实验的应变率为 10^{-2}，则按式 (5-35) 计算出的相应的参数值 α 是 1.4×10^{34}m$^3 \cdot$s。

使用这些参数和式 (5-34)，断裂应力可以估计作为应变速率的函数。

与油页岩材料相应的断裂应力–应变关系曲线示于图 5-6 中。可以看出，断裂应力的预测值与实验数据合理吻合 [10]。

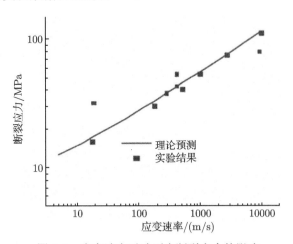

图 5-6 应变速率对油页岩断裂应力的影响

结合式 (5-13)、式 (5-20) 和式 (5-32)，在单轴拉伸情况下，具有恒应变率的碎片的分布给出如下：

$$F(L) = \frac{\pi \alpha L^3}{12 c_g} \dot{\varepsilon}_0^\beta \left[t_F - t_c - \frac{L}{2 c_g} \right]^\beta \tag{5-43}$$

将式 (5-33) 代入上述方程给出：

$$F(L) = \frac{\pi \alpha L^3}{12 c_g} \dot{\varepsilon}_0^{\beta} \left[\left(\frac{\Omega_F}{m} \right)^{\frac{1}{\beta+4}} \dot{\varepsilon}_0^{\frac{-\beta}{\beta+4}} - \frac{L}{2 c_g} \right]^{\beta} \tag{5-44}$$

图 5-7 表示了用式 (5-44) 对三个为恒应变速率计算的碎片分布。可以看出，在 $10^4 \mathrm{m/s}$ 的应变速率时，碎片段的尺寸非常小，主导尺寸约为 0.5mm。另一方面，在较低的应变速率 $10^3 \mathrm{m/s}$ 和 $10^2 \mathrm{m/s}$ 时，主导的碎片段尺寸大小分别约为 2.2mm 和 10mm。

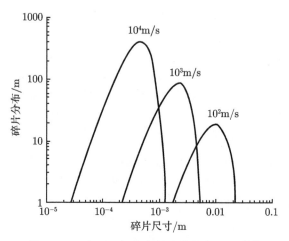

图 5-7　对应不同恒应变速率的碎片分布 [30]

2. 爆破漏斗形式

在 1983~1985 年，文献 [27], [28] 给出了靠近科罗拉多州莱菲尔 (Colorado, Rifle) 的安威尔坡因茨矿 (Anvil Points Mine) 由桑迪亚 (Sandia) 国家实验室在常规的 80mL/kg 油页岩上作出的单孔爆破实验。炮孔直径为 0.162m，垂直于地表面，其药柱长度为 2.5m，堵塞长度也是 2.5m。

爆炸点位于爆炸柱称线的底部。爆炸实验所用的是 IREGEL 1175 U。在本节中，为了进一步验证上述理论推导，由实验形成的爆破漏斗，随后被数值模拟所验证。

文献 [29] 给出的上述损伤和碎裂模型的一种，是其作为一个有商业价值的有用子程序的实现。模型中应用的参数已经在 5.4.2 节 1. 中确定。Coleman 等在文献 [29], [30] 中，采用 JWL 方程，用欧拉的处理模式，模拟了爆炸状态，其中数值模拟的模型配置如图 5-8 所示。而由油页岩是用拉格朗日处理模式进行模拟的，油页岩的塑性流动是用莫尔–库仑准则计算的，整个分析域被假定为轴对称的。在动力分析中，采用了透射边界技术，用以减少冲击波从指定的边界的反射。另外这些传输边界允许波能量向外的反射，而无须通过边界，但是，可以传播回计算网格中。平行于边界的速度分量被假定为不受边界影响，而只与波速度的法向分量有关 [31−33]。

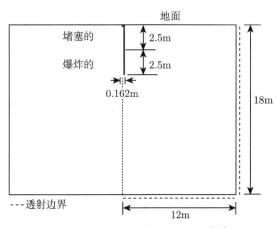

图 5-8 数值模拟的模型配置 [29]

根据文献 [29], [30]，在爆炸中由化学能所产生的压力，可以从 JWL 状态模型的 JWL 状态方程确定。它可以被写为如下形式：

$$P = C_1 \left(1 - \frac{\omega}{r_1 V}\right) \mathrm{e}^{r_1 V} + C_2 \left(1 - \frac{\omega}{r_2 V}\right) \mathrm{e}^{r_2 V} + \frac{\omega \varphi}{V} \tag{5-45}$$

其中，C_1, C_2, r_1, r_2 和 ω 是常数；P 是压力；V 是相对体积；ρ_0 和 ρ 分别为初始质量密度和当前质量密度；φ 代表内部能量。在本例中使用的式 (5-45) 中的用于模拟 IREGEL 1175 U 的爆炸状态参数在表 5-1 中给出。其中 φ_0 是单位体积中最初 (测量) 的 C-J(chapman jouguet) 能量，作为炸药的总化学能，并且 VOD (velocity of detonation) 是爆炸的 C-J 爆轰速度。

表 5-1 在本研究中用于模拟 IREGEL 1175 U 爆炸的参数

C_1/GPa	C_2/GPa	r_1	r_2	ω	φ_0/(MJ/m³)	VOD/(m/s)	ρ_0/(kg/m³)
47.6	0.524	3.5	0.9	1.3	4500	6178	1250

在油页岩中的严重的损伤岩石的区域，通常是通过挖掘由于爆破松动的岩石测量的。实验中形成的爆破漏斗的形状通过调查周围的尺度，根据开挖来测定 [36]。爆破漏斗对地面的半径是 4.9m 左右，它与计算岩石损伤区域对比，其损伤量超过 0.22。模拟的损伤结果按相对损伤的等级绘制成等值线。

3. 计算结果与讨论

模拟的损伤区, 其损伤标量超过了 0.22, 显示在图 5-9 中, 可以看出, 在时间接近终端时损伤增长明显。它表明了预测爆破漏斗的地面半径是 5.15m, 这是接近实验结果的。

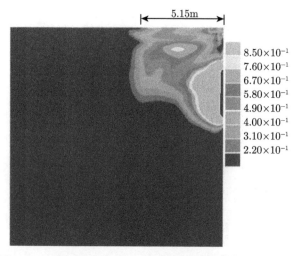

图 5-9　计算损伤等值线损伤标量超过 0.22[36] (后附彩图)

图 5-10 显示了碎片的平均尺寸分布。可以看出, 最小的碎片出现在爆炸孔的装填口附近, 因为高应变速率与出现最严重碎裂区域中的岩石变形有关, 出现在爆破坑边缘的附近。沿着填药孔的径向方向, 应变率从填药孔快速地衰减, 使碎片区的尺度迅速增大。

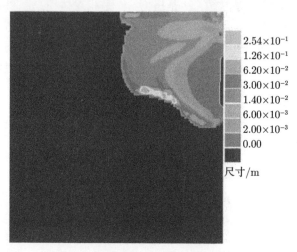

图 5-10　计算的碎片的平均尺寸等值线 [36] (后附彩图)

5.5　有限厚混凝土弹靶的侵彻损伤分析算例

5.5.1　计算条件

本节讨论文献 [21] 给出的 45 #钢弹头侵彻有限厚混凝土标靶的有限元分析实例。靶标由混凝土组成,其材料参数如下:密度 ρ_0=2100kg/m^3,体积模量 K=10.9GPa,泊松比 ν=0.25,在参考应变率下的流动应力为 σ_0=61.0MPa,应变硬化参数 α=73,应力硬化模量的指数 n = 5.24,参考应变比 $\dot{\varepsilon}_0$=27s^{-1},杨氏模量 E =16.35 GPa,单位面积表面能为 λ=40J/m^2,损伤门槛应力为 σ_c=61MPa。

5.5.2　弹头侵彻的分析算例

图 5-11 是一套关于 45#钢弹头击中有限厚混凝土标靶 (250mm 厚) 后,在不同的时间点侵彻、穿透混凝土标靶过程的图像。图 5-11 和图 5-12 的结果由文献 [21] 给出。在文献 [21] 中,实际上还给出了第 8, 7, 6, 5, 4, 3, 2, 1 号图,它们分别对应弹头的速度为 100m/s、200m/s、300m/s、400m/s、500m/s、600m/s、700m/s、800m/s 的弹头在混凝土标靶中的侵透结果,因为篇幅限制,没有显示。图 5-11 中显示的是 45#钢弹头以 600m/s 的速度垂直撞击在混凝土靶标后侵透过程的图像结果。

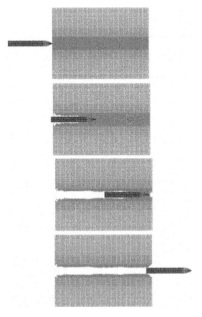

图 5-11　弹头在不同时间的侵透的状态 [21]

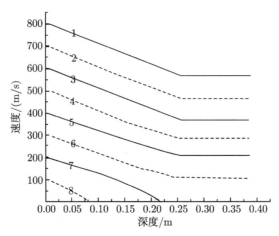

图 5-12　随位置变化的弹头速度 [21]

这些图片对应的时间点分别 0.0s, 2.745310×10⁻⁴s, 5.238937×10⁻⁴s 和 7.778524×10⁻⁴s。从图 5-11 中可以看到，弹头的变形很小，这与实验吻合。另外，可以看到扩孔现象，弹孔周围的爆破漏斗坑和弹孔周围靶标材料的损伤也可以观察到，它们也和实验吻合得很好。

图 5-12 显示了弹头速度随弹头位置的变化曲线。在侵彻过程中，弹头的速度随侵彻深度的增加而平稳地下降。从对应 300m/s 速度的曲线上可以看到，在弹头运动 0.25m 后的距离，弹头的速度保持不变。但在当时，弹头并未穿出标靶，所谓的 "塌料斗" 已经在标靶的背面出现了。这些现象与实验是相匹配的。图 5-13 的曲线是弹头速度随时间的演化形态。从这些曲线中，可以判断出 "坍塌漏斗" 的存在。

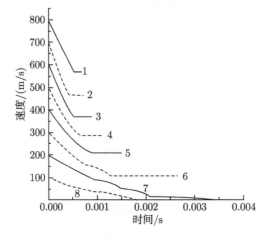

图 5-13　随时间变化的弹头速度 [21]

5.5.3　高速弹头侵彻混凝土模拟算例的结果

用圆平板弹头以 1000m/s 的高速, 冲击有限厚的混凝土标靶的模拟结果显示在图 5-14 中。途中的时间点分别是 $0.0s, 2.001100 \times 10^{-5}s, 4.003181 \times 10^{-5}s, 6.003496 \times 10^{-5}s$ 和终点, 而靶标的厚度为 80mm。图 5-14 表现出的冲击造成标靶材料蜕变的细节很清晰。

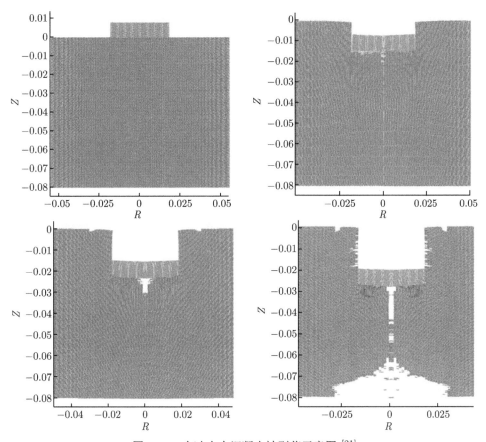

图 5-14　在冲击中混凝土被剥落示意图 [21]

图 5-15 和图 5-16 分别是冲击中, 在时间点 $4.015946 \times 10^{-5}s$ 和 $6.003496 \times 10^{-5}s$, 圆平板弹头和混凝土靶标中的平均应力场和损伤场的模拟结果。

图 5-15 表明有一块的平均应力相当高 (在 $2.56 \times 10^{7} \sim 3.0 \times 10^{7}Pa$), 出现在靶标的背面。由于这种高平均应力, 所以损伤在靶标中发展。

相应的图 5-15(a), 图 5-16(a) 表明, 在靶标背面的相同位置, 有一块损伤发展区。

图 5-15(b) 是在时间点 $6.003496 \times 10^{-5}s$ 的平均应力场的照片, 而其值约为

2.3×10^7 Pa，它低于损伤应力的门槛值。从图 5-16(b) 可以看到在背部某些块区的材料，其中损伤发展突出，并已被击坏或从靶标分离 (碎裂效应)，并且在材料分离之后，有一个比板的厚度大 2 倍左右孔洞的材料飞出，这正与实验匹配。

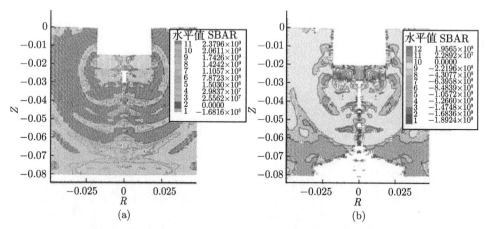

图 5-15　圆平板弹头冲击混凝土靶标造成的平均应力场和损伤场的模拟 [21] (后附彩图)

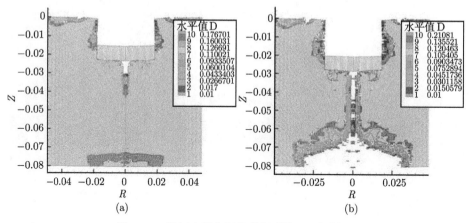

图 5-16　靶标中损伤场的模拟 [21] (后附彩图)

5.5.4　结论及期望

文献 [21] 给出的模型模拟了导弹弹头和圆平板弹头高速冲击有限厚度混凝土靶标的侵彻过程的数值计算图形。它准确地描述了弹头侵彻混凝土靶后的残余速度。在模型中也体现了靶标背面形成的塌陷漏斗和层裂效应。

这告诉我们一些重要的工程结构 (如高坝、长隧道和大桥) 在爆炸袭击如导弹 (或炸弹) 击中时，可能发生损伤，会导致严重的灾害。因此，这项工作对重要的混凝土结构抵抗爆炸冲击的设计提供了有益的参考。非常需要将这些思路和方法应用到具体的工程结构安全的分析与评估中。

参 考 文 献

[1] Gao W X. The response and damage model of rocks under dynamic loading. Beijing: Department of Engineering Safety，Beijing Institute of Technology, 1999.

[2] Yang J, Gao W X. Experimental study on damage properties of rocks under dynamic loading. Journal of Beijing Institute of Technology, 2000, 9(3): 243-248.

[3] Yu T Q，Qian J C. Damage Theoretical and Its Application. Beijing: National Defence Industry Press，1993.

[4] Jing F Q. The Equation of Experiment States of Matter. Beijing: Science Press, 1986.

[5] Gao W X，Yang J，Huang F L. The constitutive relation of rock under strong impact loading. Journal of Beijing Institute of Technology, 2000, 20(2): 165-170.

[6] Taylor L M, Chen E P, Kuszmaul J S. Micro-joint-induced damage accumulation in brittle rock under dynamic loading. J. Comput. Methods Appl. Mech. Eng., 1986, 55: 301–320.

[7] Clifton R J. Analysis of failure wave in glasses. Appl. Mech. Rev., 1993, 46: 540–546.

[8] Kipp M E, Grady D E. The micro mechanics of impact fracture of rock. Int. J. Rock. Mech. Min. Sci. & Geomech. Abstr, 1979, 16: 293-302.

[9] Shockey D A, Curran D R, Seaman L, et al. Fragmentation of rock under dynamic loads. Int. J. Rock Mech. Min. Sci., 1974, 11: 303-317.

[10] Grady D E, Kipp M E. Continuum modelling of explosive fracture in oil shale. Int J Rock Mech Min Sci & Geomech Abstr, 1980, 17: 14-157.

[11] Budiansky B, O'Connell R I. Elastic moduli of a cracked system. Int. J. Solids Struct, 1976, 12: 81-97.

[12] Margolin L G. Elasticity moduli of a cracked system. Int. J. Fract., 1983, 22: 65-79.

[13] Kuszmaul J S. A new constitutive model for fragmentation of rock under dynamic loading//2nd International Symposium on Rock Fragmentation by Blasting. Keystone, Colorado, 1987: 412-423.

[14] Yang R, Bawden W F, Katsabanis P D. A new constitutive model for blast damage. Int. J. Rock. Mech. Min. Sci. & Geomech. Abstr., 1996, 33: 245-254.

[15] Lin L, Katsabanis P D. Development of a continuum damage model for blasting analysis. Int. J. Rock. Mech. Min. Sci., 1997, 34: 217-431.

[16] Horri H, Nemat-Nasser S. Compression-induced micro-crack growth in brittle solids: axial splitting and shear failure. J. Geophys Res., 1985, 90: 3105-3125.

[17] Scarpas A, Blaauendraad J. Non-local plasticity softening model for brittle materials//Rossmanith H R. Fracture and Damage of Concrete and Rock-FDCR-2. E & FN

Spon, London, 1993: 44-53.

[18]　Kachanov L M. Introduction to continuum damage mechanics. Martinus Nijhoff Publishers, Brookline MA02146, USA., 1986, 54(2): 481.

[19]　Tuler F R, Brcher B M. A criterion for the time dependence of dynamic fracture. Int. J. Fract. Mech., 1968, 4: 431-437.

[20]　Steverding B, Lehingk S H. The fracture penetration depth of stress pulses. Int. J. Rock, Mech. Min. Sci & Geomech. Abstr, 1976, 13: 75-80.

[21]　Sun Y X, Zhao P F, Shen Z W, et al. Penetration of limited-thickness concrete targets. //Wang Y J. Progress in Safety Science and Technology, Part. A [M]. Beijing: Science Press, 2004, 4: 632-638.

[22]　Yu S W, Feng X Q. Damage Mechanics. Beijing: Tsinghua University Press, 1997.

[23]　Li Y C, Shen Z W, Hu X Z, et al. Theoretical and experimental study on the anti-penetration mechanism of concrete target and detonation property of series blaster. national defense science of China.

[24]　Zhou F J. Presentation about International Seminal of Regulation Weapon Effect and Construction. 1997, 10: 56.

[25]　Yun S R. Numeration Methods of Explosion mechanics. Beijing: Beijing Institute of Technology Press, 1995.

[26]　Gao W X, Liu Y T, Yang J, et al. Dynamic damage model of brittle rock and its application. Journal of Beijing Institute of Technology, 2003, 12(3): 332-336.

[27]　Parrish R L, Kuszmaul J S. Development of a predictive capability for oil shale rubblization: results of recent cratering experiment//Gary J H. Seventeenth Oil Shale Symposium Proceedings. Colorado School of Mines Press, 1984.

[28]　Kuszmaul J S. Numerical modeling of oil shale fragmentation experiments. Proceedings of the Society of Explosive Engineers, Mini Symposium on Blasting Research, San Diego, California, 1985.

[29]　AUTODYN User Manual, revision 3.0. Century Dynamics, San Ramon, California, 1997.

[30]　Coleman B D, Gurtin M. Thermodynamics with internal variables. J. Chem. Phys., 1967, 47: 597-613.

[31]　Grady D E, Kipp M E. Dynamic rock fragmentation//Atkinson B K. Fracture Mechanics of Rock. London: Academic Press, 1987, 429-475.

[32]　Green M L. Laboratory tests on salem limestone//Report Geomech. Div., Structures Lab., Waterways Experiment Station (WES), Dept. of Army, Vicksburg, MS, 1992.

[33]　Ma G W, Hao H, Zhou Y X. Modeling of wave propagation induced by underground explosion. Computers and Geotechnics, 1998, 22(3/4): 283-303.

[34]　Boade R R, Grady D E, Kipp M E. Dynamic rock fragmentation: oil shale applications. Fragmentation by blasting, Society for Experimental Mechanics, 1985.

[35] Taylor L M, Kuszmaul J S, Chen E P. Damage accumulation due to microcracking in brittle rock under dynamic loading. AMD, American Society of Mechanical Engineers, Applied Mechanics Division. Publ. By ASME, New York, NY, 1986, 69: 95-104.

[36] Murakami S, Kamiya K. Constitutive and damage evolution equations of elastic-brittle materials based on irreversible thermodynamics. lnt. J. Mech. Sci, 1997, 39: 473-486.

第6章 损伤力学理论模型的初步应用

6.1 简单结构中的损伤模型验证

6.1.1 莫尔–库仑损伤理论模型的实验验证

1. 实验介绍及理论分析模型

下面将通过分析一个 Kawamoto 等 [1,2] 做的实验测试来验证脆性损伤模型。图 6-1 给出了对损伤岩石试件进行直接剪切破坏实验的示意图。试件用石膏砂浆制作,通过在试件中预置钢条的方法在试件中引入裂纹,所以裂纹的方向、间距和尺寸可以随意确定。图中的有限元分析网格单元采用 8 节点等参单元。试件的损伤变量初始值由 2.4 节的式 (2-34) ~ 式 (2-37) 估算出。

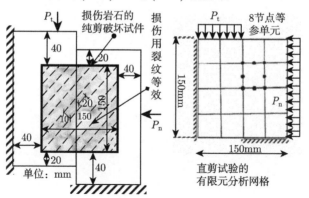

图 6-1 损伤岩石试件的纯剪实验和有限元网格

分析中材料参数和破坏荷载都是以有效应力空间中修正莫尔–库仑模型式 (4-189) 为基础选取的。其中 σ_{eq}、φ 分别为非损伤岩石试件破坏面上莫尔–库仑等效应力和内摩擦角。孔压效应函数 $f(\Phi, P)$ 可从文献 [3] 所述的抗拉强度实验,按文献 [4], [5] 所述的方法,拟合为指数函数形式。修正的莫尔–库仑模型式 (4-189) 中采用了非对称化有效应力模型 [6,7],只要将经典的莫尔–库仑准则中的 Cauchy 应力换成损伤有效应力,莫尔–库仑准则的形式在有效应力空间中没发生变化。实验是在干燥条件下进行的,故 $P = 0$。

2. 实验与数值结果的比较

图 6-2(a) 为 Kawanato 等 [1,2] 的实验结果。而图 6-2(b) 为用非对称化应力模型

得到的数值模拟结果。为了得到不同的主控开裂角下的破坏形态, 特画出了相应于 $P_n=25N, 50N, 75N$ 法向荷载时的不同结果。在图 6-3(a)、(b)、(c) 中画出了图 6-2 中结果的直角坐标的曲线形式。其中每个图对应于一个法向荷载。从图 6-3(a)、(b)、(c) 可明显看出, 本书提出的脆性损伤模型与 Kawanato 等 [1,2] 的实验结果吻合得较好。

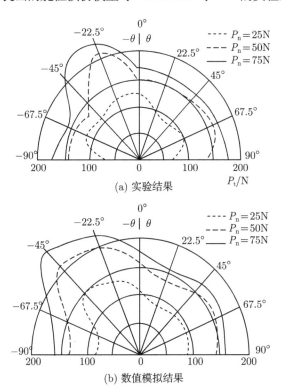

(a) 实验结果

(b) 数值模拟结果

图 6-2 剪切破坏荷载的实验结果和数值模拟结果

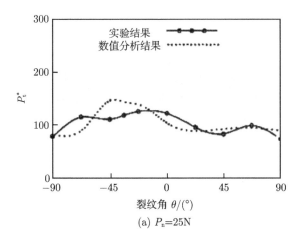

(a) $P_n=25N$

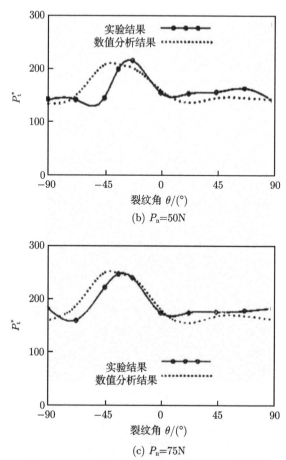

(b) P_n=50N

(c) P_n=75N

图 6-3　破坏荷载的数值分析结果与实验结果对比

当在莫尔-库仑准则中，用对称模型的矩阵 $[D]$ 和相应的参数来取代非对称化模型的对应量时，其数值分析结果与实验结果的对比显示在图 6-4～ 图 6-7。

在各向异性损伤力学研究中，由于剪应力不互等，迫使许多研究者采用对称化处理手段 [8-14] 来消除剪应力不互等造成的刚度矩阵的不对称性 [15]。 正如 Lemaitre[16] 所预言的，"对称化处理可能会引入一些不合理的结果，也可能会丢失一些合理的有用结果"。作者定义了一种非对称的各向异性损伤模型 [8,17,18,31]，得到了对称的刚度矩阵，并与文献 [9] 和文献 [10] 所采用的对称化处理模型 I，II 进行了对称化处理的研究 [17-20]，证明了 Lemaitre 的预言，得到了非常有价值的结果。作者在文献 [7]，[15] 中，讨论了在不同剪切荷载下，裂纹角度不同时，由非对称化模型和两种对称化处理模型 I，II 计算所得到的最大剪应力，并对上面的三种不同模型进行了对比，显示在图 6-4(a)、(b) 和 (c) 中。从图 6-4 可以预见，当裂纹角度从 45° 变到 −45° 时，在实际试样中的最大剪应力的分布应当呈现出反对称分布的形态。然而,经过这些对称化处理后,由对称化处理模型 I 和 II 计算的结果在图 6-4(b) 和图 6-4(c) 呈现出了不对称分布,而在图 6-4(a) 中直接用非对称化模型给出的结果,正是所预期的反对称分布的正确结果。

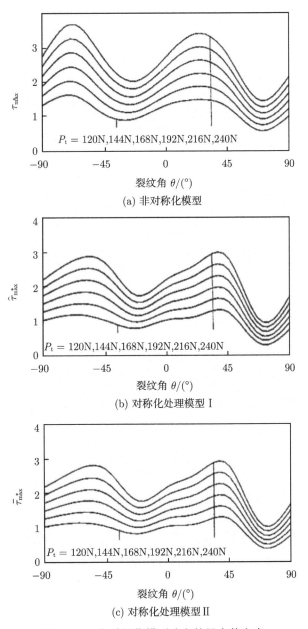

(a) 非对称化模型

(b) 对称化处理模型 I

(c) 对称化处理模型 II

图 6-4   由各种损伤模型确定的最大剪应力

图 6-5(a)~(c) 给出的是在图 6-1 样品的中间单元中的第二净应力不变量。这些结果是由非对称化模型和两个对称化处理模型 I，II 分别计算得到的，如上面提到的，在不同的剪切荷载作用下，对不同裂纹角度计算的。

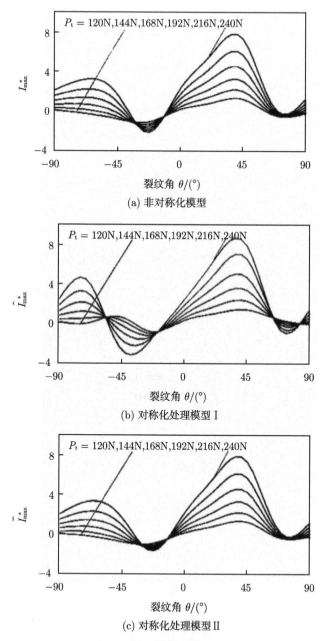

图 6-5　从各种损伤模型确定的第二净应力不变量

图 6-5 的结果证明，非对称化模型在机理上才是正确的。图 6-5(a) 和 (c) 中的有趣点是，不论使用上述任何一种模型，第二应力不变量 I_2^* 和 $\hat{I}_2^*$ 的数值结果总是产生两个"不变点"，即在任何荷载下，第二应力不变量 I_2^* 和 $\hat{I}_2^*$ 总是对裂纹角 $\theta \approx -30°$, $\theta \approx -10°$ 和 $\theta \approx -55°$, $\theta \approx -15°$ 保持不变，并可在图 6-5(b) 中，可以发现以上讨论的四个"节点"。

图 6-6(a) 显示对称化处理模型Ⅰ，Ⅱ和非对称化模型在相同的荷载条件 ($P_t = 170\text{N}, P_n = 75\text{N}$) 下，计算的最大剪应力的比较。从图中可以看出，这两个不同的对称化处理模型，其最大剪应力分布几乎是相同的，但有一个缺点，就是没有呈现出剪应力的反对称性分布特性。但是由非对称化模型得到的最大剪应力的分布具有正确的反对称分布形态。另外，从非对称化模型得到的计算结果与对称化处理模型得到的计算结果差异显著。

图 6-6(b) 显示的是主应力方向的结果，对于任何荷载级别，主方向角与裂纹角 θ 的关系。这些结果再次证明，文献 [6], [31] 中的结论 ($\alpha^* = \hat{\alpha}^*$) 和 ($\alpha^* \neq \bar{\alpha}^*$) 是正确的。

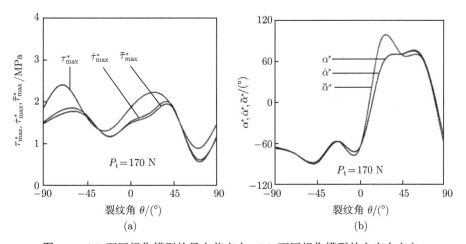

图 6-6　(a) 不同损伤模型的最大剪应力；(b) 不同损伤模型的主应力方向

比较非对称的和对称化处理的模型之间，在不同裂纹角度 θ 下的剪切破坏荷载的计算结果，也说明了在图 6-7(a) 显示的不同的对称化处理对剪切破坏荷载的影响是明显的。图 6-7(b) 给出了用对称化处理模型Ⅰ，Ⅱ和本书的非对称化模型计算得到的剪切破坏荷载所对应结果的比较。图 6-7(b) 的结果表明，对称化处理后，剪切破坏荷载的峰值和峰值所对应的裂纹角有显著的变化。

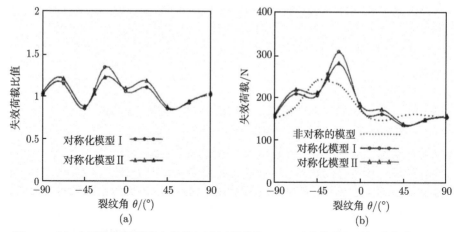

图 6-7　(a) 由对称化模型确定的剪切破坏荷载化；(b) 对称化剪切破坏荷载化的影响

6.1.2　各向异性弹性损伤理论模型的数值分析验证

1. 实验结果概述

为了验证上述各向异性损伤理论的公式，这个算例考虑模拟 Murakami 提供的实验结果 [12]。实验中所用的试件如图 6-8 所示，它由厚 1mm 的 60/40 黄铜片经机械加工成孔距按矩形排列的间距 $a=4mm$, $b=8\sim10mm$ 的孔网状板条试件。为了能成功地模拟损伤的程度，试件按孔径大小从 0.5mm 到 2.5mm 差别为 0.5mm 做成五组。实验在沿 x_1 方向的拉伸荷载作用下测量破坏应力。θ 角定义了孔眼的排列方向，分析时从 0° 到 90° 变化。

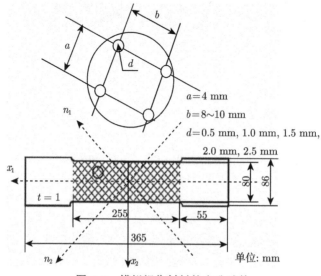

图 6-8　模拟损伤材料的多孔试件

2. 数值结果的对比

由于分析所需的材料特性参数, 文献 [12] 中没有提供, 所以用一种称为 "逐次逼近" 的方法, 由三个角度 $\theta = 0°, 30°, 90°$ 的数值, 分析结果, 调配拟合实验结果, 从而识别出材料的特性参数。

本例的计算结果是用作者发展的各向异性损伤的非对称理论公式, 以修正的 Hill 模型为假定作出的。数值分析结果与 Murakami[12] 的实验结果的对比示于图 6-9。图中, 破坏应力 $(\sigma_{11})_\theta$ 是从损伤状态的净应力 σ_θ^* 等于非损伤状态材料的破坏强度 S_b (即 $\sigma_\theta^* = S_b$) 时的 Cauchy 应力计算出的。

图 6-9 还显示了在用不同孔径及排列角度来表征各向异性损伤状态时的拉伸应力 (σ_{11}) 的分布。应力 $(\sigma_{11})_\theta$ 事实上是当塑性应变在范围 $2.0 \times 10^{-4} \sim 8.0 \times 10^{-4}$

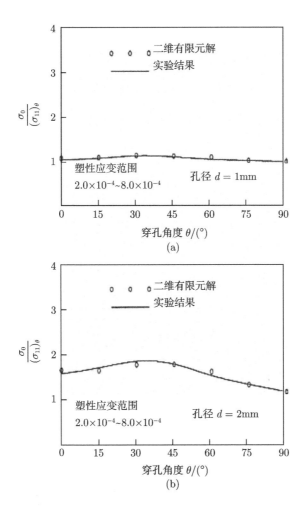

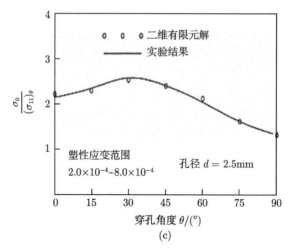

图 6-9　数值分析结果和文献 [12] 的实验结果比较

发展时，孔排列角度为 θ 的试件上的拉伸应力。应力 σ_0 是无孔 (非损伤) 试件上相应的应力。从图 6-10 可以看出，以各向异性损伤弹–塑性理论公式为基础的有限元分析结果与 Murakami[12] 所给出的实验结果符合得很好。

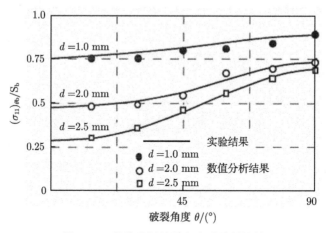

图 6-10　数值分析结果与实验结果比较

6.2　损伤局部特征的损伤力学数值分析

6.2.1　厚壁筒壁内局部缺陷的损伤力学分析

这个算例是分析当损伤变量变化时 $(\Omega = 0 \sim 0.5)$，厚壁圆筒在内压作用下的局部损伤问题，用以研究它们的相互影响。该问题所考虑的模型及相关的输入数据示于图 6-11。假定问题为各向同性损伤及平面应变条件,材料满足 Hill 屈服准则。

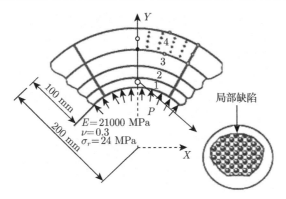

图 6-11 有局部缺陷的厚壁圆筒

1. 材料均匀损伤的情况

先考虑材料为均匀损伤的简单情况。让材料的均匀损伤值从 $\Omega=0.0$ 增大到 $\Omega=0.3$ 的情况,进行计算。

图 6-12 给出了在这三种均匀损伤情况下的压力–位移曲线。如图所示,当 $\Omega = 0$ (非损伤) 时,有限元解与解析解符合得很好。正如所预期的那样,当厚壁筒在某内压力损伤时,筒内表面的位移的增长是不可忽略的。图 6-13(a) 和 图 6-13(b) 显示了在两种不同的内压作用下,筒壁内的环向应力 σ_θ 沿径向的分布,可以看出,非损伤情况下 ($\Omega = 0$),数值解与解析解符合得很好。筒内压力较小时,$P=8\text{MPa}$,仅当 $\Omega=0.5$ 时,在图 6-13(a) 中才可以看到塑性发展。然而,当筒的内压增大至 $P=14\text{MPa}$ 时,对所有的 Ω 值,都可以见到塑性的发展。

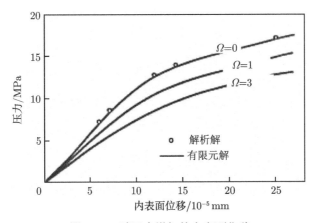

图 6-12 随压力增加的内表面位移

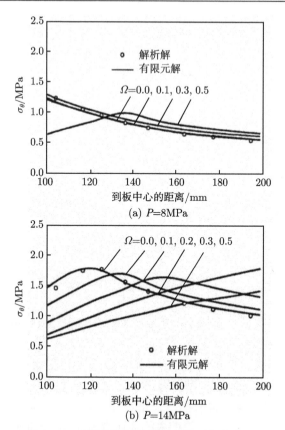

(a) P=8MPa

(b) P=14MPa

图 6-13　不同损伤状态下筒内的环向应力 σ_θ

　　损伤发展和传播对环向应力分布的影响如图 6-14 所示。比较图中表格所列出的各种损伤状态下环向应力的分布，可以指出：应力峰值由于损伤单元而从中心下

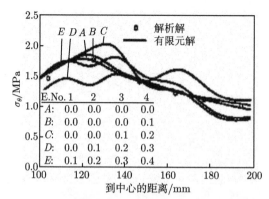

图 6-14　损伤发展和传播对环向应力分布的影响

降。有趣的是,在筒全部损伤的情况下,情况 E 的应力峰值小于情况 C。这也许是筒内表面的塑性屈服和筒外表面的高损伤相互影响所致。

2. 厚壁圆筒结构局部损伤的情况

在内压作用下的厚壁筒结构常在核设施安装中遇到。如果厚壁筒的材料中含有局部缺陷 (例如裂缝、空腔等),那么必须要研究局部化效应对这些缺陷 (损伤)发展的影响。从损伤力学的观点看,这些缺陷可以被考虑为结构中的局部初始损伤。一般由无损探伤技术发现。这些初始损伤,将随塑性应变的发展而局部地增长、扩大。另外,损伤的增长和扩大,也将影响塑性应变在局部区域的发展。

作为本例的特别应用,假定在图 6-11 中,沿厚度最内层的某单元的中心有一个初始小缺陷。该局部小缺陷所对应的损伤值,可由其空腔尺寸用文献 [21] 所给出的方法来估计 (本例中假定为 $\Omega = 0.3$),厚壁圆筒中由初始缺陷所产生的局部损伤的增长及损伤区与塑性区的分布形态的计算结果分别示于图 6-15 和图 6-16。

图 6-15 所示的等值线代表了当内压增加至 16 MPa 和 20 MPa 时局部损伤的增长。由此结果可以看到,当环向拉应力 σ_θ 增加时,损伤区明显地由初始缺陷点沿着径、环向均有增长。

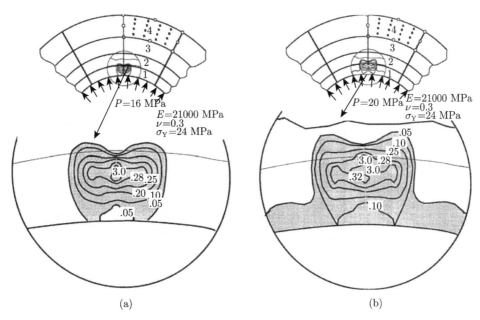

(a)   (b)

图 6-15 (a) 在内部压力为 P=16MPa 时局部损伤分布的轮廓;(b) 在内部压力为
P=20MPa 时局部损伤分布的轮廓

图 6-16 所示的等值线代表了当内压为 20 MPa 时, 由于局部损伤的增长所造成的等效塑性应变分布的等值线的改变。由于损伤的局部效应, 材料不再是均匀的, 因此靠近损伤区的等效塑性应变的等值线不再是同心圆。然而远离损伤区的等值线仍然同均值情况类似。从这两个结果中, 都明显表现出了局部效应。

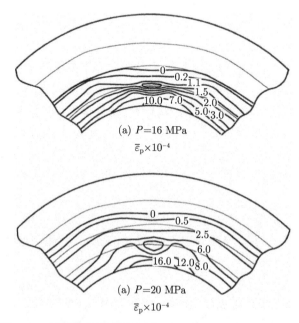

图 6-16   局部损伤厚壁筒的等效塑性应变 $\bar{\varepsilon}_{\mathrm{p}}$ 的等值线分布

6.2.2   裂纹端部局部损伤的各向异性分析研究

通过下面这个算例, 来说明宏观裂纹和裂纹端部的损伤区域之间的相互作用和影响。分析对象为断裂力学中经典的裂纹问题。结构的几何形状为受拉伸的有中央裂纹的平板。由于几何形状及荷载的对称性, 只需分析该板试件的 1/4 即可。带中央裂纹板有限元分析的网格划分如图 6-17 所示。

Chow 等的文献 [22] 中给出了非损伤的铝合金试件的等效应力–应变曲线 (σ_{eq}-$\varepsilon_{\mathrm{eq}}$)。有限元分析的荷载是逐步增加的, 直到裂纹端部的损伤变量值达到 $\Omega_{\mathrm{c}}=0.6$ 的临界值为止。在屈服发生前, 初始的荷载增量取为 $\Delta p = 50\,\mathrm{MPa}$, 接近发生屈服状态时, 荷载增量取为 $\Delta p=10\mathrm{MPa}$。通过计算发现, 当最初的屈服发生后仅选取 9 步均匀的荷载增量来研究损伤的稳定增长就够了。对这前 9 步荷载增量, 收敛因子基本上通过 5 步迭代循环就可得到。然而, 对全屈服后的第 10 步荷载增量, 解的收敛需要超过 31 次迭代。

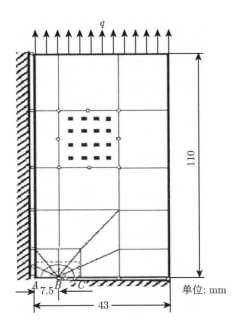

图 6-17 带中央裂纹板的有限元分析的网格划分

本算例中的各向异性参数假定为 $n_{12} = E_1/E_2 = 5.0$, $\theta=0°$。图 6-18(a) 和图 6-18(b) 分别显示了围绕裂纹端部的损伤增长至损伤破坏的临界值 $\Omega_c=0.6$ 时，各向同性与各向异性损伤分布的比较结果。可以看出，在各向同性的情况下 (图 6-

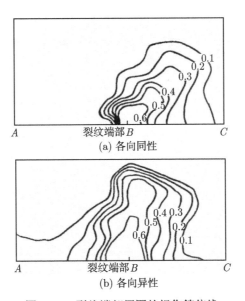

图 6-18 裂纹端部周围的损伤等值线

18(a))，裂纹体未被损伤区全包围。然而，在各向异性的情况下 (图 6-18(b))，损伤区由裂纹端部向后延伸围绕到裂纹本体。

为了考察各向异性损伤对裂纹端部的等效应力及应变的影响，在各向同性和各项异性的损伤情况下，将裂纹端部的有效应变及有效应力的等值线的分布，分别绘于图 6-19 及图 6-20 中。

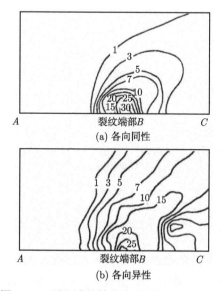

图 6-19　裂纹端部等效应变的等值线$/10^{-3}$

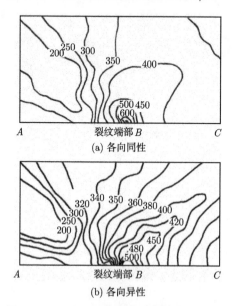

图 6-20　裂纹端部等效应力的等值线/MPa

　　图 6-19 表示了围绕裂纹端部的等效塑性应变等值线的分布，图 6-19 (a) 的结果是在各向同性的弹–塑性情况下对应变强化和损伤发展作出的。图 6-19 (b) 的结果是用修正的 Hill 各向异性的弹–塑性模型，在损伤增长中得到的。比较图 6-19 (a) 和 (b)，可以看出，由于各向异性损伤的影响，与经典结果相比塑性区明显地向裂纹端部的前方延伸，从图 6-20 (a)、(b) 可以看出，由于围绕裂纹端部出现了损伤区，使裂纹端部的奇异性钝化，因此，裂纹尖端的应力集中明显地由于损伤的发展和损伤区的扩展而降低。在各向异性损伤情况下，等效应力的分布表现出了显著的方向性。

　　通过上面的分析可见，本书所给出的理论公式，不论是对求解各向异性，还是对各向同性，弹–塑性损伤力学中的各种问题都是可行的，与实验结果相比也符合。由上面的数值算例的结果还可看出，如果需要考虑材料的各向异性，则各向异性损伤的观念非常重要，因为各向异性损伤对材料特性的影响要比通常的各向同性的假定有明显的差别。

6.3　动力损伤演化模型的数值分析

6.3.1　结构动力损伤概述

　　当结构元件受到撞击或冲击荷载时，由动力荷载所引起的响应能够造成应力水平剧增，特别是在损伤区和围绕裂纹或缺陷的局部区域表现得尤为显著。实际上在损伤区内，材料的微观结构由于损伤的出现和增长，已显著地从非损伤状态发生了变化，造成了材料特性的剧烈变化。因而，损伤结构元件的动力响应明显地不同于非损伤的情况，如频率变低，振幅和阻尼比增加等 [23−25]。

　　在损伤演变中，材料的宏观性质随着它的微观几何结构而变化 [23]。对脆性材料，动力响应的变化是新的微观裂纹的产生与已有的微观裂纹的增长所造成的。因此，可以说这种材料的非线性特性一般是伴随一种特殊形式的微观结构的不可逆变化而产生的。这种变化与损伤过程的发生是同一回事 [22,24]。因此，当分析动力损伤力学问题时，不仅要考虑结构的损伤的形成、发展和最终破坏，而且材料的一些其他力学特性也必须重视。这些特性可能包括损伤材料的弹性模量、破坏强度、屈服应力、疲劳极限、蠕变速度、阻尼比、频谱和热传导系数等。这些材料特性反过来又会影响损伤的产生与发展。上述的特性在各向异性时可能更显著 [21,25]。

　　结构在施加动力荷载的情况下，预计损伤对结构的频率和动力特征的影响也应当是损伤力学研究的课题之一。本书将应用损伤力学的概念，讨论损伤结构元件的动力响应与损伤材料的动力特性。通过数值算例可以看出，损伤结构的动力响应会明显地造成损伤发展与传播，损伤会造成系统的固有频率降低。由于损伤增长，结构有可能会产生共振状态。在研究损伤材料的特性中发现，当损伤增长发生时，无论等效黏滞阻尼和临界阻尼如何减小，阻尼比都显著地增加 [25]。

　　本节研究的是一个各向同性的简支深梁，在平面应力条件下，当中心处有一垂直动力作用时，所导致的损伤问题的数值分析。选择用阶跃加载的时间历程来模拟冲击荷载。该分析的目的是模拟结构受到动态加载损伤的一些实验测试结果。采用 6.2 节中所描述的材料本构关系和损伤发展模型，将它们实施到动态拉格朗日有限元程序中。为了整合这些方程，以四边形八节点等参单元已按 3×3 高斯点求积。有限元分析对微裂纹损伤的发展与没有增长两种情况对比求解，并比较彼此对损伤演化的影响。

6.3.2　损伤简支深梁的动力响应

　　下面给出损伤模型的建立过程。图 6-21 和图 6-22 表示加载的简支深梁模型的有限元网格和荷载时间历程。取固定的时间步长为 5μs，共采用 500 个时间步长。网格尺寸和时间步长的选择是根据 White 和 Valliappan 的文献 [26] 取的。材料常数的假设如下：

　　杨氏模量 $E = 276$ GPa，剪切模量 $G = 113.1147$ GPa，泊松比 $\nu = 0.22$。

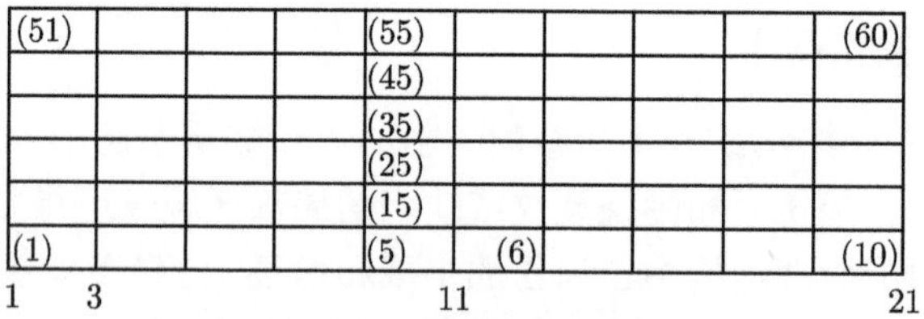

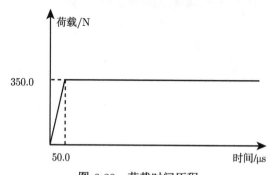

图 6-21　有限元离散模型

图 6-22　荷载时间历程

　　根据 Davidge 等 [27] 的实验工作，对实验室环境条件下，在恒应变率范围 $1.8 \times 10^{-4} \mathrm{s}^{-1}$ 时对优质铝进行三点弯曲实验，按第 4 章的式 (4-183) 和式 (4-184) 的模型以及文献 [21] 的方法，得到以下材料参数：$m = 13, n = 22, \sigma_0 = 120$ MPa$^{3/13}$,

$A = 4.193 \times 10^{-45}$ MPa^{-22}/s, $k = 11$, $B = 0.249 \times 10^{9}$Pa^{-11}/s，质量密度 $\rho = 3600$ kg/m^3，阻尼比 $\xi = 0.02$。

在这次的分析中，在每个元素的每个高斯点上确定损伤，以评价结构的安全，从而可以使得它模拟损伤的传播和损伤的增长。在本分析中对脆性材料采用的应力–应变规律如下：在任何时间增量间隔内，如果单元内的主应力是压缩的，那么原有的本构属性被认为是有效的关系。另外，如果发生了拉应力，那么材料性能 (或方向) 必须在与拉伸应力正的方向上改变。换句话说，单个元素的刚度矩阵将变为微裂纹从开启到关闭的循环状态。因此，系统的刚度矩阵将在每一个时间步长内被改变。在加载过程中，单元内的损伤张量是在每一个时间增量段内积累的。在前一个时间步长的端部，系统当前的刚度矩阵，则按上一时间步长末端的单元刚度被全部计算出来后集成，并且是按如前所讨论的脆性材料行为计算的。每个单元内的应力状态，是用损伤演化规律，在每一个时间步长内更新损伤张量分量和更新单元刚度矩阵得到的。通常是将一个迭代算法，应用于损伤演化方程的积分计算，并且更新每一时间步长上的应力。考虑到此处所采用的损伤是基于与连续性方法相一致的，单元的失效由最小能量的正交准则来确定。那么损伤的临界状态为

$$\Omega_i = \Omega_c \quad (i = 1, 2) \tag{6-1}$$

其中，Ω_i ($i =1, 2$) 是在二维情况下的损伤张量的特征值，并且 Ω_c 是临界损伤值。因此，在每个时间步长计算的损伤张量分量与其临界值 Ω_c 相比较，当对任一个特定的单元，式 (6-1) 满足时，它就假定破坏发生于那个正交于第 i 个损伤张量的特征向量的平面上，并且在那个方向上具有零刚度。当 Ω_1 和 Ω_2 都达到临界损伤值 Ω_c 时，该单元将被认为是由于拉伸已经失效，并且假定该单元只够承受静水压应力的作用。

图 6-23 中的阴影单元代表当平均损伤值 $\Omega_{av} = 0.5(\Omega_1 + \Omega_2)$ 从 0 到 0.6 变化时梁内的损伤状况。图 6-24～图 6-31 的绘图表明损伤状态对深梁动力响应的影响，图 6-24 和图 6-25 是损伤增长对动力响应的影响。显然，位移和应力都随着损伤增长而显著增加。

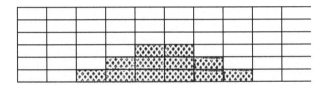

图 6-23 初始损伤的单元

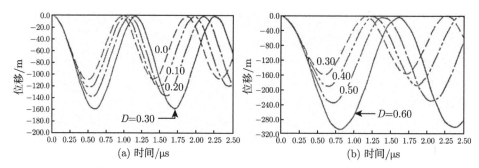

图 6-24　不同损伤水平上节点 11 的竖向位移的时间历程

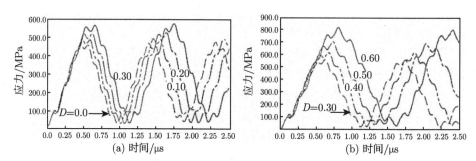

图 6-25　不同损伤程度下单元 6 内的最大主应力的时间历程

图 6-26 和图 6-27 可以用来观察深梁的动力响应时损伤扩展的影响 (即损伤区扩展)。已损坏的单元的体积占总体积的比，从 0 到 1 之间变化，其平均的损伤值为 $\Omega_{\mathrm{av}} = 0.25$。这种现象被定义为损伤力学中损伤扩展的概念，以区分如前所述的损伤增长的概念。为了说明损伤发展对受损深梁的响应的影响，用一个无量纲的受损和未受损的垂直位移的比值，随平均损伤及损伤区体积与该深梁的整体体积的比变化来描述，其时，损伤区的伸展状况分别在图 6-28 和图 6-29 显示。

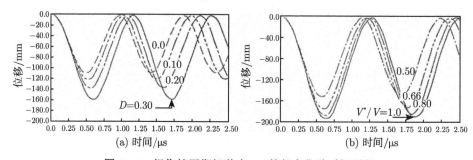

图 6-26　损伤扩展期间节点 11 的竖向位移时间历程

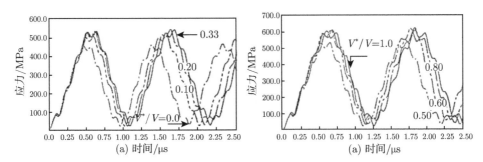

图 6-27 损伤扩展期间单元 6 内的最大主应力的时间历程

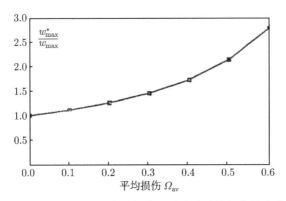

图 6-28 单元 11 受损和未受损的位移比随平均损伤的变化趋势

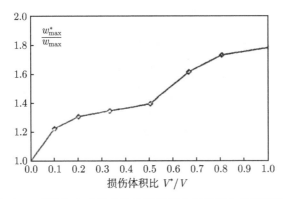

图 6-29 单元 11 受损和未受损的位移比随损伤区体积与总体积比的变化趋势

同样地,图 6-30 和图 6-31 显示受损和未受损的主应力之比,分别随平均损伤 Ω_{av} 和损伤体积比 V^*/V 的变化趋势。可以看出,最大位移比可以达到 1.0 时,平均损伤为 0.6。

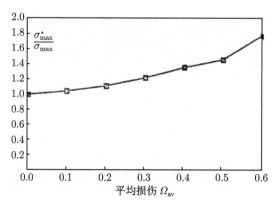

图 6-30　单元 6 受损和未受损的应力比随平均损伤的变化趋势

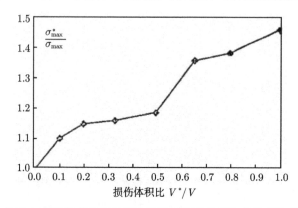

图 6-31　单元 6 受损和未受损的应力比随损伤区体积与总体积比的变化趋势

6.3.3　结构动态响应中的损伤演化过程

图 6-32～图 6-36 是在冲击荷载作用下, 基于不同的损伤演化规律的动力响应曲线。图 6-32 显示在损伤演化中, 梁的中部单元的底部的平均冯·米泽斯等效净应力的时间历程。图 6-33 显示在损伤演化中位于梁中部之底部的节点上竖向位移的时间历程。图 6-34 显示损伤生长过程中, 在梁底部和中间的单元 15 中, 没有初始损伤情况的最大主应力的时间历程。图 6-32 和图 6-33 表明, 位移和等效应力在损伤演化与无损伤的情况下相比有明显的不同。

同时根据图 6-35 和图 6-36 可知, 单元实际的净应力可保持达到 1.5 倍的 Cauchy 应力。分析表明, 净应力和最小 Cauchy 主应力之间没有太大的区别, 这表明, 损坏主要是发生在与主应力正交的方向。换句话说, 微裂纹面是沿着垂直方向取向的, 并在梁的垂直中心线处, 由于在损伤的产生和损伤的增长引发应力状态在这条线上变成高应力状态。值得注意的是, 即使材料是各向同性的, 一旦损伤微观地发生, 则它们的性能可能会改变成一个各向异性状态 [28], 尤其是在这种情况下,在两个不同的主方向的损伤值不相等。比较图 6-35 和图 6-36，指出这样一个事实，即基于主拉应力函数的损伤演化规律，提供了比基于损伤应变能释放率的损伤演化律更快的损伤增长率。当然，当有一些已经存在的初始微裂缝时，后一个损伤演化规律在加载时提供了更多的损伤值，这是由公式中的因子 $(l-\Omega)^3$ 引起的。

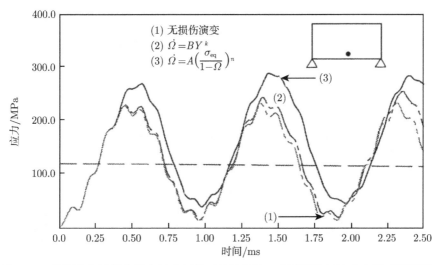

图 6-32 损伤演化过程中梁中间底部单元的平均冯·米泽斯等效净应力的时间历程，对不同损伤演化模型的对比

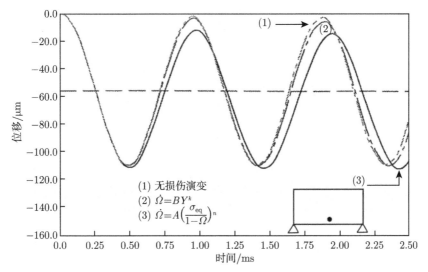

图 6-33 损伤演化过程中梁中间底部的节点上竖向位移的时间历程，对不同损伤演化模型的对比

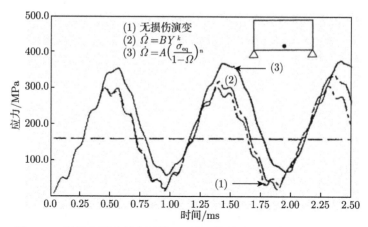

图 6-34　损伤生长过程中梁第 15 单元的最大主应力的时间历程，
对不同损伤演化模型的对比

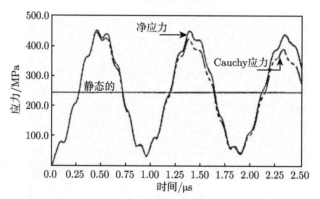

图 6-35　损伤按 $\dot{\Omega} = BY^k$ 演化单元 5 中最大净应力和 Cauchy 主应力的
时间历程(无初始损伤)

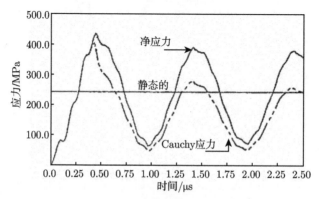

图 6-36　损伤按 $\dot{\Omega} = A(\sigma_{\mathrm{eq}}/(1-\Omega))^n$ 演化单元 5 中最大净应力和 Cauchy 主应力的
时间历程 (无初始损伤)

图 6-37 和图 6-38 表明损伤演化中在不同的单元的平均损伤史。在图 6-39 和图 6-40 中，在时间 $t = 0.445\mu s$ 时，最大主应力的等值线呈现出发生了最大值的应力。因为它能观察到接近梁中间段单元的应力比其他处大，如前所述，因此损伤发展很快。在图 6-37 和图 6-38 中的绘图表明了这两种不同的损伤增长模型，在每个单元中引起的平均损伤的时间历程。

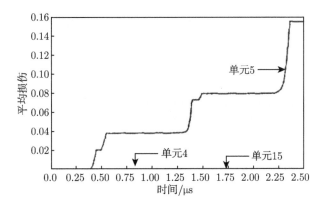

图 6-37　损伤按 $\dot{\Omega} = BY^k$ 演化时单元 4, 5, 15 中的损伤演化的时间历程
(所有单元初损伤为 0.09)

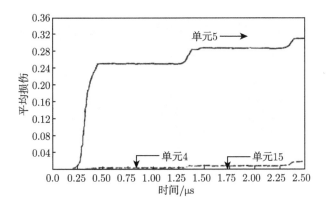

图 6-38　损伤按 $\dot{\Omega} = A(\sigma_{\text{eq}}/(1 - \Omega))^n$ 演化时单元 4, 5, 15 中的平均损伤的时间历程
(所有单元初始损伤为 0.09)

在图 6-39 和图 6-40 中，显示了在时间 $t = 0.445\mu s$ 时的最大主应力等值线 (此时，发生最大的应力值)。它可以观察到，接近深梁的中间部分的单元内的应力比别处更强，因此损伤在该截面增长也非常迅速。

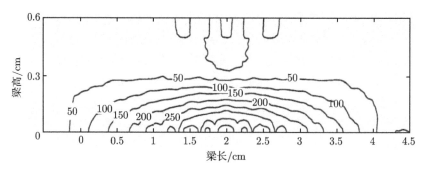

图 6-39　在时间 $t = 0.445\mu s$ 时按损伤演化模型 $\dot{\Omega} = A(\sigma_{eq}/(1-\Omega))^n$ 计算的主净应力的
等值线 (MPa) (全部单元有初始损伤)

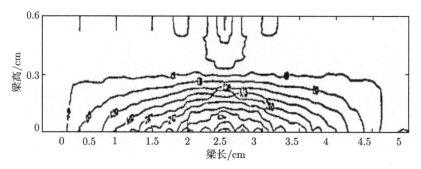

图 6-40　在时间 $t = 0.445\mu s$ 时按损伤演化模型 $\dot{\Omega} = BY^k$ 计算的主净应力的等值线 (MPa)
(全部单元有初始损伤)

图 6-41～图 6-46 显示结果是在所有单元有初始平均损伤 0.09 情况下得到的。
应该再次指出，从这些绘图可以看出：

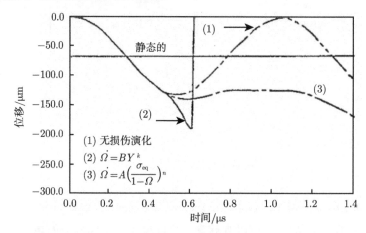

图 6-41　损伤演化中节点 11 的垂直位移的时间历程 (所有单元的初始损伤为 0.09)

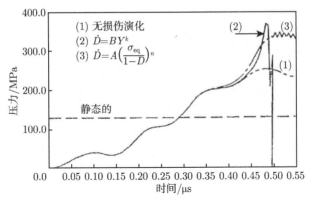

图 6-42 损伤演化中第 15 单元内的平均等效冯·米泽斯应力的时间历程

(所有单元的初始损伤为 0.09)

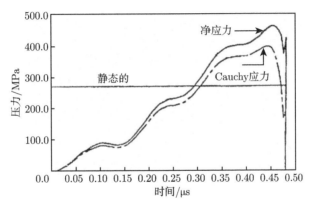

图 6-43 损伤演化模型 $d\Omega/dt = BY^k$ 单元 5 中主要净应力和 Cauchy 主应力的时间历程

(所有单元的初始损伤为 0.09)

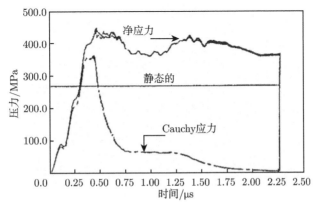

图 6-44 损伤演化模型 $\dot{\Omega} = A(\sigma_{eq}/(1-\Omega))^n$ 单元 5 中主要净应力和 Cauchy 主应力的

时间历程 (所有单元的初始损伤为 0.09)

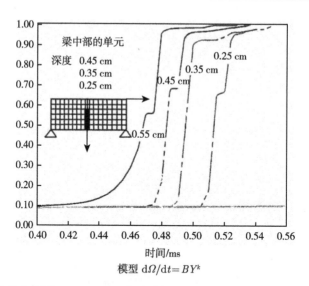

模型 $\mathrm{d}\Omega/\mathrm{d}t = BY^k$

图 6-45　损伤演化模型 $\mathrm{d}\Omega/\mathrm{d}t = BY^k$ 在单元 5, 15, 25, 35 中的平均损伤的时间历程
（所有单元的初始损伤为 0.09）

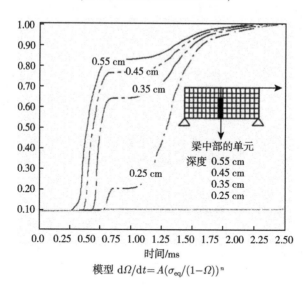

模型 $\mathrm{d}\Omega/\mathrm{d}t = A(\sigma_{\mathrm{eq}}/(1-\Omega))^n$

图 6-46　损伤演化模型 $\dot{\Omega} = A(\sigma_{\mathrm{eq}}/(1-\Omega))^n$ 在单元 5, 15, 25, 35 中的平均损伤的时间历程
（所有单元的初始损伤为 0.09）

（Ⅰ）在零初始损伤的情况下，对基于等效应力的损伤演化模型，各单元的损伤增长值比基于损伤应变能释放率的损伤演化模型的更快。这种状态也可以从图 6-37 和图 6-38 观察到。在图 6-37 中，当时间在 $t=2.5\mu\mathrm{s}$ 时，单元 5 内的平均损伤最大值，对基于损伤应变能释放率的损伤演化模型为 0.155，对基于等效应力

的模型为 0.32。

（II）图 6-45 和图 6-46 显示，当所有单元的初始平均损伤为 0.09 时，对位于梁中央部分不同深度的单元中损伤演化的状态。损伤演化规律 $\mathrm{d}\Omega/\mathrm{d}t = BY^k$ 对初始损伤非常敏感，因此，这种情况下样品的损伤速率相比拉应力准则的更快。虽然，根据 $\mathrm{d}\Omega/\mathrm{d}t = BY^k$ 模型，单元 5 从时间 $t = 0.44\sim0.50\mu s$ 不能满足，梁承载负荷的能力直到 t 达到 $0.52\sim0.56\mu s$ 才改变。但是，采用 $\mathrm{d}\Omega/\mathrm{d}t = A(\sigma_{eq}/(1-\Omega))^n$ 模型的情况下，梁的负荷能力能直到时间 $t = 2.355\mu s$。这其实已经在图 6-45 和图 6-46 说明过。

在图 6-47 和图 6-48 中，根据两种不同的损伤演化规律绘制了平均损伤的等值线，可以看出，由于应力集中，损伤主要发生在梁的中心部位附近。图 6-49 和图 6-50 显示了平均损伤和位移对参数 A 的依赖关系。这些结果表明，与预期的一

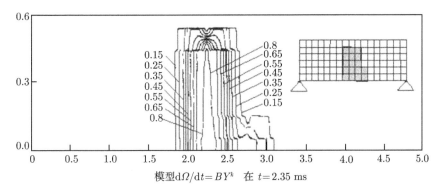

图 6-47 根据损伤演化模型 $\mathrm{d}\Omega/\mathrm{d}t = BY^k$ 计算得到的梁中平均损伤的等值线

（初始损伤为 $\Omega = 0.09$）

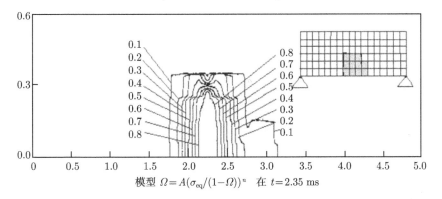

图 6-48 根据损伤演化模型 $\dot{\Omega} = A(\sigma_{eq}/(1-\Omega))^n$ 计算得到的梁中平均损伤的等值线

（初始损伤为 $n = 0.09$）

样，随着参数 A 值的增加，平均损伤和位移也增加。在一般情况下，参数 A 是与应变率相关的。在本研究中，A 值是在应变率 $1.8\times10^{-6}\sim1.8\times10^{-4}$ 范围内得到的。对其他应变速率，可以用相关的公式计算一个新的 A 值。因为，依赖于应变率的这个参数 A 通常被称为连续损伤积累率参数 [6,21]。加载速率越高，材料越强，则计算得到的位移越小，反之亦然。

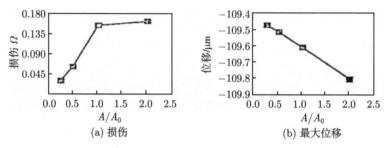

图 6-49　连续损伤累积率 $\mathrm{d}\Omega/\mathrm{d}t = BY^k$ 的影响 $(A_0=0.249\times10^9)$

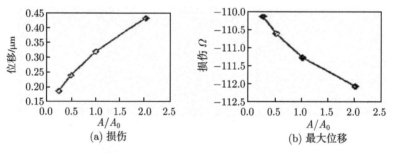

图 6-50　连续损伤累积率 $\dot{\Omega} = A(\sigma_{\mathrm{eq}}/(1-\Omega))^n$ 的影响 $(A_0=4.193\times10^{-54})$

6.4　简单的黏–弹–塑损伤模型验证

6.4.1　简单的黏–弹–塑损伤模型验证技术

为了验证第 4 章所述的黏–弹–塑损伤力学模型，本节将一种简单的黏–弹–塑损伤力学模型应用于有限元数值分析，并将文献 [29] 的实验结果与对应的有限元数值解和上述简单模型的理论公式的结果进行了比较、讨论。由于岩石黏–弹–塑损伤实验技术的困难，目前尚未见有任何有成效的岩石黏–弹–塑损伤实验的成果发表。因此模型的验证工作，是用不同的损伤模型，数值模拟 Lemaitre 和 Chaboche 在相关文献中给出的损伤发展的实验结果，通过对比分析做出的。Lemaitre 和 Chaboche 在文献 [10], [11], [30] 中给出的实验结果，是对纯度为 99.9% 的铜试件进行拉伸，测量其有效弹性模量的变化，再求得试件内的局部损伤作出的。因为纯铜在变形较大的拉伸中，一般会表现出明显的流变变形特征，用具有流变特性的黏–弹–塑性模型来模拟黏–塑性损伤会得到较好的结果。

理论解是根据第 4 章中式 (4-127) 或式 (4-146)，退化为一维单向拉伸求得的；数值解结果是通过应用第 4 章中的式 (4-147)、式 (4-148) 和式 (4-149) 的模型到有限元方法中求得的。

模拟实验的试件的有限元网格如图 6-51 所示。为了提高分析精度，采用了高阶高斯点插值模式。考虑到损伤发生在试件中部的局部位置，而损伤增长是由介质特性参数演化 (劣化) 造成的。因此可假设一个介质劣化状态参数 κ，仅在构件中心单元内不等于零。为了计算损伤增长量，可以在加、卸荷过程的每个阶段，通过观测有效弹性模量的变化结果，进行对比，来评估损伤的状态。还需指出，第 4 章中的式 (4-135)、式 (4-138) 中，出现的材料参数可定义为介质劣化状态参数 κ，它可以由点 $(\Omega=0,\varepsilon_{\mathrm{d}})$ 和点 $(\Omega_{\mathrm{u}},\varepsilon_{\mathrm{u}})$ 的损伤实验值和强 (弱) 化实验数据近似地估计得到，其中 Ω_{u} 及 ε_{u} 为 Ω 和全应变的等效值 $\bar{\varepsilon}_{\mathrm{p}}=(\{\varepsilon\}^{\mathrm{T}}\{\varepsilon\})^{\frac{1}{2}}$ 在材料破坏临界值时由式 (4-135) 积分得到，ε_{d} 是初始损伤开始增长时 (即黏–塑性应变发生积累时) 的等效全应变的门槛值。κ 的初始值可以根据实验曲线的平均斜度 $\Omega_{\mathrm{u}}/(\varepsilon_{\mathrm{u}}-\varepsilon_{\mathrm{d}})$ 的数据，由非线性拟合估计出。将这一初始值代入分析中，得到模拟的损伤发展曲线后，可与实验曲线比较，迭代修正 κ 的值。如果这两个曲线差异非常大，则 κ 的值可不断地用曲线局部拟合的方法进行调整，直至得到满意的精度。因此，对任何特殊的 κ 值，均可用这种简单的方法，对不同材料的试件求得。

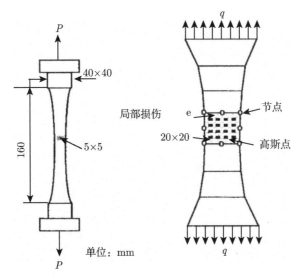

图 6-51 测试损伤演化的试件及有限元网格

图 6-52 绘制了分别按模型 A 和模型 B 确定该试件中损伤增长的理论解、有

限元数值解及按 Lemaitre 和 Chaboch [30] 所给出的有效弹性模量减小的实验数据，所折算出的损伤对应的结果的对比。可以看出，有限元数值结果、理论结果和实验结果均很靠近。

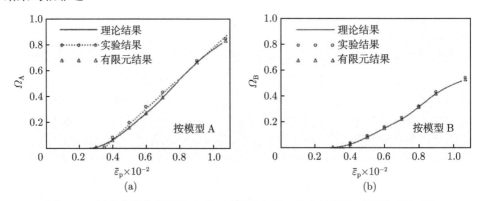

图 6-52   试件中损伤增长的实验、理论和有限元数值结果按不同模型的对比

分析中，黏–弹–塑性流变模型选为 $\phi = [(F^* - F_0)/F_0]^N$，并取 $N = 1$。因为纯铜的拉压屈服应力相等，所以 $f_c = f_t = \sigma_s$，从第 4 章给出的屈服函数表达式 (4-129)，退化为冯·米泽斯屈服条件，并考虑材料为线性强化，取 $m=1$。

6.4.2   黏–弹–塑损伤与演化特性的讨论

根据两种不同的基本假设 (应变等效和余应变能等效的假定) 所得到的黏–弹–塑性损伤模型，它包括损伤变量、损伤应变能释放率、黏–弹–塑性损伤本构关系、损伤增长方程及累积应变硬化律，它们是有差别的。它们表现出黏–弹–塑性损伤过程中不同模型的演化特征。这些非线性演化方程组以速率 (增量) 方程的统一形式表示，为其在有限元分析中的应用提供了基础。

下面通过一些分析计算的结果，讨论基于两种基本假定的损伤模型 A 与 B 的非线性演化特征。

图 6-53~ 图 6-56 给出了在损伤增长过程中分别按模型 A 与 B 对试件的位移、全应变等效值、损伤应变能释放率和应变积累硬化参数随损伤变化曲线的分析结果。图中的所有结果都是对单位荷载绘制的。此处假定，在塑性应变积累发生时，初始损伤便开始增长，即假定等效全应变的门槛值为 $\varepsilon_d = 0$。

从图 6-53 可看出，如所预期，在同一损伤值下由模型 B 得到的单位荷载位移大于模型 A 的。当损伤增长至高水平时，两模型的位移均变为非稳定增长趋势。从图 6-54 可看出，在损伤稳定增长区段内，同一损伤值下，由模型 B 得到的等效全应变大于模型 A 的。

图 6-55 表示了在损伤增长期间，单位荷载的损伤应变能量释放率的变化趋势。

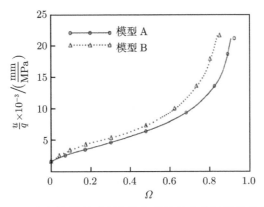

图 6-53 在损伤增长过程中单位荷载的位移随损伤的变化

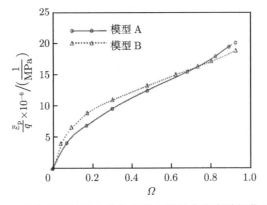

图 6-54 损伤增长过程中单位荷载的等效全应变随损伤的变化

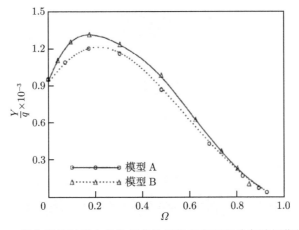

图 6-55 损伤增长过程中单位荷载的损伤应变能释放率随损伤的变化

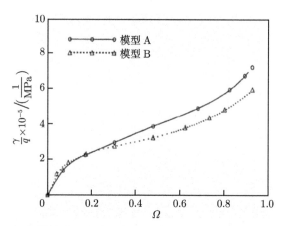

图 6-56　损伤增长过程中单位荷载所对应的累积硬化参数损伤的变化

正如所期待的那样，无论是模型 A 还是 B，在 $\Omega = 0$ 及 $\Omega = 1$ 时 Y/q 的结果相同，但当 $0 < \Omega < 1$ 时，模型 A 的值高于模型 B 的值。图 6-56 给出了损伤增长期间，每单位荷载所对应的累积硬化参数的变化趋势，同时可看出，在相同的损伤条件下，模型 A 所对应的值将高于模型 B 所对应的值。损伤增长时，这两个值的差别将非常明显。

　　观察数值分析结果发现，在两种模型确定的损伤变量 Ω_A 和 Ω_B 之间，存在着非常有意思的关系，这可以通过式 (2-18) 和式 (2-19) 计算求得，其结果如下：

$$\Omega_A = 2\Omega_B - \Omega_B^2, \quad \Omega_B = 1 - \sqrt{1 - \Omega_A} \tag{6-2}$$

　　这种关系以及由 A, B 模型确定的损伤值的差异表示在图 6-57 和图 6-58 中。在图 6-57 中，曲线 (A) 表明：Ω_A 作为 Ω_B 的函数时 (即式 (6-2) 中的第一式)，随 Ω (取 $\Omega = \Omega_B$) 从 0 到 1 之间变化的趋势。曲线 (B) 表明：Ω_B 作为 Ω_A 的函数时 (即式 (6-2) 中的第二式)，随 Ω (取 $\Omega = \Omega_A$) 从 0 到 1 之间变化的趋势。在图 6-58 中，曲线 (A) 表示当式 (6-2) 中的第二式代入差值 $\Delta\Omega_{AB} = \Omega_A - \Omega_B$，$\Delta\Omega_{AB}$ 作为 Ω_A 的函数 (即 $\Delta\Omega_{AB} = \sqrt{1 - \Omega_A} - 1 + \Omega_A$) 随 Ω(取 $\Omega = \Omega_A$) 从 0 到 1 之间变化的趋势。曲线 (B) 表示当式 (6-2) 中的第一式代入差值 $\Delta\Omega_{AB} = \Omega_A - \Omega_B$ 后，$\Delta\Omega_{AB}$ 作为 Ω_B 的函数 (即 $\Delta\Omega_{AB} = \Omega_B - \Omega_B^2$) 随 Ω(取 $\Omega = \Omega_B$) 从 0 到 1 之间变化的趋势。

　　为了验证式 (6-2) 中所示的关系，对两种模型所确定的损伤变量 (A)：Ω_A 和 (B)：Ω_B 及其差值 $\Delta\Omega_{AB} = \Omega_A - \Omega_B$ 的理论与数值分析结果的对比也在图 6-57 及图 6-58 中给出。图中实线表示的是直接由式 (4-37) 计算出的理论结果，按该图的格式要求绘制的，虚线或点表示的是将不同模型 A 和 B 所对应的本构关系及表达式 (4-127)、式 (4-129) 和式 (4-146) 分别代入有限元分析中得到的结果，按图中的格式要求绘制的。

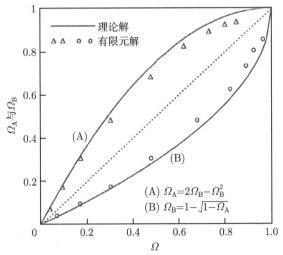

图 6-57 模型 A 与 B 的损伤变量间的关系

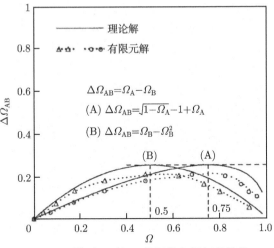

图 6-58 模型 A 与 B 的损伤变量间的差异

从图 6-57 和图 6-58 可见，如果 $\Omega_A = 0$，则有 $\Omega_B = 0$；如果 $\Omega_A = 1$，则有 $\Omega_B = 1$。当 $0 < \Omega < 1$ 时，两模型 Ω_A 与 Ω_B 的值不同。同样可以发现，当 $\Omega_A = 0.75$ 时，Ω_A 和 Ω_B 的差以函数 $\Delta\Omega_{AB}(\Omega_A)$ 的形式达到最大值 $\Delta\Omega_{max} = 0.25$。当 $\Omega_B = 0.5$ 时，差值 $\Delta\Omega_{AB}$ 则以函数 $\Delta\Omega_{AB}(\Omega_B)$ 的形式也同样达到最大值 $\Delta\Omega_{max} = 0.25$。这意味着，这两种模型，其最大相对误差可以达到 25%。因此，当对较硬的材料 (例如金属类材料) 如果应用模型 B 来分析，最大误差可能会出现在

$\Omega=0.5$ 附近，并且分析估计的损伤值可能偏小，引起的误差可能较大，因此，对这类材料宜采用模型 A 分析比较合适。然而，当用模型 A 分析岩石类介质时，其最大误差可能出现在 $\Omega = 0.75$ 附近，0.75 的损伤量级对岩石类材料显然过大，不太合理，显然这种情况用模型 B 将更加精确些。因此，当采用两种模型中的一种去分析实际问题时，有必要考虑到这种误差的特性。本书建议，对各向同性高强度和不易裂损的材料 (如大部分金属) 宜采用模型 A；对强度较低、有裂隙的介质或各向异性损伤问题 (如岩石类材料)，宜采用模型 B。

参 考 文 献

[1] Kawamoto T, Ichikawa Y, Kyoya T. Deformation and fracturing behaviour of discontinuous rock mass and damage mechanics theory. Int. J. for Num. and Analy. Meth. Geomechanics, 1988, 12(2): 1-30.

[2] Kyoya T, Ichikawa Y, Kawamoto T. A damage mechanics theory for discontinuous rock mass . 5th Int. Conf. Numerical Method. in Geo-mechanics, 1985: 469-480.

[3] 蔡美峰. 岩石力学与工程. 北京：中国科学出版社，2008.

[4] Zhang W H, Cai Y Q. Continuum Damage Mechanics and Numerical Application. Berlin-Heidelberg: Springer –Verlag GmbH, 2008.

[5] Valliappan S, Zhang W H, Murti V. Finite element analysis of anisotropic damage mechanics problems. J. of Engg. Frac. Mech., 1990, 35: 1061-1076.

[6] Zhang W H. Numerical analysis of damage mechanics problems. Ph.D thesis, School of Civil Engineering University of New South Wales, Australia, 1992.

[7] Zhang W H, Chen Y M, Jin Y. Effects of symmetrisation of net-stress tensor in anisotropic damage models. International Journal of Fracture, 2001, 109: 345–363.

[8] Krajcinovic D, Fonseka G U. The continuous damage theory of brittle materials, part 1: general theory. Trans. ASME, J. of Appl. Mech., 1981, 48: 809-824.

[9] Murakami S. Mechanical modeling of material damage. J. of Appl. Mechanics, 1988, 55: 280-286.

[10] Chaboche J. Continuum damage mechanics: part I: general concepts. J. of Appl. Mech., 1988, 55: 59-72.

[11] Chaboche J. Continuum damage mechanics: part II: damage growth, crack initiation, and Crack Growth. J. of Appl. Mech., 1988, 55: 59-72.

[12] Murakami S, Ohno N. Constitutive equations of creep and creep damage in poly crystalne metals. Research Report from Nagoya University, 1984, 36: 161-177.

[13] Kachanov L. Introduction to Continuum Damage Mechanics. Martinus Nijhoff Pubshers, 1986, 54(2): 481.

[14] Lemaitre J. Introduction to continuum damage mechanics//Allix O, Hild F. Continuum

Damage Mechanics of Materials and Structures. Elsevier, U.K. 2002: 235-258.

[15] Zhang W H, Murti V, Valliappan S. Effect of matrix symmetrisation in anisotropic damage model, Int. J. Solid and Struc., 1993, also UNICIV REPORT No. R237, University of N. S. W., Australia. 1990.

[16] Lemaitre J. A Course on Damage Mechanics. Berlin Heidelberg New York: Springer-Verlag, ISBN 0-387-53609-4, 1992.

[17] Zhang W H, Valliappan S. Continuum damage mechanics theory and application, part I: Theory. Int. J. Damage Mechanics. 1998, 7: 250-273.

[18] Zhang W H, Valliappan S. Continuum damage mechanics theory and application, part II: Application. Int. J. Damage Mechanics, 1998, 7: 274-297.

[19] Zhang W H, Valliappan S. Analysis of random anisotropic damage mechanics problems of rock mass, Part I: Probabilistic simulation. Int. J. Rock Mech. and Rock Engg., 1991, 23: 91-112.

[20] Zhang W H, Valliappan S. Analysis of random anisotropic damage mechanics problems of rock mass, part II: statistical estimation. Int. J. Rock Mech. and Rock Engg, 1991, 23: 241-259.

[21] Yazdani S, Schreyer H L. Combined plasticity and damage mechanics model for plain concrete. J. Engg. Mech. ASCE, 1990, 116: 1435-1450.

[22] Chow C, June W. A finite element analysis of continuum mechanics for ductile frac. Int. J. of Fracture, 1987, 38: 83-101.

[23] Zhang W H, Murti V, Valliappan S. Influence of anisotropic damage on vibration of plate. UNICIV REPORT NO R-274, University of N.S.W, Australia, 1990.

[24] Valliappan S, Zhang W H. Dynamic analysis of rock engineering problems based on damage mechanics. Int. Symp. on Application of Computer Methods in Rock Mechanics and Engineering, Xian Institute of Mining and Tech., China, 1993: 268-373.

[25] 张我华, 金黄, 陈云敏. 损伤材料的动力响应特性. 振动工程学报, 2000, 13(3): 413-425.

[26] White W, Valappan S, Lee I. Unified boundary for finite dynamic models. J. of the Engg. Mech. Division, 1997, 103: 949-964.

[27] Davidge R W, McLaren J R, Tappin G. Strength-probability-time (SPT) relationships in ceramics. J. Mater. Sci., 1973, 8: 1699-1705.

[28] Cordebois J P, Sidoroff F. Damage induced elastic anisotropy // Boehler J. Martinus Nijhoff, The Hague, 1982: 761-774.

[29] Lemaitre J. A continuous damage mechanics model for ductile fracture. J. of Engg. Mater. and Tech., 1985, 97: 83-89.

[30] Lemaitre J, Chaboche J. Aspect phenomenologique delay rupture pare endommagement. J. Mech. Appl., 1978, 2: 317-365.

[31] Clifton R J. Analysis of failure wave in glasses. Appl. Mech. Rev., 1993, 46: 540-546.

第 7 章　工程结构的损伤力学分析应用

7.1　混凝土大坝的动力损伤与破坏概述

目前, 我国的高坝建设处于一个快速发展的阶段, 一批 300m 级的高混凝土重力坝、拱坝将要兴建或正在兴建中。例如, 长江上游的溪洛渡、白鹤滩, 澜沧江上的小湾, 雅砻江上的锦屏一、二级, 乌江上的构皮滩等, 其中多数处在强震地区。而一旦这些超巨型高坝发生破坏, 将给国家带来巨大的灾难。因此对这些大坝在地震荷载作用下进行动力分析, 具有非常重大的工程意义。

在高坝和坝基的动力分析中主要存在的问题有: ①地震动力分析中只考虑无质量截断地基, 不考虑无限地基的辐射阻尼与河谷地震动差异的影响, 地震波输入仍沿用刚性边界输入; ②高坝坝体应力分析以线弹性理论为基础, 假定坝体是均匀连续的线弹性结构, 不考虑坝体断裂与拱坝开裂的非线性反应; ③在坝基动力分析中则以拟静力法为主, 不考虑岩体的动力响应以及振动频率与相位的影响, 也不考虑岩体振动过程中产生的残余变形对坝体的影响; ④在 20 世纪末, 高坝破坏机理与破坏仿真仍属空白领域, 缺乏有效的数值分析与实验手段[1]。在已有的文献 [2], [3] 当中, 采用连续损伤力学的方法对混凝土重力坝进行非线性动力损伤分析的文献还不多见。而采用传统的有限元方法对混凝土重力坝进行非线性动力分析时, 没有考虑材料中微裂纹的产生、发展所造成的"材料劣化"对材料力学性能的影响, 并且不能对坝体的损伤状态进行评价。

混凝土坝由于水荷载作用、地基变形失稳、地震作用等原因而破损的实例已有许多, 这些实例表明, 高坝破坏机理的关键在于: ①非连续 (节理、断层、软岩) 坝基岩体在蓄水渗流或强地震下发生变形; ②大坝混凝土在蓄水与强地震作用下发生强度损伤、断裂[1]。

本章采用前几章给出的岩石类材料的脆性动力损伤、弹–塑性动力损伤和黏–弹–塑性动力损伤等几种数学模型, 分别对一些实际工程中的碾压混凝土重力坝和岩基、混凝土结构拱坝的坝体和岩基, 在受强烈地震作用、爆炸冲击荷载攻击下的动力损伤破坏问题进行了数值模拟分析。例如, 对龙滩水电站的碾压混凝土重力坝和岩基进行了脆性动力损伤和黏–弹–塑性动力损伤分析, 并在分析的基础上, 对龙滩混凝土重力坝在遭受强烈地震作用后的安全性能进行了评价。由于这个大坝还处在建设阶段, 所在地区发生的地震也未可知, 所以这个分析和评价是一种尝试性的工作。但是在对大坝的安全评定工作中，采用非线性的本构模型，并且还考虑了材料的一些力学性能的劣化和在荷载作用过程中由于损伤的发生和发展而造成的安全演化，这种工作在工程中可以说是有一定的探索意义，在学术上也是有一定研究进步价值的。

7.2 混凝土大坝及岩基的二维脆性动力损伤分析

7.2.1 龙滩混凝土重力坝的结构与岩基的地质构造

1. 龙滩重力大坝的设计概况

正在兴建中的龙滩水电站位于广西壮族自治区天峨县境内，是红水河梯级开发的"龙头"电站，具有发电、防洪、航运等综合效益。大坝为高碾压混凝土重力坝。电站前期按正常蓄水位 375m 建设，建基面高程 195m，坝顶高程 382m；后期采用"后绑"式方案加高，正常蓄水位 400m，坝顶高程 406.5m。龙滩水电站的工程效果图见图 7-1。下面介绍一下龙滩碾压混凝土重力坝的工程资料。

图 7-1 龙滩水电站的工程效果图

2. 大坝的地形和地质资料[4]

坝址河谷宽高比约 3.5，是较宽阔的 V 型河谷。河流流向南偏东 30°，至坝址处转向南偏东 80°。枯水期河水面高程约 219m，水面宽约 100m，水深 13~19.5m。

河床砂卵砾石层厚 0~6m，局部地段 17m，基岩面埋藏高程一般为 200m 左右，最低点 187m。河床两侧均有基岩礁滩裸露，左岸宽 10m，右岸宽 40~70m。

坝基岩石为三叠系砂岩夹泥板岩，以砂岩为主。经大量勘探，坝基下未发现缓倾角断层，缓倾角节理相对不发育，无深层滑动的可能。河床坝段建基面抗剪断强度参数 (内摩擦系数 f 和黏聚力 c) 设计采用 $f'=1.1$, $c'=1.2$ MPa。两岸坝段坝基泥板岩较多或处于较大断层切割部位，其 f', c' 值略低。

3. 大坝的结构布置[5]

采用全地下厂房枢纽布置方案。河床坝段布置 7 孔表孔溢洪道，孔口宽 15.00m，堰顶高程：初期 355.00m，后期提高至 380.00m。最高坝段坝基面高程 190.00m，最大坝高初期为 192.00m，后期为 216.50m。泄洪全部由表孔溢洪道承担，最大泄量：初期 28190m³/s，后期 27134m³/s。下游消能采用挑流形式，为使挑流冲坑分散，采用高低挑坎大差动式挑流消能。

在表孔溢洪道两侧对称布置 2 个放空底孔，主要为水库放空设置，并可用于大坝后期施工导流。为适应碾压混凝土施工，底孔采用有压流形式，孔身水平布置，孔口上游设平面事故检修门，下游出口设弧形工作门，孔身采用钢板衬砌。下游消能也采用挑流消能形式。

大坝主要由挡水坝段、溢流坝段、底孔坝段、发电进水口坝段以及通航坝段组成。

溢流坝段布置在主河槽的中央，泄洪方向顺河流流向，挑流鼻坎处溢流前缘宽 135.00m，泄洪时水流归槽较好。

底孔的设置主要是为水库放空使用，并在导流洞下闸后为下游临时供水，以及后期施工导流。由于底孔设置高程较低，运行水头大，其运行的可靠性不如表孔，因此，设计不考虑将底孔用于泄洪。根据运行需要和坝体开孔的布置条件，放空底孔设 2 孔，底槛高程 290.00m，出口控制断面 5m×8m(宽×高)，对称布置于表孔溢洪道的两侧。

进水口坝段 1 号至 7 号进水口底槛高程 305.00m，8、9 号机进水口根据其地形地质条件，并按后期运行要求确定进水口底槛高程为 315.00m。采用坝式进水口，孔身以接近水平的布置穿过坝体后与下游引水道相接。为尽可能减少坝基开挖对上部蠕变体边坡的影响，5~9 号进水口坝段采用了类似于岸塔式进水口的结构形式，坝段与下游开挖边坡连为整体。

右岸通航坝段的位置由航道的布置要求确定。上闸首设在坝段上，垮坝段横缝布置。升船机塔楼与通航坝段之间设结构缝分隔，使两类结构的受力相互独立。

坝段分缝间距主要由坝段温控防裂要求和大坝结构布置要求确定。根据大坝温度徐变应力分析成果和大坝结构布置情况，溢流坝段横缝间距为 20.00m，孔口跨横缝。

布置：进水口坝段横缝间距 25.00m；底孔坝段宽 30.00m；通航坝段因双向受水压作用，其宽取决于坝段的应力条件，坝段宽为 44.00m；挡水坝段横缝间距一般为 22.00m。

4. 大坝的断面[6]

根据龙滩水电站枢纽布置，大坝主要有两种基本坝段：溢流坝和挡水坝 (图 7-2)，其他坝段的体形是在这两种坝段体形的基础上结合各自的不同功能要求确定的。因此，只要对这两种坝段的体形参数进行优化，即可达到使整个坝体工程量最小的要求。

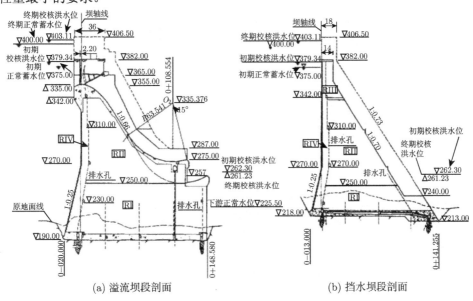

(a) 溢流坝段剖面   (b) 挡水坝段剖面

图 7-2 典型坝段的剖面图 (单位：m)

采用一组设计变量来描述大坝剖面的几何形状，用数学规划方法求解这组设计变量，使大坝在各种荷载组合作用下满足规范规定的稳定与应力条件，坝体工程量为最小。

抗滑稳定及上、下游边缘应力分别满足现行重力坝规范要求，并将大坝作为坝基必需满足的稳定与应力条件作为优化的约束条件。

根据龙滩坝址的地质条件，大坝不存在可能沿坝基础深部的滑动失稳条件，因此，取坝基面和大坝上游折坡点高程水平截面的抗滑稳定性及坝上、下游边缘应力满足现行重力坝规范要求的条件，分别作为坝基面和坝体的稳定与应力约束条件。经过优化计算，求得大坝各典型断面的几何参数，见表 7-1。

表 7-1　坝体典型断面几何参数

	断面名称	坝基面高程/m	上游起坡点高程/m	上游坡比 $1:n$	下游起坡点高程/m	下游坡比 $1:m$
初期	溢流坝段	190	270	0.25	385.5	0.66
	河床挡水坝段	210	270	0.25	380.5	0.70
	接头坝段	300	—	铅直	380.5	0.66
后期	溢流坝段	190	270	0.25	408.5	0.68
	河床挡水坝段	210	270	0.25	406.5	0.73
	接头坝段	300	—	铅直	404	0.68

5. 碾压混凝土的配合比[5]

龙滩大坝碾压混凝土设计技术指标要求见表 7-2。通过对原材料的选择和实验，选定合适的胶凝材料及其比例，研究相容的高效缓凝剂品种及其用量，确定了龙滩大坝碾压混凝土的配合比 (表 7-3)。通过大量的室内和现场实验论证[5] 表明，龙滩大坝坝体中下部碾压混凝土采用富胶凝材料 ($C+F=90+110=200\text{kg/m}^3$ 和 $C+F=75+105=180\text{kg/m}^3$) 是合适的和必要的。

7.2.2　龙滩重力坝与岩基的脆性动力损伤分析

1. 龙滩大坝的抗震设计与分析

龙滩水电站位于红水河上游，广西天峨县境内，是一座大型水电工程。龙滩水电站所处的我国西南地区是地中海–喜马拉雅地震带经过的地方，是亚欧大陆最主要的地震带，也是我国地震活动最活跃的地区，在我国的地震烈度图上是 7 度区。而我国西南地区水力资源又极为丰富，是大力开发水电产业的理想区域。同时，水电的开发必须要对大江、大河进行截流蓄水，这样大坝、高坝的建设就是必不可少的，而一旦在该地区发生的地震造成水库大坝的溃坝、决堤，这样的灾难不但将会给国家的财产带来不可估量的损失，而且更为重要的是，其将严重地威胁下游广大人民的生命安全。人类与自然“健康、协调”发展，是每一个科学工作者的职责。龙滩大坝采用碾压混凝土重力坝，工程等级为 I 级，主要建筑物为 I 级，坝址区基本地震烈度 7 度，设计地震烈度采用 8 度。无论是在龙滩混凝土重力坝的设计还是施工过程中，龙滩混凝土重力坝的地震安全问题都是一个非常重要的问题，因为它是建在地震多发地区，这种混凝土重力坝，在地震中的安全性能如何，是龙滩混凝土重力坝设计与施工过程中必须重点关注的问题。因此，对龙滩混凝土重力坝震后的安全性能进行评价，具有非常重要的政治、经济和社会安全意义。

高坝与坝基岩体的静、动力稳定性的安全评价目前仍处于半经验状态。概括起来，存在以下问题：地震分析中只考虑无质量截断地基，未考虑无限岩基的辐射阻尼的影响，地震波输入仍沿用刚性边界输入。大多数应力分析以均匀线弹性为基础，

表 7-2 龙滩大坝碾压混凝土设计技术指标

坝体部位	设计强度等级 (90d)	抗渗等级 (90d)	抗冻等级 (90d)	极限拉伸值 ε_p(90d)/×10⁻⁴	VC 值 /s	坍落度 /cm	最大水胶比	层面原位抗剪强度 f'	c'/MPa	容重 /(kg/m³)	相对压实度 /%
下部 (CC)	C25	W6	F100	0.8	5~7	—	<0.5	1.0~1.1	1.9~1.7	≥2400	≥98.5
下部 R$_I$ (RCC)	C25	W6	F100	0.8	5~7	—	<0.5	1.0~1.1	1.9~1.7	≥2400	≥98.5
中部 R$_{II}$ (RCC)	C20	W6	F100	0.75	5~7	—	<0.5	1.0~1.1	1.4~1.2	≥2400	≥98.5
上部 R$_{III}$ (RCC)	C15	W4	F50	0.7	5~7	—	<0.55	0.9~1.0	1.0	≥2400	≥98.5
上游面 R$_{IV}$ (RCC)	C25	W12	F150	0.8	5~7	—	<0.45	1.0	2.0	≥2400	≥98.5

注: (1) 混凝土设计强度等级和 90d 强度指标, 是指按标准方法制作养护的边长为 150mm 的立方体试件, 分别在 28d 和 90d 龄期用标准实验方法测得的抗压强度在龄期 180d 测得, 保证率为 80%; (2) 层面原位抗剪强度标准值。混凝土设计强度等级和 90d 强度等级的保证率分别为 95% 和 80% 的抗压强度标准值。

不考虑坝体断裂、损伤等非线性反应；高坝的破坏机理与破坏仿真目前仍属于刚刚起步的阶段，迄今为止缺乏有效的、广泛认可的数值分析与实验手段[1]。在已有的损伤力学文献 [7]~[11] 当中，采用连续损伤力学的方法对混凝土重力坝进行非线性动力损伤分析的还不是很多。采用传统的有限元方法对混凝土重力坝进行非线性动力分析，没有考虑材料中微裂纹的产生、发展所造成的"材料劣化"对材料力学性能的影响，并且不能对坝体整体的损坏状态进行评价。

表 7-3　龙滩大坝碾压混凝土的配合比

坝体部位	设计强度等级	水胶比	最大骨料粒径/mm	级配	水泥用量/(kg/m³)	粉煤灰掺量/(kg/m³)	VC 值/s	坍落度/cm
下部 (CC)	C25	0.42	80	三	90	110	5~7	—
下部 R_I(RCC)	C25	0.42	80	三	90	110	5~7	—
中部 R_{II}(RCC)	C20	0.46	80	三	75	105	5~7	—
上部 R_{III}(RCC)	C15	0.51	80	三	60	105	5~7	—
上游面 R_{IV}(RCC)	C25	0.42	40	二	100	140	5~7	—

因此，对龙滩混凝土重力坝进行前沿科学的动力损伤抗震分析，正确地评估大坝抗御地震的性能，对于确保大坝在地震时的安全具有极其重要的工程意义。

因为龙滩混凝土大坝为 I 级建筑物，根据水工建筑物抗震设计规范，大坝的抗震设计烈度要提高 1 度，所以应取为 8 度，因此，根据规范大坝的设计地震加速度为 $0.2g$。

2. 龙滩大坝的材料的脆性动力损伤-破坏模型

岩石类材料的动力损伤是一个复杂的破坏失效过程，它包含了介质变形、岩体断裂、孔隙压力变化、孔隙率演变等过程的耦合[12,13]。为了能描述岩层中上述的失效破坏现象，本书在文献 [14] 的基础上提出了一种修正的莫尔–库仑脆性损伤破坏准则。它可以在岩石类介质中引入孔隙压力与损伤所造成的有效应力和由孔隙水所造成的有效黏聚力耦合效应 (见第 4 章的式 (4-185) 和图 4-8)：

$$\sigma_n^* = \frac{1}{1-\Omega}\sigma_n + \frac{\Omega}{1-\Omega}P \tag{7-1}$$

按第 4.3.5 小节的理论分析，对脆性材料，可假定损伤对材料的内摩擦角 φ 没有影响，利用各向同性拉伸强度 s_t 与黏聚力 c 的关系 [14]：

$$\sigma_t = \frac{2c\cos\varphi}{1+\sin\varphi} \tag{7-2}$$

孔压效应函数 $f(\Phi, P)$ 可被重新表示为损伤岩石的有效拉伸强度与无损岩石的拉伸强度之比：

$$\frac{\sigma_t^*}{\sigma_t} = f(\Phi, P) \tag{7-3}$$

式中的孔压效应函数 $f(\Phi, P)$，可由在不同孔隙水压条件下测量不同孔隙率材料的抗拉强度的实验确定。于是对含有损伤裂隙及孔隙水的脆性岩石，其修正后的莫尔-库仑失效破坏准则可由式 (4-189) 给出：

$$F = \frac{\sigma_{\mathrm{eq}}}{1 - \Omega} + \frac{\Omega P}{1 - \Omega} - f(\Phi, P)\frac{1 - \sin\varphi}{2\sin\varphi}\sigma_{\mathrm{t}} = 0 \tag{7-4}$$

式中的参数定义阅第 4.3.5 小节的理论分析，其中 σ_{eq} 被定义为破坏面上莫尔-库仑等效应力：

$$\sigma_{\mathrm{eq}} = \tau_n \cot\varphi + \sigma_{\mathrm{n}} \tag{7-5}$$

式 (7-1) 和式 (7-4) 可描述有孔隙水压的裂隙损伤介质的应力、孔隙压力、材料损伤、孔隙率演变对材料强度劣化和介质的破坏失效条件的综合效应。

3. 龙滩大坝岩基的脆性损伤演化率模型

龙滩大坝岩基岩石的破坏是与岩层中裂隙的增长和孔隙率的变化有关的，由于地震荷载的作用，岩层的损伤将增长和传播，造成岩层中的裂纹增大，岩层的孔隙率也增大，高压库水进入岩层裂隙，造成岩层开裂、破坏，失效的程度加重。在孔隙水压力作用下，脆性裂隙岩体由于动力荷载发生脆性损伤发展造成岩体孔隙率演化的动力方程，在第 4 章通过分析修正后的莫尔-库仑失效破坏方程的速率变化过程，由式 (4-194) 和式 (4-210) 给出如下：

$$\dot{\Phi} = \frac{3}{2}\Omega^{\frac{1}{2}}\dot{\Omega} \tag{7-6}$$

其中，$\dot{\Omega}$ 是基于莫尔-库仑失效破坏准则的损伤演化速率。

$$\dot{\Omega} = H(F)$$
$$\frac{\dfrac{(1-\Omega)^2}{2}\dfrac{\partial\sigma_{\mathrm{eq}}}{\partial\sigma_{ij}}D_{ijkl}\left(\dfrac{\partial\dot{u}_l}{\partial x_k} + \dfrac{\partial\dot{u}_k}{\partial x_l}\right) + \left[\Omega + (1-\Omega)\dfrac{\partial f(\Phi, P)}{\partial P}R_t\dfrac{1+\sin\varphi}{2\sin\varphi}\right]\dot{P}}{\dfrac{2\sigma_{ij}}{1-\Omega}\dfrac{\partial\sigma_{\mathrm{eq}}}{\partial\sigma_{ij}} + \left[f(\Phi, P) - \dfrac{3(1-\Omega)\Omega^{\frac{1}{2}}}{2}\dfrac{\partial f(\Phi, P)}{\partial\Phi}\right]\dfrac{1+\sin\varphi}{2\sin\varphi}R_t - P} \tag{7-7}$$

式中，D_{ijkl} 是非损伤介质的弹性张量；$H(F)$ 是 F 单位阶跃函数，可被看作"局部化作用因子"，它使得损伤发展只能发生于失效破坏准则被满足的局部区域；实效破坏准则 F 的表达式已在式 (4-189) 中定义了。

应力张量 σ_{ij} 的速率可由损伤材料的本构方程确定如下：

$$\dot{\sigma}_{ij} = -\frac{2\dot{\Omega}}{1-\Omega}\sigma_{ij} + \frac{(1-\Omega)^2}{2}D_{ijkl}\left(\frac{\partial\dot{u}_l}{\partial x_k} + \frac{\partial\dot{u}_k}{\partial x_l}\right) \tag{7-8}$$

但是，得到这个损伤速率方程，需要假定：

(1) 岩石晶格的平均尺寸和岩石介质的内摩擦角是与时间无关的参数;

(2) 岩石介质中任何点一旦失效准则被满足,该点邻域介质中的损伤发展和孔隙率演变便立刻开始;

(3) 失效破坏过程中介质内没有任何塑性变形发生,即材料该点的失效准则一旦被满足,该点局部的断裂破坏便立即发生,宏观变形立即恢复。

从连续损伤力学及热动力学的观点来看,上面三个假设,就是假定:当材料发生脆性破坏时,所耗散的能量不是耗散于塑性变形而是仅耗散于介质材料中的微观结构的改变 (即脆性材料的损伤发展和孔隙率演变),这是脆性损伤破坏的物理机理。

式 (7-6) 和式 (7-7) 就是岩石类材料中由脆性损伤发展引起孔隙率演变的材料劣化方程。

4. 大坝数值分析的结构与参数

图 7-3 是龙滩碾压混凝土重力坝坝体的计算剖面图,材料分区亦如图 7-3 所示。各区的材料主要力学参数见表 7-4,表中的弹性模量为静弹性模量,动力作用下坝体材料的动弹性模量考虑在静弹性模量的基础上提高 30%,即静弹性模量乘以 1.3 系数;水的容重采用 10kN/m³;按规范 [12] 混凝土动力强度在静力强度基础上提高 30%。

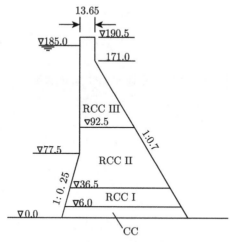

图 7-3　龙滩重力坝的坝体分析剖面图 (单位: m)

表 7-4　堤坝和岩基的材料参数

材料参数	弹性模量 E/GPa	泊松比 ν	密度 ρ /(kg/m³)	内摩擦 角 φ/(°)	黏聚力 c/MPa
堤坝	2.18	0.28	2500	40	2.2

5. 龙滩重力坝的有限元网格

为了减小岩基对坝体的影响，考虑扩大岩基的计算范围，在计算中，岩基的计算范围向上、下游方向延伸略大于 1.5 倍坝高，本书取 250m。堤坝和岩基受到水平 x 方向和竖直 y 方向的地震加速度 (力) 作用。岩基的分析范围取为 $250m \times 100m$，但是在岩基的边界采用了无限元[1]，如图 7-4 所示。这里选取的岩基计算区域的边界，采用无限元的目的是：①尽量减少边界支撑效应的影响，使岩基有限计算区域边界所产生的反射能量被无限元吸收掉；②通过无限元给动力分析提供合适的边界阻尼。数值计算中堤坝和岩基的材料参数见表 7-4。

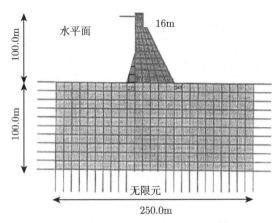

图 7-4 大坝和岩基的有限元几何模型

本书采用平面 8 节点等参单元，同时用少量的由平面 8 节点等参单元退化的三角形单元作为过渡网格。为了对坝体的"薄弱环节"给以特别的关注，对坝体和岩基的结合部以及坝体上游迎水面折坡处的网格进行了加密。需要说明一下，图 7-4 仅是个网格示意图，无法体现加密部位的细节，图中无法给出有限元计算单元总数 469，节点总数 1502 的加密细节。网格中对岩基的边界处采用的无限元是半无界单元，它既避免了边界支撑造成地震波向坝体和岩基内的反射，又能吸收地震波从自由表面反射回岩基内再次被边界反射的效应。所以，它对岩石基础内的应力引起的模型误差较小。

6. 龙滩重力坝的脆性动力损伤数值分析结果

分析中采用了 Rayleigh 损伤阻尼模型，取堤坝和岩基的阻尼比为 0.05；地震荷载采用 1951 年的美国强地震记录 EI-Centro 波，同时考虑水平方向和竖直方向的地面运动，地震持时为 20s，地震记录见图 7-5。假定坝体无初始损伤裂纹，岩基的初始损伤由初始孔隙率折算为 $\Omega = 0.09$。

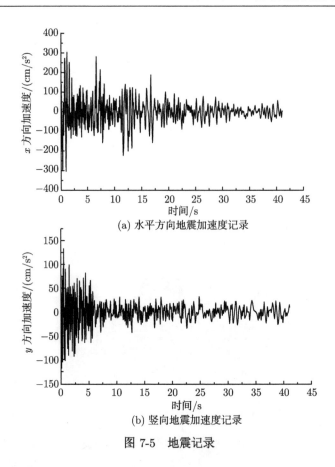

图 7-5　地震记录

　　动力响应会引起应力升高，从而使裂纹增长、缺陷扩大 (即损伤发展) 并导致损伤应变能释放[8]。图 7-6 中给出了损伤单元中有效应力和 Cauchy 应力的莫尔–库仑等效值的变化过程对比。

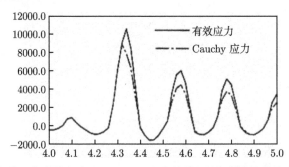

图 7-6　损伤单元中有效应力和 Cauchy 应力的莫尔–库仑等效值的变化过程对比

　　很明显，随着损伤的增加，会有较多的应变能被释放出来，由此损伤的增长会更灵敏。图 7-7 给出的是在地震后，堤坝和岩基中损伤分布的等值线。图 7-8 给出了地震过程中，当 t=4.46s 时，最大有效主应力在堤坝和岩基中分布的等值线。可以看到，在坝体上游坡面有很高的应力集中，该处的损伤也明显地增长了。通过数值分析发现，坝体的损伤在岩基比较硬的情况下，比在岩基相对比较软的情况下，要灵敏一些，因为较软的岩基可以吸收一些地震能量。

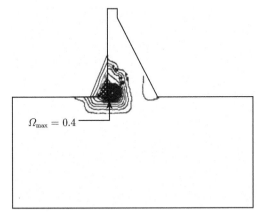

图 7-7　由地震造成的堤坝和岩基中损伤分布的等值线

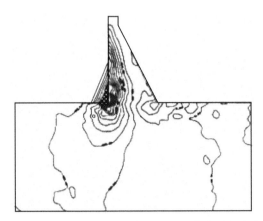

图 7-8　在 t=4.46s 时堤坝和岩基中分布的最大有效主应力的等值线

图 7-9 是地震过程中，岩基中有损伤增长和无损伤增长两种情况下，岩基损伤区域内的损伤应变能释放率的对比。从图 7-9 可以看出，地震响应过程中，岩基中的应变能释放率，在损伤发展的情况下，明显高于损伤不发展的情况。这是由于损伤发展需耗散一部分应变能。这与图 7-6 中绘出的损伤单元中有效应力的莫尔–库仑等效值的响应峰值明显地高于 Cauchy 应力的莫尔–库仑等效值的响应峰值，所蕴含的损伤发展的机理是一致的。

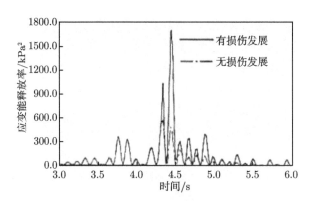

图 7-9   损伤增长过程中岩基损伤区域内的损伤应变能释放率的对比

7. 讨论

上面的计算分析是考虑龙滩重力坝的基础为裂隙岩体,在地震荷载和孔隙水压共同作用下,根据修正的莫尔–库仑脆性破坏准则,分析研究坝体和岩基内的损伤效应,以及损伤发展造成的裂隙岩体孔隙率演化对堤坝和岩基的动力特征的影响。数值分析结果显示:损伤的增长明显地发生于堤坝和岩基上游坡的结合处和应力集中显著的部位。由于软岩基对地震能量的吸收,在损伤破坏分析中发现,坚硬岩基上堤坝系统内的损伤发展,要比软岩基上的灵敏。

7.3   混凝土大坝及岩基的二维黏–弹–塑性动力损伤分析

7.3.1   用黏–弹–塑性动力损伤模型分析混凝土重力坝的意义

在 7.2 节采用脆性动力损伤分析后,本节将采用黏–弹–塑性损伤模型分析,继续分析龙滩混凝土重力坝在遭受重大地震作用后的安全问题。最关心的问题还是在整个地震荷载作用过程中,坝体关键部位的动力响应和震后整个坝体的黏–弹–塑性变形与损伤状态。众所周知,黏–弹–塑性特性是最能反映材料在动力荷载作用下,局部破坏过程中的滞后和积累效应的本构模型,这种局部破坏的滞后和积累的不可逆过程是通过能量的耗散和吸收来实现的。而大坝在强地震荷载作用下不可逆的局部损伤积累过程就是典型的滞后和积累效应的耗散过程。因此,采用黏–弹–塑性损伤模型来分析强震过后结构的损伤破坏被积累的状态,是一种有效和适用的模型。国内外也有不少的文献采用黏–弹–塑性模型分析结构在地震或其他动力荷载下的动力响应问题。

为了突出黏–弹–塑性分析的特色,按黏–弹–塑性分析的要求,将龙滩混凝土重力坝坝体和岩基材料的主要力学参数在表 7-5 中再次给出。

表 7-5　龙滩混凝土重力坝坝体和岩基材料的黏–弹–塑性分析的力学参数

材料参数	黏聚力 c/MPa	摩擦角 ϕ/(°)	弹性模量 E/GPa	泊松比 ν	密度 ρ/(kg/m³)
岩基	16.26	50.57	16.0	0.30	2500
常态混凝土 CC	8.93	53.65	21.0	0.25	2450
碾压混凝土 RCC I	7.54	53.65	20.0	0.167	2400
碾压混凝土 RCC II	5.49	52.07	20.0	0.167	2400
碾压混凝土 RCC III	4.90	51.55	20.0	0.167	2400

7.3.2　计算参数及分析网格模型

1. 计算参数

计算剖面仍然选取图 7-3 所示的龙滩碾压混凝土重力坝坝体中的典型截面, 坝体的材料分区亦如图 7-3 所示。黏–弹–塑性计算所需的各区材料主要力学参数见表 7-5, 表中的弹性模量为静弹性模量, 在动力作用下, 应考虑坝体材料的动弹性模量, 做法是在静弹性模量的基础上提高 30%, 即静弹性模量乘以 1.3 的系数为动弹性模量; 水的容重采用 10kN/m³; 按规范 [12] 混凝土动力强度在静力强度基础上提高 30%。

2. 龙滩重力坝的数值分析的网格模型

对于黏–弹–塑性损伤分析模型, 因为黏–弹–塑性材料的吸能特性, 该分析中对岩基的计算边界, 没有采用 7.2 节所用的无界元, 黏–弹–塑性材料单元也能部分地减小岩基边界支撑对坝体地震响应的影响, 因此仅考虑扩大岩基的计算范围即可。在计算中, 岩基的计算范围向上、下游方向延伸略大于 1 倍坝高, 本书取 200m。为了提高非线性迭代的收敛特性, 大坝岩基的边界约束取为固定铰支座。

计算仍主要采用平面 8 节点等参元, 和 7.3.1 节一样, 同时用少量的由平面 8 节点等参元退化的三角形单元作为过渡网格。同时对坝体的一些关键部位也特别地给予了加密, 主要是对坝体和岩基的结合部以及坝体上游迎水面折坡处的网格进行了加密。黏–弹–塑性动力损伤分析的坝体和岩基的有限元分析网格见图 7-10, 有限元计算单元总数 469, 节点总数 1502。

分析中也采用了 Rayleigh 损伤阻尼模型, 取堤坝和岩基的阻尼比为 0.05, 地震荷载仍采用 1951 年的美国强地震记录 EI-Centro 波, 同时考虑水平方向和竖直方向的地面运动, 地震持时采用 20s。地震记录见图 7-5。假定坝体无初始损伤裂纹, 岩基的初始损伤由初始孔隙率折算为 $\Omega = 0.09$。

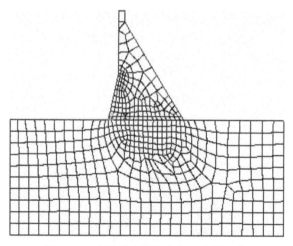

图 7-10　龙滩重力坝的有限元分析网格

3. 地震荷载描述

EI Centro 地震于 1951 年 1 月 23 日发生在美国的帝国大峡谷的冲刷区，震中在北纬 33.07 度，西经 115.34 度，震级为 7.1 级。以北为 x 轴的正方向，以东为 y 轴的正方向，以上为 z 轴的正方向，地震记录情况描述如下：

水平的 x 方向的峰值加速度为 $30.35\mathrm{cm/s^2}$，发生在 1.16 s；峰值速度为 -2.99 cm/s，发生在 6.44s；峰值位移为 $-1.95\mathrm{cm}$，发生在 7.28s；初始速度为 0.95cm/s；初始位移为 0.15cm。竖直的 y 方向的峰值加速度为 $-27.56\mathrm{cm/s^2}$，发生在 12.88s；峰值速度为 $-3.09\mathrm{cm/s}$，发生在 6.5s；峰值位移为 0.99cm，发生在 38s；初始速度为 1.38cm/s；初始位移为 0.32cm。z 方向的峰值加速度为 $13.27\mathrm{cm/s^2}$，发生在 0.4s；峰值速度为 $-1.22\mathrm{cm/s}$，发生在 3.24s；峰值位移为 0.89cm，发生在 23.16s；初始速度为 0.18351cm/s；初始位移为 $-0.016\mathrm{cm}$。

7.3.3　数值分析结果

1. 地震动位移响应结果

图 7-11(a) 给出了震后龙滩混凝土重力坝残余变形的水平位移等值线；图 7-11(b) 给出了震后龙滩混凝土重力坝残余变形的竖向位移等值线。从图 7-11 中可以看出：坝体的水平位移随着高程升高而增大，在同一高程的坝体各点的水平动位移比较接近，特别在坝顶部附近，水平动位移的等值线几乎接近于一簇水平线 (图 7-11(a))，坝顶最大水平残余变形位移为 8.65cm。坝体的竖向位移自上游面向下游面逐渐减小，坝体上游侧竖向变形位移明显大于下游侧 (图 7-11(b))。最大竖向变形位移出现在坝顶上游侧，其值为 3.18cm。

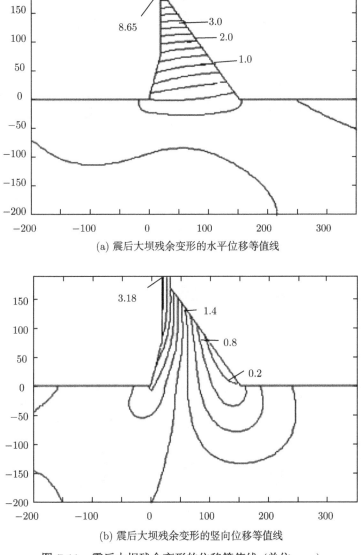

(a) 震后大坝残余变形的水平位移等值线

(b) 震后大坝残余变形的竖向位移等值线

图 7-11 震后大坝残余变形的位移等值线 (单位: cm)

图 7-12 给出了地震荷载作用过程中重力坝坝顶的水平位移和竖向位移的时程曲线。图中，实线表示对重力坝进行非损伤弹性动力分析得到的时程曲线；虚线表示黏–弹–塑性动力损伤分析所得到的时程曲线。由两条曲线对比可以看出：黏–弹–塑性动力损伤造成的水平和竖向残余变形位移分别可达 8.65cm、3.18cm；而如果仅对重力坝进行弹性动力分析，则坝顶在震后就不会出现残余变形。由此可见：如果在动力分析中考虑黏–弹–塑性和损伤的影响，由于坝体出现了黏–塑性变形，坝

体的动力响应会明显地放大。

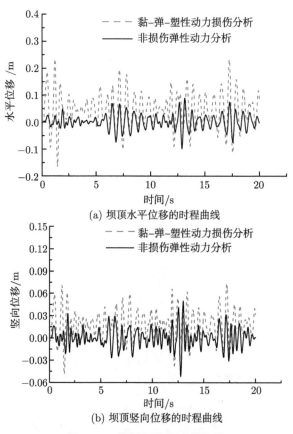

(a) 坝顶水平位移的时程曲线

(b) 坝顶竖向位移的时程曲线

图 7-12   坝顶位移的时程曲线

2. 地震动应力响应结果

图 7-13 (a) 给出了 $t = 20\text{s}$ 时龙滩混凝土重力坝水平地震动应力等值线；图 7-13 (b) 给出了 $t = 20\text{s}$ 时龙滩混凝土重力坝竖向地震动应力等值线。从图 7-13 中可以看出，坝体在地震荷载作用下，坝体内的动应力从坝体内部向上游和下游逐渐增大，在坝踵和坝趾处无论是水平应力还是竖向应力都比较大，并在该处出现应力集中。同时，竖向地震动应力还在坝体上游折坡处出现应力集中。此时，坝踵处的最大水平地震动应力为 2.231MPa；最大竖向地震动应力为 4.327 MPa。坝趾处的最大水平地震动应力为 −1.985 MPa；最大竖向地震动应力为 −3.625 MPa。坝体上游折坡处的最大竖向地震动应力为 2.941MPa。

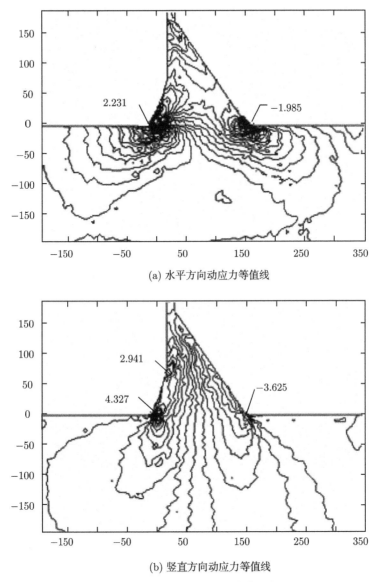

(a) 水平方向动应力等值线

(b) 竖直方向动应力等值线

图 7-13　水平、竖直方向动应力等值线 (单位: MPa)

图 7-14 给出了坝踵部位的 373 单元 2 节点的竖向应力、水平应力的时程曲线。由于这个部位应力集中最严重, 因此研究此处的应力时程最有意义。从图中可以看出, 373 单元 2 节点在 $t=16.88\mathrm{s}$ 时刻, 竖向拉应力达到最大值 -3.223 MPa; 在 $t=16.90\mathrm{s}$ 时刻, 水平拉应力达到最大值 -2.214 MPa。

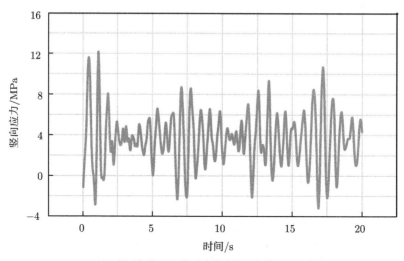

(a) 坝踵部位 373 单元 2 节点的竖向应力时程曲线

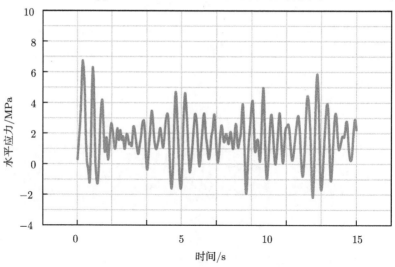

(b) 坝踵部位 373 单元 2 节点的水平应力时程曲线

图 7-14　坝踵部位 373 单元 2 节点的应力时程曲线

3. 地震动力损伤分析结果

图 7-15 给出的是在地震后堤坝和岩基中黏-弹-塑性损伤分布的等值线。由图可见：在坝踵、坝趾、坝体上游折坡处以及坝体和岩基的结合面上损伤最显著，损伤域从局部损伤点向坝体和岩基内部逐步扩展，损伤值逐步减弱，在坝踵和坝址处最大损伤值分别达到 0.629 和 0.583。

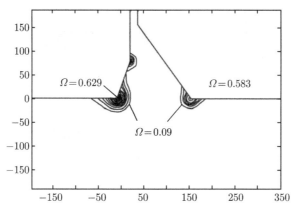

图 7-15 坝体和岩基的损伤分布的等值线 (单位：m)

图 7-16 给出了动力分析中跟踪损伤最严重高斯点 (坝踵处) 的损伤发展时间历程曲线, 由图可见, 损伤的发展前期由于地震响应较大, 损伤发展速率也较大, 与时间呈指数关系; 响应后期, 地震强度减弱、损伤发展变小, 甚至停止, 损伤积累达到最大损伤值, 基本呈水平直线形式。这正是所预期的那样, 它是由损伤发展函数所决定的。

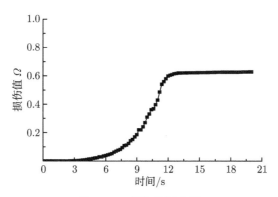

图 7-16 损伤发展曲线

从给出的地震加速度记录看, 加速度峰值和比较大的加速度都集中在记录的前 20s, 20s 以后的加速度都明显比较小, 并且材料的损伤和黏–塑性应变都是逐步累加的不可逆过程, 因为 t=20s 时损伤积累已经稳定达到最大值, 不再增加, 坝中损伤最严重的高斯点在地震响应过程中损伤积累的时间历程见图 7-16。在 t >14s 后由于地震强度开始减弱, 损伤积累变平缓, 在 t=20s 及震后达到最大损伤值 0.629 (图 7-16), 此时结构损伤状态已达到最大。为了考察达到最大损伤状态时所对应的坝体变形的性态 (这样考察损伤的效应更有意义), 取地震后的大坝的残余变形位移等值线图 (图 7-11)、地震 t = 20s 时动应力响应的等值线分布图 (图 7-13) 来研究，它与最大动力响应有一些区别，最大动力响应中可恢复的变形位移部分意义不大，从工程上来讲大坝所能观测到的也主要是地震后的残余变形位移。所以本节主要取地震后重力坝的残余变形位移等值线图和 $t=20\mathrm{s}$ 时刻动应力响应的等值线，以及震后整个坝体的损伤状况和坝体损伤最严重点的损伤发展曲线，并以此对大坝进行安全评估。

7.4　混凝土重力坝的安全评估

随着国民经济的发展，小湾、溪洛渡等一批 300m 级超高拱坝和龙滩等 200m 级碾压混凝土重力坝已经或即将在我国西部高烈度地震区进行建设。大坝的抗震安全性评价直接关系到下游广大地区工农业生产和人民生命财产的安全，因此具有极其重要的意义。

7.4.1　混凝土大坝抗震安全评价的回顾

混凝土大坝的抗震安全性评价已经发展了一个较长的时期。大坝的安全评价主要包括强度评价和稳定评价两个方面。就目前来看，混凝土大坝的设计，基本上分别独立地对稳定和应力分析进行检验。主要采用极限平衡方法进行稳定分析，用经典塑性力学上限理论计算安全系数，同时主要通过坝线选择和加固等措施来解决稳定方面出现的问题。所以，大坝剖面的选择将主要通过应力进行控制。从应力的角度评价混凝土大坝的抗震安全性，目前仍将主要建立在容许应力的基础上，世界各国都采用弹性动力分析计算出的地震应力来对大坝进行抗震设计。

混凝土大坝在强震中的震害主要表现为坝体出现损伤、受拉出现裂缝、发生应力重分布等，使大坝的承载能力降低。因此，混凝土的容许抗拉强度是大坝抗震安全检验的一个十分重要的指标。

在很长时期内，拱坝的设计采用试载法 (多拱梁法)，重力坝的设计采用材料力学方法进行分析。这种方法计算简便，又基本上可以反映大坝的受力特性，所以在较长时期的大坝建设实践中发挥了重要作用，同时也积累了很多经验。但是由于这种方法采用平面变形假定，忽略了应力集中的影响，也有一定的局限性。

在早期的混凝土大坝设计中，基本上不容许拉应力出现。同时大坝的设计地震加速度一般仅取 $0.1g$ 左右。这种情况下，大坝的安全性主要由静力来控制。随着坝工建设的发展，这种评价标准在实践中暴露出越来越多的矛盾。

首先，拉应力的控制标准问题逐渐被突破。由于坝高的增加，同时在复杂条件下建设的大坝数量越来越多，不容许拉应力出现的标准已经无法满足设计要求。另外，也考虑到大体积混凝土实际上可以承受某种程度的局部拉应力。从而，在一些混凝土坝的设计中逐步容许局部出现一定数量的拉应力。但是，各坝的允许拉应力数值都不完全相同。总体来看，有着逐步提高的趋势。以美国为例[13]，1924 年设计 Pacoima 拱坝时，加州工程师取容许拉应力 0.7 MPa；1967 年，美国土木工程学会与美国大坝委员会总结的拱坝拉应力容许值为 0.84~1.26 MPa；1974 年，美国垦务局标准容许拉应力在正常荷载时为 1.05MPa，非常荷载时为 1.575 MPa；1977 年，Auiburn 坝设计时，拉应力容许值达到 5.25MPa；1984 年 Raphael 根据若干座坝混凝土试样的实验值，建议地震时容许拉应力可达 6.958 MPa。容许拉应力实际上决定了大坝设计的安全度，因为它决定了大坝断面裂缝的范围以及应力重分布的结果。关于容许拉应力的取值，各国、各个单位、各座坝都不同，至今还没有公认的标准。因为各座坝的具体情况不同，拉应力发生的部位不同，对大坝安全性的影响也各不相同，因此很难采用一个统一的标准。

其次，随着强震记录的不断积累，大坝的设计地震加速度也呈逐步上升的趋势。1940 年，美国 EI Centro 记录到的最大地震加速度为 $0.32g(M = 7.0)$。1970 年以后，具有特大加速度的记录不断增多。例如，1973 年，苏联 Gazli 地震时为 $1.3g(M = 7.2)$；1978 年，伊朗地震时为 $0.87g(M = 7.4)$；1979 年，美国 Imperial Valley 地震时为 $1.7g(M = 6.6)$；1985 年，智利地震时为 $0.75g(M = 7.8)$；1994 年，美国 Northridge 地震时为 $1.82g(M = 6.7)$；1999 年，我国台湾省地震时为 $1.0g$ 左右 $(M = 7.3)$。其中，1985 年，加拿大地震时记录到的最大加速度甚至超过 $2.0g(M = 6.9)$。虽然对建筑物响应起作用的是有效峰值加速度 EPA，但是，实测地震加速度超过甚至远超过抗震设计采用的加速度则是事实。对混凝土大坝来说，对坝造成震害的几次强震震中实测到的大坝场地加速度是值得重视的。其中，印度 Koyna 重力坝，1967 年 12 月 11 日发生 $M = 6.5$ 级强震，震中位于大坝以南偏东 2.4km，实测坝基加速度为：坝轴向 $0.63g$，顺河向 $0.49g$，竖向 $0.34g$。伊朗 Sefid Rud 大头坝，1990 年 6 月 21 日发生 $M = 7.6$ 级大震，震中距坝址约 5km，坝址无记录，相距 40km 处的强震仪记录到的加速度峰值为 $0.56g$，按地震动衰减规律估算的坝基加速度为 $0.714g$。美国 Pacoima 拱坝，1971 年 2 月 9 日发生 $M = 6.6$ 级 San Fernando 地震时，左坝肩基岩峰顶加速度的水平和垂直分量分别达到 $1.25g$ 和 $0.72g$，估算坝基加速度约为 $0.50g$；1994 年 1 月 17 日 $M = 6.8$ 级 Northridge 地震时，实测坝基加速度的水平和竖向分量分别达到 $0.54g$ 和 $0.43g$，左坝肩峰顶 $1.58g$。这几次地震都对大坝造成了比较强烈的震害。其中还包括我国的新丰江大坝。需要指出，上述大坝都进行过抗震设计。我国的新丰江大头坝，在 1959 年水库蓄水后不久，由于在库区发生有感地震，1961 年按Ⅷ度地震烈度进行过一期加固，水平向设计地震系数为 0.05。1962 年 3 月 19 日发生 $M = 6.1$ 级强震时造成大坝头部断裂；印度 Koyna 重力坝在震前按地震系数 0.05 进行设计，震后头部转折处出现了严重的水平裂缝；伊朗 Sefid Rud 大头坝震前按地震系数 0.25 进行过抗震设计，震后形成了一条几乎贯穿全坝的头部水平裂缝；美国 Pacoima 拱坝在 1971 年

San Fernando 地震时，左坝头与重力墩之间的接缝被拉开，震后进行过加固。1994
年 Northridge 地震时又重新被拉开。大量地震记录加速度超过传统大坝设计采用
的设计地震加速度，因此，按照什么标准进行混凝土大坝的抗震设防，成为设计人
员十分关注的问题。

7.4.2　各国现行抗震设防标准的基本框架

一方面，不少大坝坝址记录到的地震加速度远超过大坝的设计地震加速度，并
且造成大坝的震害；另一方面，按传统地震加速度设计的大坝也能抵抗一定程度的
地震，有的还经受住了强震的考验，例如，1976 年意大利 Gemona Freulli 发生的
$M = 6.5$ 级强震中，在离震中 50km 范围内有 13 座拱坝未发生震害。面对这一矛
盾，各国对于大坝抗震设防采取了不同的处理方法，可以归纳为以下三种。

1. 采用较低的设计地震加速度值的做法

日本和俄罗斯仍然保留传统的做法，采用较低的设计地震加速度值。日本大坝
设计基本采用拟静力法，土木工程学会大坝抗震委员会规定的设计地震系数，混凝
土坝强震区取 0.12~0.20，弱震区取 0.10~0.15。考虑弹性振动的动力放大影响，大
坝坝身地震系数取为坝基的 2 倍。俄罗斯 1995 年颁布的设计标准重新确认了苏联
1981 年施行的地震区建筑设计规范。规范规定，对地震烈度为 Ⅶ、Ⅷ、Ⅸ 度的建筑
场地，相应的最大地震加速度分别为 $100cm/s^2$、$200cm/s^2$ 和 $400cm/s^2$，水工建筑
物按拟静力方法进行计算，地震荷载根据建筑物周期按反应谱方法确定，Ⅰ 类场地
的最大动力系数 $\beta = 2.2$，Ⅱ 类、Ⅲ 类场地最大动力系数 $\beta = 2.5$，任何情况下 β 均
不小于 0.8。按一维简图 (悬臂梁) 进行计算时，振型不少于 3 个；按二维简图进行
计算时，混凝土坝的振型不少于 10 个。水工建筑物的地震荷载均按场地烈度相应
的加速度进行计算，同时引入容许破坏程度系数 $K_1 = 0.25$ 进行折减。对于 Ⅰ 级挡
水建筑物，按加速度矢量表征的计算地震作用，在此基础上加大 20%。此外，还规
定位于高于 Ⅶ 度地区的 Ⅰ 级挡水建筑物按场地烈度所相应的地震加速度 (即不折
减) 作补充计算。日本规定，对高拱坝和重要大坝，除进行基本分析外，还需要进
行动力分析和动力模型实验，并选择适当的地震波时程曲线。俄罗斯规范要求 Ⅰ 级
水工建筑物除进行地震作用计算外，还应进行模型实验在内的研究，比较理想的是
在部分已建成的及已投入使用的建筑物上进行原型实验研究，以检验坝的动力特
性及计算方法的合理性。

2. 采用两级地震设防标准

以美国为代表的一些国家，采用两级地震设防标准，这也是目前许多国家坝
工抗震设计中的一种趋势。1970 年以前，美国垦务局大坝设计地震加速度采用
$0.1g$，1974 年以后，提出设计基准地震 (design basis earthquake, DBE) 与最大可信

地震 (maximum credible earthquake, MCE) 两级设防的概念[14]。国际大坝委员会 1989 年公布的《大坝地震系数选择导则》[15]，明确了使用安全运行地震动 (operating basis earthquake, OBE) 与最大设计地震动 (maximum design earthquake, MDE) 两级设防的地震动参数选择原则。按照这一准则，在安全运行地震 OBE 作用时，大坝应能保持运行功能，所受震害易于修复。故一般可进行弹性分析，并采用容许应力准则。在最大设计地震 MDE 作用时，要求大坝至少能保持蓄水能力。这表示可容许大坝出现裂缝，但不影响坝的整体稳定，不发生溃坝。同时，大坝的泄洪设备可以正常工作，震后能放空水库。OBE 一般选为 100 年内超越概率 50%(重现期 145 年) 的地震动水平，美国大坝安全委员会则建议 DBE 的重现期为 200 年，经过经济上合理性的论证时，还可适当延长[16]。关于 MDE 的概率水准或重现期，没有作明确规定。值得注意的是，MDE 的决定一般都和大坝的失事后果相联系，只对特别重要的坝，才令 MDE 等于 MCE[14]。确定 MCE，一般有确定性方法 (地质构造法) 和概率法等两种方法，国际大坝委员会的导则认为，就目前的认识水平而言，不可能明确规定必须采用哪种方法。建议同时采用两种方法，并应用工程经验进行判断。

采用两级设防水准有待解决的问题是 MDE 作用时，如何检验大坝的安全性。目前还没有取得共同的认识，但是近年来已受到许多国家的关注，并且已有了一定的进展。这方面有代表性的是加拿大大坝安全委员会 1995 年制定的《大坝安全导则》[17]，将大坝按其失事后果区分为 4 类：①非常小——无伤亡，除大坝本身外，无经济损失；②小——无预期伤亡，中等损失；③大——若干伤亡，较大损失；④很大——大量人员伤亡，很高震害损失。最大设计地震 MDE 的年超越概率 (AEF) 按大坝失事后果确定：①失事后果小的坝：1/ 100 <AEF< 1/ 1000；②失事后果大的坝：1/ 1000 <AEF< 1/ 10000；③失事后果很大的坝：AEF=1/ 10000。加拿大的 BC Hydro 公司又将上述法则进一步具体化，按极端情况下的生命损失 (LOL) 以及社会经济、财政和环境损失 (SFE) 的金额来区分失事后果的大小：①非常小：LOL<0.01，SFE<10 万加元；②小：0.0l<LOL<l，10 万加元 <SFE<1000 万加元；③大：1<LOL<100，1000 万加元 <SFE<10 亿加元；④很大：100<LOL<10000，10 亿加元 <SFE<1000 亿加元；⑤特殊大：LOL>10000，SFE>1000 亿加元。关于 MDE 的年超越概率，正在进一步制订便于操作的准则，但尚未获得最终结果。关于安全评价方法，他们也在研究，认为计算应力只是一个中间步骤，希望确定坝的地震失效模式，了解开裂后坝的动力特性，这就意味着对大坝系统进行动力损伤分析是非常有必要的。

欧洲许多国家大都参照国际大坝委员会制定的准则进行考虑。例如，法国接近 1000 年内发生的最大区域地震在最不利位置处发生时确定 MCE，而 DBE 则按大坝运行期内可能发生一次的地震规模确定。意大利基本上以国际大坝委员会的准则为基础。南斯拉夫大坝 MDE 的重现期选为 1000~10000 年，按失事后果确定。瑞士重要大坝的安全评价按 MCE 考虑，小坝参照房屋建筑的要求考虑。瑞士电力工程服务公司为伊朗若干拱坝 (坝高 100m 左右) 进行的抗震设计，MCE 的平均重现期定为 2000 年左右，其地震加速度值约为 DBE 的 2 倍。MCE 作用时容许大坝开裂，要求检验被裂缝分割的坝体的动态稳定，假设强震时拱坝的结构缝、水平施工缝以及坝基接触面上裂缝均张开，按各坝块为刚体的假设分析裂后坝的稳定性，要求各坝块的相对变形和转动不使坝丧失稳定，不发生坝块坠落。按照他们的经验，设计良好的拱坝，坝的剖面基本上由 DBE 工况确定。此外，我国台湾按失事的危险性将大坝分为 3 类，1 类 MDE ＝ MCE；2 类 DBE<MDE<MCE；3 类 OBE<MDE<DBE。其中 DBE 的重现期为 100 年，OBE 的重现期为 25 年。

3. 我国现行规范标准[12]

我国现行的水工建筑物抗震设计规范标准虽然采用了极限状态的计算公式，实质上仍然是以弹性分析为主的容许应力标准，按计算出的最大拉应力来控制坝的安全性。采用一级设防标准，选择的设计地震加速度，对基本烈度 (50 年超越概率 10%，重现期 475 年) 为 7、8、9 度区的场地，分别取 0.1g, 0.2g 和 0.4g。只是对设计烈度小于 8 度，坝高小于 70m 的 2 级或 3 级的混凝土重力坝和拱坝，容许采用拟静力法分析，引入地震作用效应折减系数 0.25ξ。但对重要大坝，则需将设计地震加速度的水准提高到 100 年超越概率 2%(重现期 4950 年)。地震作用采用反应谱法进行弹性分析，适当提高结构的阻尼比 (拱坝 3%~5%)，材料强度取值也适当提高，混凝土动态强度较静态强度提高 30%，动态抗拉强度取为动态抗压强度的 10%。计入结构重要性系数、设计状况系数、结构系数和材料分项系数影响后，混凝土的抗拉强度设计值约为材料抗压强度标准值的 0.132 倍。

7.4.3 坝体混凝土材料动力特性的评估

对混凝土大坝进行抗震安全评价，除了地震设防标准，另一个重要的方面是混凝土材料的动力特性问题。在坝工问题研究中这是相对薄弱的环节。在大坝设计中，目前应用比较广泛的一个依据是 Raphael 所进行的实验[18]，他在 5 座西方混凝土坝中钻孔取样进行动力实验，在 0.05s 的时间内加载到极限强度 (相当于大坝 5Hz 的振动频率)，得出：动态抗压强度较静强度平均提高 31%；直接拉伸强度平均提高 66%，劈拉强度平均提高 45%，实验结果有一定离散性。据此，他提出了混凝土大坝在地震作用下抗拉强度设计标准的建议。地震作用下混凝土的抗拉强度 (单位 psi) 为

$$f_t = 2.6 f_c^{2/3} \tag{7-9}$$

计入断面塑性影响时的混凝土表面抗拉强度 (单位 psi) 为

$$f_t' = 3.4 f_c^{2/3} \tag{7-10}$$

式中，f_c 为混凝土的静态抗压强度。

这一结果是在应变速率大体相当于 5Hz 的振动下取得的，但目前已被不分情况地普遍推广应用于大坝的设计[19]。我国《水工建筑物抗震设计规范》也采用了这一结果。实际上，不同的大坝、不同的部位，地震时的应变速率各不相同，例如，对 300m 级的高拱坝来说，其基本振动频率接近于 1Hz，地震时的应变速率远低于 5Hz 时相应的应变速率。近年来，关于应变速率对混凝土强度的影响已进行了大量研究[20,21]。其中欧洲混凝土协会 (CEB)1990 年样板规范建议的计算公式形式如下[22]：

$$f_t/f_{ts} = (\dot{\varepsilon}/\dot{\varepsilon}_s)^{1.016\delta}, \quad \dot{\varepsilon} < 30s^{-1} \tag{7-11}$$

$$\delta = 1/(10 + 6f_c'/f_{co}') \tag{7-12}$$

式中，f_t 为应变速率 $\dot{\varepsilon}$ 时的动态抗拉强度；f_{ts} 为静态抗拉强度；$\dot{\varepsilon}$ 为动应变速率，$3 \times 10^{-6} \sim 300s^{-1}$；$\dot{\varepsilon}_s$ 为静应变速率，$3 \times 10^{-6}s^{-1}$；f_c' 为混凝土抗压强度；f_{co}' 为混凝土标准抗压强度，10MPa。

地震荷载作用时的应变速率一般在 $10^{-3} \sim 10^{-2}$ 范围内变化[20]。应当指出，不同的研究者得出的结果离散性很大[21]，而且，对混凝土动态强度影响的因素也很多。混凝土在受拉、受弯和受压时，其动态强度的增长幅度不同。不同强度的混凝土增长幅度不同，低标号混凝土增长幅度较高。此外，混凝土试件的湿度也对其动强度的增长幅度发生重要影响，干混凝土的动态强度基本上不随应变速率的增加而变化[23]。还有，尺寸效应也是一个不应忽略的因素。

以上的很多研究都是针对恒定的加载速率而进行的，实际上，地震时大坝各部分所承受的应变速率是变化的。地震作用下，大坝各部位在不同时刻处于不同应变速率和应变历史条件。大坝各部位的强度和刚度均相应发生不同程度的变化，这些现象表明在地震作用下大坝内部的特性发生了损伤演化，这些演化因素都将对大坝的地震响应产生一定影响，值得重视。

7.4.4 对混凝土大坝抗震安全评价的几点看法和建议

从以上各国大坝抗震设防标准的讨论中可以看出，各国的安全评价标准存在较大的差别，认识很不一致。不妨做一简单比较，我国 300m 级的小湾拱坝和溪洛渡拱坝均位于Ⅷ度强震区内，按 100 年超越概率 2% 的水准，设计地震加速度分别为 $0.308g$ 和 $0.320g$。按日本标准，强震区 (相应于烈度Ⅷ度和Ⅸ度) 设计地震加速度为 $0.12 \sim 0.20g$。按俄罗斯标准，Ⅰ级大坝Ⅷ度区设计地震加速度取为 $0.06g$，同时按 $0.2g$ 进行补充分析。美国规范标准按两级设防，DBE 取重现期 200 年，则小湾和溪洛渡的设计地震加速度约相应于 $0.07g$ 和 $0.12g$(依据地震危险性分析结果)，此外，要求在 MDE 地震作用时保持蓄水能力。上述标准都按弹性分析计算地震应力, 由于各国国情不同, 材料强度的控制标准不同, 施工质量的可靠程度不同, 这种比较并不能完全反映大坝抗震设计的安全度, 但还是给我们一定的启示。值得注意的是, 各国大坝的设计地震加速度 (包括我国低烈度区的一些低混凝土坝在内)虽有差别, 但比较接近 (除拱坝外, 日本大坝坝身的设计地震加速度均等于地基加速度, 所以地震加速度取得高一些; 俄罗斯、美国等则考虑动力影响, 将大坝坝身的加速度在地基加速度基础上进行放大)。相对来说, 我国重要大坝的设计地震加速度有所偏高, 其设计加速度 (100 年超越概率 2%) 达到或接近国外 MDE 的水平。而在 MDE 作用时, 国外一般容许大坝发生一定程度的震害, 只要保持水库的蓄水能力即可。我国则要求地震时大坝的最大应力不超过材料的动态抗拉强度, 即不容许出现裂缝。我国重要大坝设计地震加速度偏高的一个原因是沿用了 1978 年规范试行本中的一个规定, 对于 I 级挡水建筑物, 设计地震烈度可在基本烈度基础上提高一度。当时参照了苏联标准中的一些规定。然而, 苏联在 1981 年施行的新规范中, 对水工建筑物取消了这一规定。这表明, 如何对重要大坝进行抗震设防也是一个值得深入研究的问题。

需要指出一点, 现有关于混凝土大坝在地震中的表现以及地震震害等的经验主要限于百米左右或百米以下的大坝。而目前我们需要建设的是 300m 级的超高拱坝或 200m 级的高重力坝, 所以有必要结合高坝的特点进行研究。

综上所述, 混凝土大坝特别是大坝、高坝的抗震安全评价是一个十分复杂而又需要加强研究的问题。特提出以下看法和建议:

(1) 我国规范要求对高度超过 250m 的大坝进行专门的抗震安全性研究[24]。日本、俄罗斯等国的规范也要求对重要大坝进行专门的研究。这意味着, 采用单一的应力控制标准来评价大坝的抗震安全性是不够的。需要指出的是, 目前所进行的一些研究, 如关于无限地基的动力相互作用影响、坝基不均匀地震动输入以及横缝影响、坝基断层影响等基本上属于弹性动力响应范畴。而国内很多专家认为: 对大坝的抗震安全性研究不应该仅限于弹性响应分析与弹性动力模型实验研究, 还应该进行非线性动力损伤分析与非线性动力模型实验研究。同时, 还应就灵敏度分析、研究设计地震动、混凝土材料动力特性等方面的不确定性对大坝动力响应的影响, 全面衡量大坝的抗震安全性。此外, 规范要求对 250m 以上的高坝进行专门研究, 而国内很多专家认为大坝研究范围可适当扩大, 对建在地震高烈度区超过 150m 的大坝 (如龙滩大坝) 最好也进行专门的抗震安全性研究。本书就是基于这一点对龙滩大坝系统进行了地震动力损伤分析。

(2) 动力分析结果表明, 像高大重力坝在地震中以双向受力为主的复杂结构, 其关键部位的应力很多处于拉–压工作状态, 应采用双轴强度准则检验坝的安全性。不少国家的规范在大坝抗震设计中已经采用了双轴强度标准[25]。

(3) 对很多高坝来说, 起控制作用的工况经常是水库为低水位时遭遇强地震作用的工况。此时，水面以上坝的上部产生最大的地震拉应力，比满库时更为不利。因为满库时静水压力作用产生的压应力可抵消一部分拉应力。不过，低水位时遭遇地震作用，坝上部发生震害，其危害作用与满库情况是不相同的，如果坝踵部位具有足够的抗力，则可建议采用不同的安全系数。

(4) 加强两级或多级抗震设防水准的研究，这对于重要大坝的抗震设防更具现实意义。为保障重要大坝的安全，提高其设防的地震加速度标准虽然在理论上是可行的，但是是以牺牲经济性为代价的。采用两级或多级抗震设防，可使大坝的抗震设计更为合理，既保障了其安全性，同时又符合经济原则。目前，美国、日本等国，房屋、桥梁等土木建筑物的抗震设计，从 2000 年开始将采用性能设计的方法，在不同风险度的地震作用下，对建筑物提出不同的性能要求。大坝的抗震设计也宜逐步向性能设计方向努力，这代表着建筑抗震设计的发展趋向，也是提高大坝抗震设计水平的需要。

(5) 加强大坝地震局部开裂损伤机理的研究与分析和局部开裂损伤后拱坝抗震安全性评价方法的研究。特别要加强混凝土材料动力特性及抗损伤特性的研究，建立合理的计算模型，全面反映加载速率与加载历史的影响，使大坝抗震安全性的评价更接近于实际。

(6) 由于失稳的发展一般是一渐进过程，所以目前正在研究应用不连续变形方法和损伤演化方法来分析大坝沿薄弱面失稳的发展过程。这样，将坝基失稳、变形和大坝的变形、应力重分布与损伤破坏发展过程相结合进行综合考虑，可以更为科学地评价大坝的安全性，这将是今后的发展方向，本书的研究就是这种新方向的一种尝试。

7.4.5　小结

应用前面章节所建立的脆性动力损伤和黏–弹–塑性动力损伤两个非线性模型对地震荷载作用下的重力坝及岩基系统进行了二维的损伤动力学有限元分析，主要分析内容包括：

(1) 在强地震荷载作用下混凝土重力坝及岩基系统的动力位移响应、坝体及岩基内的应力响应，以及坝体和基岩内损伤状态的发展过程和能量释放过程等时程分析，并根据分析结果提出了一些有工程意义的结论。

(2) 在以上分析结果的基础上，对龙滩混凝土重力坝的安全性分析进行了评价，为大坝的设计和施工提供了一定的参考。

(3) 最后，在前人工作的基础上结合本书的损伤动力学分析，对混凝土大坝系统的安全性评价进行了总结，并根据损伤动力学的观点提出了有一定参考价值的新看法和建议。

7.5   爆炸荷载作用下重力坝三维脆性动力损伤分析

7.5.1   三维重力坝分析概述

目前，我国的高坝建设处于一个快速发展的阶段，一批 300m 级的超巨型混凝土重力坝、拱坝将要兴建或正在兴建中。但是这些巨型大坝的安全性问题却至关重要，一旦这些超巨型高坝发生破坏，将会给国家和人民的生命财产带来巨大的灾难。在战争条件下或在恐怖分子的破坏活动中这些超巨型高坝可能会成为敌人进行攻击破坏的重点对象。对这些大坝在爆炸冲击等破坏荷载作用下进行动力损伤研究分析，具有非常重大的工程经济和社会政治意义。

堤坝与岩基的静、动力抗爆稳定性的安全评价目前仍处于半经验状态，理论上的定量分析基本上还属于空白。概括起来，存在以下问题：大多数动力分析都以抗地震分析为研究目标，而且在地震分析中只考虑无质量截断地基，不考虑无限地基的辐射阻尼与河谷地震动差异的影响，地震波输入仍沿用刚性边界输入；坝体应力分析以线弹性理论为基础，较少考虑坝体断裂损伤等非线性反应。高坝的冲击破坏机理与仿真目前仍属于空白领域，迄今缺乏有效的数值分析与实验手段[1]。在已有的文献当中[2,3,25]，采用连续损伤力学的方法对混凝土重力坝进行非线性二维动力损伤分析的文献虽然受到了关注，但发表的成果还不是很多。采用传统的有限元方法对混凝土重力坝进行非线性动力分析，由于没有考虑材料中瞬态微裂纹的产生、发展所造成的"材料动态劣化"对材料动力学性能的影响，因此无法对坝体在爆炸冲击荷载作用下的损坏状态进行评价。

本节的内容是在作者已经做出的二维动力损伤工作的基础[26-29] 上，建立了岩石类材料的各向异性三维脆性动力损伤有限元模型，采用北京飞箭软件有限公司的有限元 FORTRAN 源代码自动生成系统，研制了独立通用的三维各向异性动力损伤有限元 FORTRAN 程序。对文献 [30] 中的混凝土重力坝结构进行了爆炸冲击荷载作用下三维动位移、动应力和动力损伤演化、发展、破坏过程的数值模拟分析，得出了坝体和岩基内的动力损伤破坏过程的三维全部信息，这将为混凝土重力坝的抗爆炸冲击安全性能的评价与设计提供非常有价值的参考。

7.5.2   堤坝系统三维脆性动力损伤的数学分析模型

1. 堤坝系统三维初始损伤张量的估计

由于实际的岩体工程都是三维的空间的结构，其材料存在着初始损伤，故有必要在三维有限元分析中引入估计材料三维初始损伤张量的方法。对于脆性材料 (混凝土、岩石等)，三维损伤状态可用 Kawamoto 等[31,32] 给出的通过三维岩石样品的裂纹密度的统计观测值 (如立方体岩石样品的三个表面上的平均裂纹面积、个数、方向) 估计三维各向异性损伤张量的方法来确定。这些内容已经在 2.4.1 小节中给出了详细的数学分析。

三维初始各向异性损伤张量由式 (2-33)~ 式 (2-37) 给出的表达式进行计算: 需要给出岩石采样样品的以下信息: 岩石样品体积内裂缝条数的平均值 $\bar{N}$; 裂纹的平均面积 $\bar{a} = L_1 L_2$; 在 n_i 平面上裂纹的平均长度 L_i; 在 n_i 平面上裂纹的平均裂纹条数 N_i; 岩石样品表面上的裂纹三维方向角 θ_i $(i=1,2,3)$; 表面的方向法向矢量 $\{n\}$ 等。

2. 三维脆性动力损伤模型的建立

为了研究各向异性损伤状态下的基本力学概念, 需要先对式 (2-33)~ 式(2-37) 所定义的三维各向异性损伤张量, 求其特征值和特征向量 (即矩阵对角化求主值), 运算得到三维各向异性主坐标系中的主损伤变量 $\Omega_i(i=1, 2, 3)$。然后, 按式 (2-45) 构造在三维空间中各向异性的损伤模型的连续性因子张量矩阵 (或转换矩阵)$[\Psi]$, 这是一个被定义为式 (2-45) 的 9×6 阶的转换矩阵, 它将三维各向异性主坐标系统 $(x_1 x_2\ x_3)$ 中的 Cauchy 应力向量 $\{\tilde{\sigma}\} = \{\sigma_{11}, \sigma_{22}, \sigma_{33}, \sigma_{23}, \sigma_{31}, \sigma_{12}\}^T$ 转换为有效应力向量 $\{\tilde{\sigma}^*\} = \{\sigma_{11}^*, \sigma_{22}^*, \sigma_{33}^*, \sigma_{23}^*, \sigma_{32}^*, \sigma_{31}^*, \sigma_{13}^*, \sigma_{12}^*, \sigma_{21}^*\}^T$ 的转换关系 $\{\tilde{\sigma}^*\} = [\Psi]\{\tilde{\sigma}\}$。因为要保持有效应力张量的非对称性特征[28], 所以转换矩阵为 9×6 阶的。转换矩阵的形式和元素, 已经在 2.5 节中给出了详细的数学分析, 转换矩阵 $[\Psi]$ 的元素在式 (2-45) 中详细给出。

因为转换关系 $\{\tilde{\sigma}^*\} = [\Psi]\{\tilde{\sigma}\}$ 只是在三维主各向异性坐标系 $(x_1\ x_2\ x_3)$ 中表达的。在实际应用中, 它应该被转变到结构的三维笛卡儿整体几何坐标系统 (XYZ)。对三维 Cauchy 应力矢量应当按 $\{\sigma\} = [T_\sigma]\{\tilde{\sigma}\}$ 进行坐标转换, 三维空间中坐标转变矩阵式 (2-48) 的元素由坐标面的三个单位法向矢量 n_i 的方向余弦$\{l_i, m_i, n_i\}^T$ 确定。Cauchy 应力矢量在坐标系 (XYZ) 被定义为 $\{\sigma\} = \{\sigma_x, \sigma_y, \sigma_z, \sigma_{yz}, \sigma_{zx}, \sigma_{xy}\}^T$, 有效应力矢量在坐标系 (XYZ) 被定义为 $\{\sigma^*\} = \{\sigma_x^*, \sigma_y^*, \sigma_z^*, \sigma_{yz}^*, \sigma_{zy}^*, \sigma_{zx}^*, \sigma_{xz}^*, \sigma_{xy}^*, \sigma_{yx}^*\}^T$ 的形式。这是一个 9×1 阶的非对称的有效应力张量的矢量表达形式, 有效应力矢量的三维坐标转变的形式是 $\{\sigma^*\} = [T_\sigma^*]\{\tilde{\sigma}^*\}$, 针对有效应力矢量三维坐标转换矩阵 $[T_\sigma^*]$, 应改写 9×9 的方向余弦矩阵。

三维有效应力矢量和三维 Cauchy 应力矢量之间在整体几何坐标系统 (XYZ) 中的转换关系为 $\{\sigma^*\} = [\Phi^*]\{\sigma\}$, 其中, $[\Phi^*] = [T_\sigma^*][\Psi][T_\sigma]^{-1}$。

3. 脆性材料的三维弹性损伤本构模型的建立

因为应变等效的概念对各向异性的损伤状态的不足, 张我华等[29,33] 用主各向异性的损伤矢量并保留有效应力张量的非对称性, 在损伤前后内力不变和余弹性应变能等效的基础上, 发展了对称的完备正交的损伤材料的弹性本构矩阵, 可用向

量形式表示为 $\{\sigma\} = [D^*]\{\varepsilon\}$：其中，应变矢量 $\{\varepsilon\}$ 被定义在三维空间 (XYZ) 坐标系如 $\{\varepsilon_{xx}, \varepsilon_{yy}, \varepsilon_{zz}, \varepsilon_{yz}, \varepsilon_{xz}, \varepsilon_{xy}\}^T$。$[D^*]$ 是定义在三维空间 (XYZ) 坐标系下的损伤弹性本构矩阵：按第 4.2.1 小节的数学分析，定义在三维主各向异性坐标系中的损伤弹性本构矩阵，形式为 $[D^*] = [T_\sigma][\tilde{D}^*][T_\sigma]^T$，其中，$[\tilde{D}^*]$ 是各向异性损伤材料的弹性矩阵 $[\tilde{D}^*]^{-1} = [\Psi]^T[\tilde{D}]^{-1}[\Psi] = [\tilde{C}^*]$ 的逆[76]。它们的元素由第 4 章中的式 (4-37)～ 式 (4-44) 详细给出。

在实际应用中，损伤弹性本构方程也必须被转变为整体几何直角系 (XYZ) 中，通过坐标转换将给出 $\{\sigma\} = [D^*]\{\varepsilon\}$ 或 $\{\varepsilon\} = [D^*]^{-1}\{\sigma\}$，其中，$[D^*]$ 是定义在整体几何坐标系 (XYZ) 中的损伤弹性本构矩阵，$[D^*] = [T_\sigma][\tilde{D}^*][T_\sigma]^T$，$[D^*]^{-1}$ 是 $[D^*]$ 的逆，并且有 $[D^*]^{-1} = [T_\sigma]^T[\Psi]^T[\tilde{D}]^{-1}[\Psi][T_\sigma]$。

4. 三维各向异性脆性损伤速率模型的建立

在爆炸冲击荷载作用下，岩石类材料的三维脆性动力损伤发展模型，国内外学者做了一些研究工作[34,35]。大多数研究将动力损伤发展方程假定为指数形式[31,36]，因为它容易被实验测量和应用。一般常用的脆性动力损伤发展模型有两种。针对不同的材料，根据材料的失效特性，演变出了两种损伤发展准则。第一种为应力的指数函数形式[35]，另一种是以弹性损伤应变能释放率为基础的[28]。本节的计算中，上述两种准则都将被应用。

在三维各向异性情况，它们可以从第 4.4.4 小节中的数学分析结果式 (4-183) 和式 (4-184) 分别被推广为

$$\frac{\mathrm{d}\Omega_i}{\mathrm{d}t} = \begin{cases} A_i\left(\dfrac{\sigma_{\mathrm{eq}}}{1 - \Omega_i}\right)^{n_i}, & \sigma_{\mathrm{eq}} \geqslant \sigma_{\mathrm{d}i} \\ 0, & \sigma_{\mathrm{eq}} < \sigma_{\mathrm{d}i} \end{cases} \qquad (i = 1, 2, 3) \tag{7-13}$$

$$\frac{\mathrm{d}\Omega_i}{\mathrm{d}t} = \begin{cases} B_i\bar{Y}^{k_i}, & Y_i > Y_{\mathrm{d}i} \\ 0, & Y_i \leqslant Y_{\mathrm{d}i} \end{cases} \qquad (i = 1, 2, 3) \tag{7-14}$$

式 (7-13) 中，$A_i > 0, n_i > 0$ 为与荷载速率有关的各向异性材料参数，A_i 和 n_i 可通过对三个主各向异性方向的试件，分别用三点试测分析的实验估计出。式 (7-14) 中的参数 $B_i > 0, k_i > 0$ 也是材料常数，和 A_i 和 n_i 一样，可按上述方法由实验测量定出。σ_{eq} 可被看作三维空间中以某种破坏准则为基础的等效应力。$\sigma_{\mathrm{d}i}$ 可被看作当 i 方向的损伤 Ω_i 开始增长时拉应力的门槛值。上述两种损伤发展准则可以从假定损伤耗散势函数的形式得出[28]。

考虑到各向异性材料在不同方向对损伤发展响应的灵敏程度不同，也就是说各向异性材料在不同方向的损伤发展应变能释放率的响应灵敏度不同。因此张我

华等[28] 提出各向异性材料总的损伤应变能释放率的概念。其详细的定义形式和数学分析的内容在第 4.2 节式 (4-20)~ 式 (4-28) 中给出。

脆性动力损伤发展方程 (7-13) 和 (7-14) 的时间积分方法,可以按在第 4.4.1 小节中给出的数学分析式 (4-256)~ 式 (4-263) 计算完成。

5. 三维损伤结构的动力有限元方程

三维损伤结构在动力荷载作用下的有限元方程组为

$$[M]\{\ddot{U}\} + [C^*(\Omega(t))]\{\dot{U}\} + [K^*(\Omega(t))]\{U\} = \{P(t)\} \tag{7-15}$$

其中,$[M]$ 是三维单元质量矩阵,$[C^*(\Omega(t))]$ 是与时间有关的三维损伤单元的阻尼矩阵。

$$[K^*(\Omega(t))] = \int_{V_e} [B]^{\mathrm{T}}[T_\sigma]^{\mathrm{T}}[D^*][T_\sigma][B]\mathrm{d}v \tag{7-16}$$

是与时间和当前损伤状态有关的三维损伤单元的刚度矩阵。

$$\{P(t)\} = \int_{S_2} [N]^{\mathrm{T}}\{Q(t)\}\mathrm{d}s + \int_{V_e} [N]^{\mathrm{T}}\{F(t)\}\mathrm{d}v \tag{7-17}$$

是已知的三维广义节点力向量,它可能由堤坝上的水压、地震荷载、爆炸冲击荷载等组成。

$$[C^*(\Omega(t))] = \alpha^*[M] + \beta^*[K^*(\Omega(t))] \tag{7-18}$$

是与时间和当前损伤状态有关的三维损伤单元的材料阻尼矩阵。其中 α^*, β^* 为损伤材料的 Rayleigh 阻尼参数。

损伤引起了材料内的微观结构的变化,所以损伤材料的参数和内部耗散能 (内阻尼) 等也会随之发生变化。因此,损伤单元的阻尼矩阵应该和刚度矩阵一样,被看成是损伤变量的函数。严格地讲,质量矩阵也应该随损伤变化,但从质量守恒的观点来看,总质量没有损失,所以,可以作出质量矩阵与损伤状态无关的假定。

损伤对材料阻尼影响的文章不论是实验研究或是理论研究尚不多见发表。作者对损伤材料引入等效黏滞阻尼的观念,在文献 [37], [38] 中,对损伤材料,引入材料 Rayleigh 阻尼的损伤因子 η_α 和 η_β,它们可按第 4.4.7 小节中的式 (4-254)~ 式 (4-258) 确定。

在引入材料损伤状态的等效黏滞阻尼系数的概念下,损伤单元的黏滞阻尼矩阵定义为

$$[C^*(\Omega(t))] = \int_{V_e} \gamma^*(t)[N]^{\mathrm{T}}[N]\mathrm{d}v \tag{7-19}$$

其中，γ^* 为材料损伤状态的等效黏滞阻尼系数，可由材料非损伤状态的等效黏滞阻尼系数 γ，损伤结构的一、二阶振动频率 ω_1, ω_2 及损伤变量值 Ω，按下式确定：

$$\gamma^* = \eta_\gamma \gamma = \frac{1 + (1 - \Omega)^2 \dfrac{\omega_1}{\omega_2}}{1 + \dfrac{\omega_1}{\omega_2}} \gamma \tag{7-20}$$

7.5.3　爆炸荷载下重力坝的三维脆性动力损伤分析

1. 混凝土重力坝和岩基的三维有限元网格模型

应用本书中上述的三维各向异性脆性动力损伤理论模型，对文献 [30] 中建于岩基上的混凝土重力坝结构在冲击荷载作用下的各向异性动力损伤–破坏问题进行了三维脆性动力损伤有限元分析。计算模型几何参数如下：坝高 80m，顶宽 10m，底宽 50m，宽高比为 0.625，顶长 153.33m，底长 100m。坝基深度方向向下 100m，两岸坝肩宽各 100m，高 150m，边坡坡度为 1:3。堤坝材料为 C30 混凝土，岩基材料以玄武岩为主，长 100m，高 150m，边坡坡度为 1:3。堤坝材料为 C30 混凝土，岩基材料以玄武岩为主。堤坝和岩基材料的弹性模量 E_i，泊松比 ν_{ij}，容重 Q 给出如下：

坝体：$E_1 = 29.9\text{GPa}$, $E_2 = 30.0\text{GPa}$, $E_3 = 29.9\text{GPa}$；$\nu_{ij} = 0.20 (i, j=1 \sim 3)$, $Q = 2600\text{kg} / \text{m}^3$；

岩基：$E_1 = 21.0\text{GPa}$, $E_2 = 21.2\text{GPa}$, $E_3 = 21.3\text{GPa}$；$\nu_{ij} = 0.27 (i, j=1 \sim 3)$, $Q = 2400\text{kg} / \text{m}^3$。

分析中采用了等效黏滞阻尼，可由堤坝和岩基的初始阻尼比 0.05 由式 (7-19) 折算，分别为 0.55 和 0.40。

2. 爆炸冲击作用模型

荷载爆炸冲击荷载假定为导弹 (或炸弹) 击中重力坝背水坡面中部，所产生的法向冲击压力，按文献 [39] 采用图 7-17 的近似三角荷载形式，持续时间为 12ms，峰值为 120N/cm^2，作用位置为重力坝的下潮面中心，作用方向为下潮面的内法线方向，不考虑弹体的侵入效应。堤坝上游面水压考虑库水满库情况。假定坝体混凝土初始各向异性，损伤向量由式 (2-33) 计算为 $[\Omega] = \{0.01, 0.01, 0.01\}^\text{T}$，岩基计算为 $[\Omega] = \{0.07, 0.05, 0.04\}^\text{T}$，正交各向异性损伤主方向与三维几何坐标方向一致。动力方程的积分格式采用 Newmark 积分形式。计算起始时间为 $t_0 = 0$ms，终止时间为 20ms，荷载持续时间为 4～16ms，步长为 $\Delta t = 0.5$ms，计算时间步数为 40。三维单元采用边界适应能力较强的四面体单元，边界单元为三角形单元，在冲击荷载作用周围及坝体与岩基结合部位对网格进行了加密，网格剖分如图 7-18 所示。

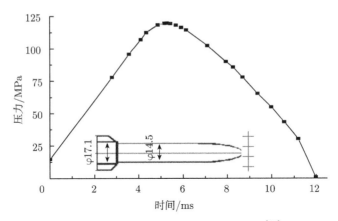

图 7-17 爆炸冲击荷载的时间历程模型[39]

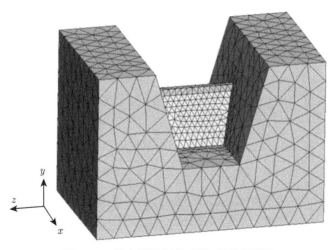

图 7-18 重力坝及坝基 (肩) 有限元模型

7.5.4 三维脆性动力损伤的模拟结果

1. 数值分析结果

图 7-19、图 7-20 分别给出的是计算终止时刻堤坝的上潮面以及下潮面第二损伤主方向的损伤值 Ω_2 分布的等值线图。由于爆炸冲击荷载的压应力波在坝体上潮水压自由面被反射,成为拉应力波[40],因而在上潮面产生了较大的拉应力,损伤发展甚至比荷载作用面 (下潮面) 更加明显。另外,由于冲击荷载作用范围较小及作用时间较短,损伤发展的局部化比较明显,在岩基中由于动应力 (衰减) 较小,损伤发展也很小。在图 7-19 的计算结果中,坝体在该方向最大损伤值为 0.634,出现在上潮面中心附近,此表面处的混凝土可能会由于张应力作用出现很多裂缝,并可能

被剥离崩落。这表现出冲击波的破甲效应，这说明坝体在爆炸冲击荷载作用后，坝体的上潮水压自由面先开裂。开裂的上潮面上的裂纹，在水库高压水头的作用下，进一步可能发生裂纹的水压胀裂，使裂纹张大，并向坝体内部扩展，严重时造成坝开裂漏水，甚至可能溃坝。

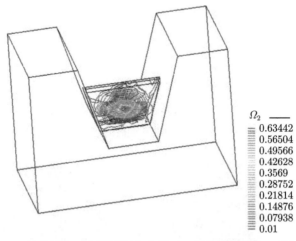

图 7-19　计算终止时上潮面损伤分量 Ω_2 分布的等值线 (后附彩图)

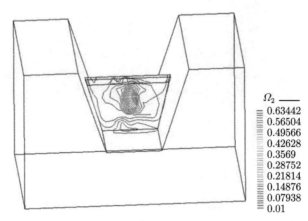

图 7-20　计算终止时下潮面损伤分量 Ω_2 分布的等值线 (后附彩图)

图 7-21、图 7-22 分别表示了 $t=10.5\mathrm{ms}$，上潮面和下潮面的第一主应力 σ_1 分布的等值线图。可以看出，应力集中的现象明显。上潮面的拉应力较下潮面更大。此后，随着时间的增加以及冲击荷载的减小，动应力向整个坝体以及岩基扩散，应力集中中心区域内的应力有所减小。

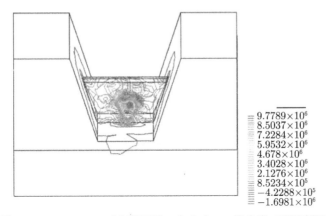

图 7-21 $t=10.5$ms 时上潮面第一主应力 σ_1 等值线 (后附彩图)

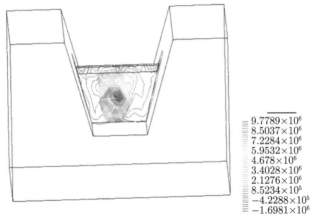

图 7-22 $t=10.5$ms 下潮面第一主应力 σ_1 等值线 (后附彩图)

由于 x 方向坝体受约束较小以及荷载作用方向的影响，该方向位移较其他两个方向大。x 向最大位移发生在 $t=12$ms 时 (较荷载峰值时刻有一定滞后)。此时堤坝和岩基中三个方向位移的最大值分别为

$$u_{\max}^- = -31.3\text{mm}, \quad u_{\max}^+ = 0.8\text{mm}, \quad v_{\max}^- = -11.4\text{mm}$$

$$v_{\max}^+ = 0.4\text{mm}, \quad w_{\max}^- = -1.9\text{mm}, \quad w_{\max}^+ = 3.1\text{mm}$$

由此可见，虽然坝体的纵向压缩变形较其他两个方向小得多，但容易引起脆性材料损伤和断裂的拉伸变形，相对来说不可忽略。此后，由于荷载的减小，压缩变形得到了一定的恢复，但拉伸变形却由于混凝土开裂，在水压胀裂的作用下，有随后不断增长和向坝体荷载作用周围以及岩基扩张的趋势。

图 7-23 描述了堤坝中损伤最严重位置 (堤坝上潮面中心附近，下文中称为 A

点) 三个主损伤方向的损伤值在冲击荷载作用下的发展情况比较，可见，损伤发展的各向异性显著。

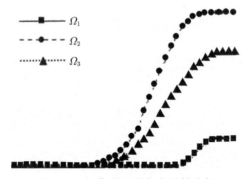

图 7-23　损伤发展的各向异性分析

图 7-24 反映了 A 点 x 方向有效应力 σ_x^* 和 Cauchy 应力 σ_x 随损伤发展的比较。可以看出，当应力水平超过损伤门槛值时，损伤开始发展。并且随着应力水平的增加损伤发展明显加快。

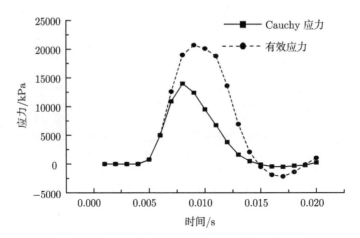

图 7-24　有效应力与 Cauchy 应力随损伤的发展

图 7-25 分别给出了考虑损伤发展和不考虑损伤发展两种情况下 A 点的 Cauchy 应力 σ_y 随时间变化的曲线。可以看出，考虑损伤发展时的应力曲线要比不考虑损伤发展时平缓，峰值也较小，可以认为损伤的发展消耗了一部分变形能，但并不能就此得出考虑损伤发展的情形结构更为安全的结论 (因为这是压应力)，损伤材料的有效应力才能反映材料内部的真实应力状态。

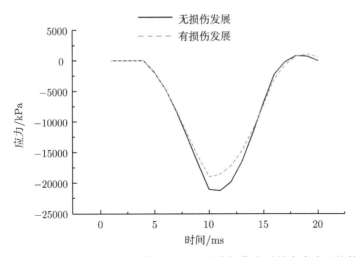

图 7-25 损伤区域内考虑损伤发展与不考虑损伤发展的应力水平比较

2. 讨论

作者课题组所研制、发展的通用的三维各向异性动力损伤有限元分析的 FOR-TRAN 程序，对混凝土重力坝在爆炸冲击荷载作用下的三维脆性动力损伤发展过程的数值分析、模拟是成功的。数值模拟结果可给出三维重力坝和基岩中的损伤发展与传播以及各种动力响应过程的直观详细描述。这种分析能给工程设计与施工提供一些有价值的参考。本节的分析可以给出以下一些结论：

(1) 结构在爆炸冲击荷载作用下损伤在很短时间内显著增长扩展。动力响应随着损伤的增长而明显地增加，并由此又影响损伤的发展与传播。

(2) 爆炸冲击荷载的峰值和持续时间对损伤的发展和扩展有重要的影响。当爆炸冲击荷载产生的动应力远高于损伤发展门槛值时，材料的损伤将会急剧增加，这对结构的安全是极为不利的。

(3) 由于爆炸冲击荷载的作用时间一般比较短，因此，损伤分布的局部效应比较明显。爆炸冲击荷载作用下三维有限元动力损伤分析的时间步长需要取得非常短。

(4) 分析计算中，在每个时间步长上和每个高斯点都必须计算并积累损伤增量、确定损伤阻尼和损伤本构矩阵，因此，需要计算和存储的信息量非常大，这对在满足精度要求下改进算法速度提出了新的要求。

(5) 坝体在爆炸冲击荷载作用下，最大损伤值出现在上潮面中心附近，此表面处的混凝土可能会由于张应力作用出现很多裂缝，并可能被剥离崩落。坝体的上潮水压自由面先开裂，这些裂纹，在水库高压的作用下可能发生进一步的裂纹水压胀裂，使裂纹张大，向坝体内部扩展，严重时造成坝体开裂漏水，甚至可能溃坝。

7.6 爆炸冲击荷载下拱坝脆性动力损伤分析

7.6.1 拱坝抗爆安全的概述

世界上有成千上万的高混凝土坝, 其中有相当一部分是拱坝。中华人民共和国成立以来建设的高坝也已经有数千座之多了, 其中也有不少是拱坝。拱坝的建造不像重力坝那样需要大量的土方工程 (包括开挖和填土碾压), 但它需要大量的混凝土工程量, 它结构紧凑, 建造技术难度较大。目前我国进入了一个快速发展的阶段, 尤其是拱坝的建设, 近十几年来在中国建造的拱坝越来越多。中国的拱坝, 它们大多数都处于人口密集和经济重要的地区。因此, 一些关键的超大型拱坝的安全, 往往关系到人民生命财产的安全, 甚至关系到国家的安全, 在战争条件下或在恐怖分子的破坏活动中, 这些超巨型拱坝可能会成为被攻击对象, 它们的安全至关重要, 对这些大坝进行在爆炸冲击荷载作用下坝体和岩基的安全分析, 具有非常重大的经济和社会政治意义。

岩石类结构的抗爆稳定性的安全评价已经开始受到重视, 并有了一些初步的研究成果[34]。在已有的文献 [41] 当中, 采用连续损伤力学的方法对混凝土拱坝进行的研究虽然受到了关注, 但发表的成果还不是很多。采用传统的有限元方法对混凝土坝进行非线性动力分析, 由于没有考虑材料中损伤以瞬态微裂纹的产生、发展为特征所造成的 "材料动态劣化" 对材料动力学性能的影响, 因此无法对坝体在爆炸冲击荷载作用下的损坏状态进行评价。

本节根据作者多年研究连续损伤力学理论[42] 的基础, 用三维各向异性脆性动力损伤模型, 分析了各类堤坝结构及其岩基在爆炸冲击荷载作用下的动力损伤问题, 成为水坝安全问题研究的热点。把损伤应变能释放率的概念引入水利工程建设的各类材料、介质中, 建立它们的脆性动力损伤演化模型, 对各种水利工程结构进行安全性评估, 是对水利工程结构建设提出的新要求。

作者的研究小组在已做出的三维动力损伤有限元分析的基础上[26,28,29,38,42], 推广了作者建立的岩石类水工材料的三维各向异性脆性动力损伤有限元理论模型, 采用北京飞箭软件有限公司的有限元 FORTRAN 源代码生成系统, 研制了三维各向异性脆性动力损伤有限元 FORTRAN 程序。它可以分别对于岩石–岩体有相互作用的各类工程结构, 例如, 混凝土拱坝、重力坝、交通隧道、水工涵洞、动力设备的基础、矿山巷道等结构和岩基的共同作用, 进行地震荷载作用下和爆炸冲击荷载作用下的数值模拟分析, 可以得出这些工程结构和岩基的位移场、应力场和损伤场以及其他有用的工程信息。

本工作中, 作者应用上述独立研制的三维各向异性脆性动力损伤有限元程序 (3-DADDFEP), 特别地对一些典型的混凝土拱坝和重力坝结构与岩基在爆炸冲击荷载作用下的瞬态动力损伤问题进行了有限元的数值分析。研究表明,在爆炸冲击荷载作用附近以及其对应坝体背面的相应位置,最易发生损伤破坏。爆炸冲击荷载的峰值和持续时间对损伤的发展和扩散有重要的影响,当爆炸冲击荷载产生的动应力远高于材料的损伤发展门槛值时,材料的损伤将会急剧增加,这对结构的安全是极为不利的;由于爆炸冲击荷载的作用时间比较短,损伤破坏的局部特征比较明显。这些研究将为混凝土大坝的抗爆炸安全性能的评价以及进一步的深入研究提供有价值的理论支持。

7.6.2　分析对象的初始损伤张量估计

由于拱坝系统 (这里所说的拱坝系统,主要包括混凝土坝体结构和周围岩石基础的地质构造) 的实际工程材料主要是混凝土和裂隙岩体结构,其中存在着以微裂纹为特征的初始损伤,故有必要在有限元分析中引入估计结构材料初始损伤张量的方法。对于脆性材料 (混凝土、岩石等),损伤状态可用 Kawamoto 等[31,32] 给出的通过岩石样品的裂纹密度的统计观测值,例如,立方体岩石样品的三个表面上的平均裂纹面积、个数、方向,估计各向异性损伤张量的方法来确定。

由于损伤引起了材料内的微观结构的变化,损伤材料的参数和内部耗散能 (内阻尼) 也会随之发生变化。因此,损伤单元的阻尼矩阵应该和刚度矩阵一样被看成是损伤变量的函数。损伤对材料阻尼影响的文章不论是实验研究或是理论研究尚不多见发表。为了便于数值分析,对损伤及非损伤材料引入等效黏滞阻尼[38]。严格讲,质量矩阵也应该随损伤变化,但从质量守恒的观点来看,总质量没有损失,所以,可以做出质量矩阵与损伤状态无关的假定。

7.6.3　拱坝脆性动力损伤的三维数值模拟的模型

1. 拱坝和坝基的有限元网格模型

应用本书中与 7.5 节所述的三维各向异性脆性动力损伤力学数学模型完全一致的方法,对建于岩基上的某混凝土拱坝在爆炸冲击荷载作用下的各向异性动力损伤–破坏问题也进行了有限元分析。计算模型主要几何参数如下:

坝高 120m,坝基深度方向向下取 120m,两岸坝肩宽各取 125m,沿河流方向取 400m。坝体材料为 C30 混凝土,岩基材料以玄武岩为主。堤坝和岩基材料的动力弹性模量 E_i,动力泊松比 ν_{ij},密度 Q 给出如下:

坝体: E_1=36.0GPa, E_2=35.6GPa, E_3=35.5GPa, $\nu_{ij} = 0.20(i, j = 1 \sim 3)$, Q=2600kg / m³;

岩基: $E_1 = 21.0$GPa, $E_2 = 21.4$GPa, $E_3 = 21.6$GPa, $\nu_{ij} = 0.27(i, j = 1 \sim 3)$。

该混凝土拱坝和周围岩基的三维数值分析的有限元网格如图 7-26 所示。

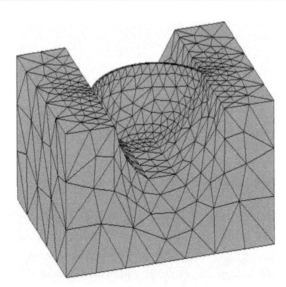

图 7-26　拱坝及坝基 (肩) 的有限元网格

2. 爆炸冲击荷载模型

爆炸冲击荷载假定为导弹 (或炸弹) 击中拱坝背水坡面中部所产生的法向冲击压力, 与 7.5 节的分析完全类似, 按文献 [39] 采用图 7-27 的近似三角荷载冲击荷载形式, 荷载持续时间为 12ms, 峰值为 120N/mm², 不考虑弹体的侵入效应。弹体对结构的爆炸冲击荷载的侵入效应, 较详细的论述在第 5.3~5.5 节算例中, 给出了一些可应用的参考。有兴趣的读者可参考它们。但是本书为了简化计算, 只考虑导弹在击中坝背水坡面弹着点的附近所产生的爆炸冲击荷载, 对于拱坝背水坡表面的法向冲击压力波, 不考虑弹体侵入坝体的材料后所引起的破碎效应, 这也是一种合理的爆炸冲击荷载形式之一, 即导弹不是穿甲弹。对于穿甲弹在坝体内引起的侵砌碎裂效应, 其分析比较复杂, 此处由于篇幅限制和内容需求, 就不做深入涉及了。

堤坝上游面水压考虑库水满库情况, 不考虑坝体与动水的耦合。假定坝体混凝土初始各向异性损伤向量为 $\Omega = \{0.01, 0.01, 0.01\}^{\mathrm{T}}$, 岩基为 $\Omega = \{0.07, 0.05, 0.04\}^{\mathrm{T}}$, 正交各向异性损伤主方向与几何坐标方向一致。系统动力方程的积分格式采用 Newmark 时间积分格式。计算起始时间为 $t_0=0\mathrm{ms}$, 终止时间为 40ms, 持续时间为 $4 \sim 16\mathrm{ms}$, 步长为 $\Delta t=0.5\mathrm{ms}$, 计算时间步数为 80。体单元采用边界适应能力较强的四面体单元, 边界单元为三角形单元, 在冲击荷载作用周围及坝体与岩基结合部位对网格进行了加密, 有限元计算网格模型如图 7-26 所示。

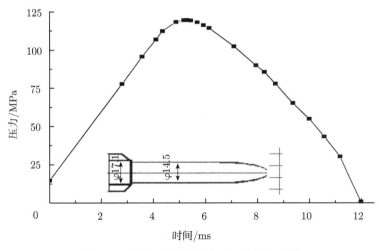

图 7-27 爆炸冲击荷载的时间历程模型[39]

7.6.4 拱坝脆性动力损伤结果分析

图 7-28、图 7-29 分别给出的是计算终止时刻堤坝的下潮面及上潮面第一损伤主方向的损伤值 Ω_1 分布的等值线图。由于爆炸冲击荷载作用范围较小及作用时间较短，损伤发展的局部化效应比较明显，在岩基中由于动应力较小，损伤发展不明显。在图 7-28 的计算结果中，坝体在该方向最大损伤值为 0.62，出现在爆炸冲击荷载作用附近。该区域内的混凝土表面可能因为裂纹萌生而剥落。

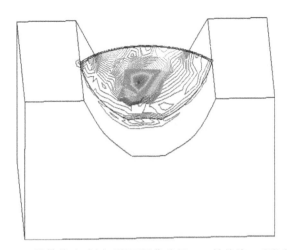

图 7-28 计算终止时刻下潮面损伤分量 Ω_1 等值线 (后附彩图)

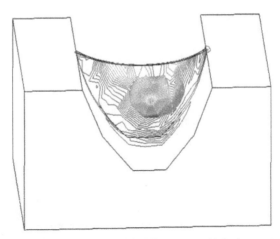

图 7-29　计算终止时刻上潮面损伤分量 Ω_1 等值线 (后附彩图)

图 7-30、图 7-31 分别表示了 $t = 10.0\text{ms}$(荷载峰值) 时，x 向正应力 σ_x 在上潮面和下潮面分布的等值线图。可以看出，应力集中的现象明显。上潮面主要是拉应力，这是由于冲击荷载压力波在自由面反射后变成拉应力波[40]，下潮面则是压应力为主。

第一主损伤方向损伤值以及损伤应变能释放率在冲击荷载作用下的发展情况。可以看出，损伤发展和损伤应变能释放率关系密切，当损伤应变能释放率较大时，损伤发展也较快。

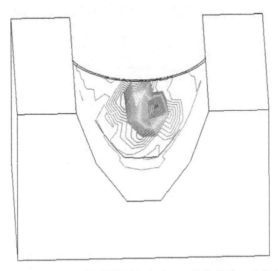

图 7-30　$t=10.0\text{ms}$ 时上潮面上应力 σ_x 的等值线 (后附彩图)

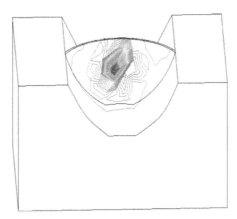

图 7-31 $t=10.0$ms 时下潮面上应力 σ_x 的等值线 (后附彩图)

图 7-32、图 7-33 反映了堤坝中损伤最严重的位置 (爆炸荷载作用点附近, 简称 A 点)

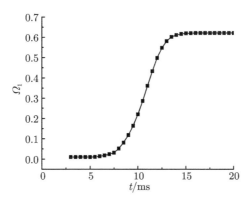

图 7-32 A 点损伤发展曲线

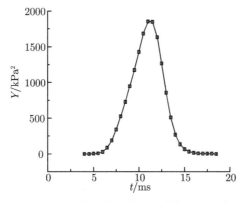

图 7-33 A 点损伤应变能释放率时程曲线

7.6.5　结果讨论

三维各向异性脆性动力损伤有限元程序 (3-DADDFEP) 能给出三维结构中任何一个截面上，任何一个高斯点上，位移向量、应变张量、应力张量、材料变形方向、结构内的损伤状态、损伤演化过程、应变能的变化过程、损伤应变能释放率的分布和变化过程，以及材料中的各种等效破坏当量值的分布和变化过程的时间历程记录。这些信息能提供结构内任意一个截面上相关量变化的云纹影视图像。其提供的信息量非常巨大，并被作为数据库文件予以记录、存储。可以随时更新、查看、成图、成视频演示。由于篇幅限制，文中仅提供极少的典型图像予以展示。

通过上述分析计算可以看出：本书研制的通用的三维各向异性脆性动力损伤有限元分析 FORTRAN 程序对混凝土拱坝在爆炸冲击荷载作用下的动力损伤发展过程的数值模拟是成功的。模拟结果可给出三维拱坝和岩基中的损伤发展与传播以及各种动力响应过程的直观详细描述。这些分析能给混凝土拱坝的防爆分析与评估提供一些有价值的理论支持。通过本节的研究、分析，主要可以给出如下的结论：

(1) 拱坝系统在爆炸冲击荷载作用下损伤在很短时间内显著增长和扩展。拱坝系统的动力响应随着损伤的增长而明显的增加，并由此又影响损伤在拱坝系统内的发展与传播。损伤发展和扩散与动力响应的增长和传播相互耦合。

(2) 由于冲击荷载的作用时间一般比较短，损伤分布的局部效应比较明显，冲击荷载的峰值和持续时间对损伤的发展和扩展有重要的影响。冲击荷载在拱坝系统产生的动应力远高于损伤发展门槛值，拱坝系统的损伤急剧增加，这对拱坝结构系统的安全是极为不利的。

(3) 爆炸冲击荷载作用下三维有限元动力损伤分析的时间步长需要取得非常短，而单元数往往又很大。分析计算中，在每个时间步长上和每个高斯点都必须计算并积累损伤增量，确定损伤阻尼和损伤本构矩阵，以及记录每个高斯点的损伤值、损伤应变能释放率，需要计算和存储的信息量非常大，这对在满足精度要求下改进算法速度提出了新的要求。

(4) 损伤发展可用损伤应变能释放率来描述，损伤应变能释放率较大时，损伤发展较为迅速。

(5) 对拱坝系统的结构，不考虑弹体的侵入坝体所引起的破碎效应，冲击压力波是一种合理的爆炸冲击荷载形式之一，也就是说，攻击拱坝系统导弹可以不是穿甲弹。但对大量土方填土的碾压式混凝土重力坝，穿甲弹在坝体内引起的侵砌碎裂效应对坝体的破坏，以及造成溃坝的攻击性更大些。

7.7 地震作用下混凝土拱坝脆性动力损伤有限元分析

7.7.1 拱坝抗震安全的概述

在 7.6 节进行了拱坝系统在爆炸冲击荷载作用下的脆性动力损伤分析，其目的是研究和评价拱坝系统的抗爆安全问题。本节将要研究、分析拱坝系统的坝体和周围岩石基础系统在地震荷载作用下的脆性动力损伤问题，其目的是研究和评价拱坝系统的抗震安全问题。

随着我国国民经济的发展，尤其是西部开发、南水北调和西电东输等一系列战略工程的实施，我国的大坝建设正处于一个快速发展的阶段，一批巨型混凝土重力坝、拱坝将要兴建或正在兴建中。这些高坝大多位于西南、西北强震频发的高地震烈度区[43]。其中，有许多拱坝的坝高在 250m 以上，库容达几十亿到几百亿立方米，装机容量达 150 万 ~1400 万 kW，设计的地震烈度在 8~9 度，坝体的最大静、动拉应力已达 7~8MPa，远超过混凝土极限抗拉强度。一旦这些超巨型高坝发生破坏，不但会对工程本身造成极大的损失，而且会破坏发电设施并在下游造成水灾，给国家和人民带来巨大灾难[30,40]。因此，对拱坝和岩石基础系统在强地震作用下进行动力损伤破坏分析研究，评价和验算其抵抗地震作用的能力，并对于工程设计给出相应的参考，具有非常重大的工程经济和社会政治意义。

混凝土大坝的抗震安全评价多以传统的力学理论为基础，由于未考虑材料中微裂纹的产生、发展所造成的"材料动态劣化"对材料动力学性能的影响，而且应力分析以线弹性理论为基础，较少考虑坝体断裂损伤等非线性反应，因此无法对大坝在地震作用下的破坏状态进行正确评价。本书将各向异性损伤力学的概念引入大坝抗震安全评价，基于 FEPG 系统开发了通用的三维各向异性脆性动力损伤有限元分析程序，并应用该程序分别对混凝土拱坝及其岩基系统在地震荷载作用下的三维各向异性脆性动力损伤过程进行了有限元分析和数值模拟。

由于地震活动的影响，可能造成重大的生命和财产损失。这些现有水坝风险评估的准确性，以及未来水坝的高效设计，是高度依赖于对水坝地震行为的正确认识。

7.7.2 拱坝系统地震损伤的三维有限元分析模型

堤坝系统在动力荷载作用下发生动力损伤的三维有限元理论分析模型已经在前面几节进行过较详细地论证。在这里要进行分析的数学理论模型与前面的基本相同，在此就不再重复，如果理解困难，可以参阅前面的章节。这里直接给出用于计算机模拟分析的数据模型。

1. 计算模拟的主要模型参数

三维拱坝系统的主要几何参数如下：坝高 120m，坝基深度方向向下取 120m，两岸坝肩宽各取 125m，沿河流方向取 400m。在此基础上考虑吸能边界，向左右、前后以及向下均再取 100m。

三维拱坝系统的主要材料参数如下：坝体的材料为 C30 混凝土，岩基材料以玄武岩为主。大坝和岩基材料的动力弹性模量 E_i，动力泊松比 ν_{ij}，密度 Q 给出如下：

坝体：$E_1 = 36.0\text{GPa}$, $E_2 = 35.6\text{GPa}$, $E_3 = 35.5\text{GPa}$, $\nu_{ij} = 0.20 (i, j = 1 \sim 3)$, $Q = 2600\text{kg/m}^3$;

岩基：$E_1 = 21.0\text{GPa}$, $E_2 = 21.4\text{GPa}$, $E_3 = 21.6\text{GPa}$, $\nu_{ij} = 0.27 (i, j = 1 \sim 3)$, $Q = 2400\text{kg/m}^3$;

边界：$E_1 = 34.0\text{GPa}$, $E_2 = 34.0\text{GPa}$, $E_3 = 34.0\text{GPa}$, $\nu_{ij} = 0.27 (i, j = 1 \sim 3)$, $Q = 2400\text{kg/m}^3$。

三维拱坝系统的初始状态参数如下：假定坝体混凝土初始损伤向量为 $[\Omega] = \{0.01, 0.01, 0.01\}^{\text{T}}$，岩基初始损伤向量按孔隙率折算 $[\Omega] = \{0.05, 0.04, 0.02\}^{\text{T}}$，取几何坐标方向与正交各向异性损伤主方向一致。计算起始时间为 $t_0 = 0.0\text{s}$，终止时间为 19.20s，步长 $\Delta t = 0.04\text{s}$，计算时间步数为 480。动力方程的积分格式采用 Newmark 时间积分形式。动力损伤发展模型为基于应力的指数模型。体单元采用边界适应能力较强的四面体单元，边界单元为三角形单元。在坝体与岩基结合部位对网格进行了加密，单元数为 2731，节点数为 749，有限元网格模型如图 7-34 所示。

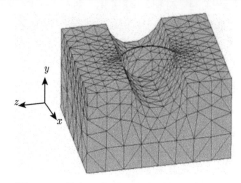

图 7-34　拱坝、岩基及吸能边界网格模型

2. 拱坝系统的主要荷载参数

大坝上游面水压考虑库水满库情况，不考虑坝体与库水的动力耦合，只考虑满库时的静水压力作用。地震作用采用唐山大地震中的记录，地震加速度记录时间为 19.20s，记录时间间隔为 0.02s。东西方向 (本书分析时的 x 向) 最大地震加速度为

-312.54cm/s^2，相当于 $-0.319g$，出现在 $t=7.58\text{s}$；南北方向 (本文分析中的 z 向) 最大地震加速度为 437.4cm/s^2，相当于 $0.446g$，出现在 $t=7.64\text{s}$；竖直方向 (本书分析中的 y 向) 最大地震加速度为 219.52cm/s^2，相当于 $0.224g$，出现在 $t=9.02\text{s}$。地震加速度时程曲线如图 7-35 所示。

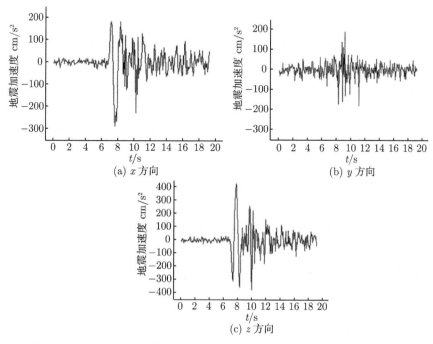

图 7-35　唐山大地震地震波在 x,y,z 三维方向的加速度时间历程的记录

7.7.3　模拟计算结果与分析

图 7-36、图 7-37 是计算终止时刻，第一主损伤值 Ω_1 在坝体下潮面和上潮面损伤分布的云图。该方向最大损伤值为 0.54，出现在坝体上部与坝肩结合部位。

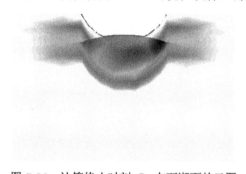

图 7-36　计算终止时刻 Ω_1 在下潮面的云图

图 7-37 计算终止时刻 Ω_1 在上潮面的云图

图 7-38、图 7-39 分别是计算终止时刻,第二主损伤值 Ω_2 在坝体下潮面和上潮面的损伤分布的云图。该方向损伤最大值为 0.23,出现在上潮面大坝与岩基结合部位。该方向损伤值较小,可能与地震加速度在竖直方向的分量较小有关。

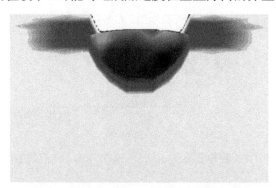

图 7-38 计算终止时刻 Ω_2 在下潮面的云图

图 7-39 计算终止时刻 Ω_2 在上潮面的云图

图 7-40、图 7-41 分别是计算终止时刻,第三主损伤值 Ω_3 在坝体下潮面和上

潮面的损伤分布的云图。该方向损伤最大值为 0.39, 出现在大坝的顶部。

图 7-40 计算终止时刻 Ω_3 在下潮面的云图

图 7-41 计算终止时刻 Ω_3 在上潮面的云图

图 7-42~图 7-44 反映了拱坝及岩基中损伤最严重点 (文中简称为 C 点) 的位移时程曲线。由于在 x 方向受约束较小, 因此这个方向的位移较大。最大位移近 3.5cm, 出现在 $t=12$s 左右, 相对于地震加速度有一定的滞后, 可能是材料发生损伤后导致结构变形增加。由于损伤发展不太明显, y 方向、z 方向的位移和对应方向的地震加速度基本是同步变化。

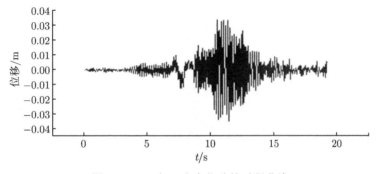

图 7-42 C 点 x 方向位移的时程曲线

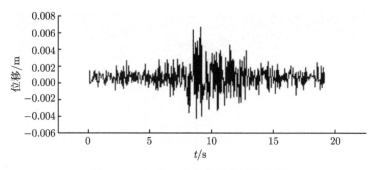

图 7-43　C 点 y 方向位移的时程曲线

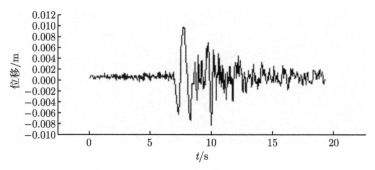

图 7-44　C 点 z 方向位移的时程曲线

图 7-45、图 7-46 分别描述了 C 点三个主损伤值以及损伤应变能释放率的时间历程曲线。对比可以看出，损伤发展跟损伤应变能释放率密切相关，在 $t=10\sim15\mathrm{s}$ 内损伤应变能释放率较大，而正是在该时间段，损伤显著增长。

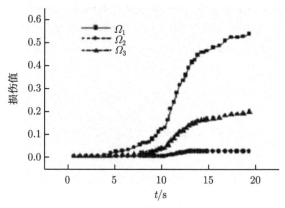

图 7-45　C 点三个主损伤值的时程曲线

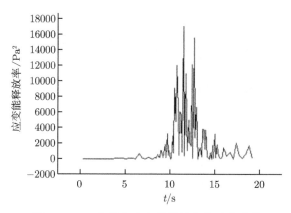

图 7-46　C 点损伤应变能释放率的时程曲线

7.7.4　结果讨论

本节利用 3-DADDFEP 程序, 对地震作用下的混凝土拱坝及其岩石基础进行了三维脆性动力损伤有限元分析, 主要得出了以下结论:

(1) 在强地震荷载作用下, 在坝体上部, 特别是在坝体和坝肩的结合部位, 容易发生破坏。由于拱坝上部截面尺寸比较小, 这一问题就更为严重。另外在大坝和岩基的结合部位, 损伤发展也比较明显。该结论与文献 [30], [44] 等的相应论述是一致的。因此, 在工程设计时需要对这些部位给以特别的关注 (如在构造上采取相应的措施), 以防止产生贯穿裂缝, 从而避免其危及大坝的安全。

(2) 损伤发展和损伤应变能释放率关系密切。损伤应变能释放率较大时, 损伤发展迅速; 损伤应变能释放率较小时, 损伤发展缓慢。

(3) 在不考虑坝体和岩基各部分地震加速度相位差的情况下, 坝体和岩基的变形基本同地震加速度步调一致, 但由于损伤的增长和扩散, 会有一些滞后。

7.8　拱坝在地震中组合荷载作用下动力损伤的分析

7.8.1　拱坝在地震中的客观研究

本节将给出拱坝在地震组合作用下的非线性地震响应的动态损伤的概念。使用三维有限元技术和适当的非线性材料本构模型与动力损伤模型相结合, 对时间积分模式进行改进, 按综合算法对拱坝在地震组合作用下进行分析。由于结构 (坝体和岩石基础) 离散的运动方程的非线性性质, 一种改进的 Newton Raphson 迭代方法, 可被用在每个时间步。分析中采用基于网格相关的硬化模量技术所定义的拉伸主应变损伤演化方法, 保证了网格的客观性, 并且容易计算累积损伤。本节所采用的处理方法, 被证明是对适应损伤增长和损伤传播两种现象的计算效率是一致的。作为该程序的应用，研究了一个典型的双曲拱坝，对它进行了损伤分析，然后将这种分析结果与线性分析的解决方案进行了比较，结果表明，由于损伤演化发展，拱坝的结构响应变化是显著的。

　　在过去的混凝土坝设计方法中，地震效应的影响通常被考虑为地震参与系数，定义为在大坝自重荷载上额外加一定比例的横向静态荷载。由于与混凝土的抗拉性能的不确定性有关，最初由 Zienkiewicz 等 [45] 提出了"无张应力"的设计准则，它已经被引入许多设计中。作为进一步的细化，可以先考虑线性动力学分析，并且，其中对坝基与水库系统的耦合是可以建模的。虽然有大量的工作对在地震作用下堤坝的线性分析已经作出，但是，非线性模型，包括在大坝裂缝扩展只是最近的成果[46,47]。在混凝土重力坝中，非线性主要来源于裂缝的形成。在混凝土中的微裂纹，被认为发生在相对较低的荷载水平下也是可能的。因此，在非均匀介质中微裂纹的开裂发展，使微裂纹数增加，并且微裂纹被连接到各个区域。而当荷载增加时，宏观裂纹便生成和发展，使裂纹方向跟随材料的主应力方向协调一致。

　　当开裂对结构的性能有重大影响时，通常采用断裂力学。在大坝工程中，断裂力学方法已被用来预测裂纹的萌生和扩展以及随后的非线性结构行为。已经有许多学者 (如 Saouma 等[46]) 解决了基于断裂力学模型的大坝静力响应分析问题，但在 2000 年以前很少有研究人员用断裂力学模型研究大坝在地震作用下的响应。其中，Feltrin 等[48] 的工作是使用离散裂缝模型结合 Hillerborg 虚拟裂缝模型。Chapuis 等[49] 提出了一种基于线弹性断裂力学结合离散裂缝模型，用有限元法分析了松平大坝裂缝的扩展。这种方法的进一步发展受到 Droz [50] 的重视，他使用了基于线弹性断裂力学 (linear elastic fracture mechanics, LEFM) 的裂纹扩展，但是，结合弥散裂缝模型来防止网格重新划分的麻烦。Ayari 和 Saomna [51] 提出了一种 LEFM 方法，分析了大坝在地震作用下的结构响应。这种方法是以离散裂纹模型为基础提出的，并且考虑了裂纹闭合对裂纹接触/冲击的影响。Bhattacharjee 和 Leger 在裂纹研讨会上的工作报告[52]，采用非线性断裂力学来研究混凝土重力坝的开裂，同时，这是根据裂缝形成并同时传播的本构模型作出的。尽管这些方法成功地解决了各种问题，这些问题考虑了裂纹尖端应力的奇异性和混凝土开裂的内在本质。但其效用局限于需要定义，例如，沿主应力 (应变) 方向非耦合行为的因素，使用了"剪切保留因子"来提供一些沿裂纹的抗剪力，显然是很任意的。当有多个裂纹形成时，在开裂点往往是失去平衡的[53]，在循环加载条件下，按裂纹闭合或张开来定义应力路径是困难的，而且此困难是处理裂缝和塑性的联合作用[54]。

　　此外，单独的断裂的数值模型需要特殊的技术，如等参元[55] 和网格重新划分技术等，线弹性断裂力学方法还可以对裂纹扩展的条件进行再估计。因此，断裂力学的应用局限于所遇到的只有少数几个定义良好的断裂问题。对于大尺度的问题，如混凝土重力坝，其中可能会有微裂纹发展，它们的效果可能不明显，尤其是在动力分析方面。按前面提到的裂纹建模方法，Bhattachariee 和 Leger [52] 的工作成功地避免了上述的一些困难。

如果采用一个简单的本构模型，并基于一些适当的参数来描述渐进式破坏[56]，以此来模拟混凝土的非线性行为，那么是可以克服上述的这些局限的。本节的主要目的是在连续损伤力学的框架内提供这样的模型。在拉伸应力作用下，脆性材料内的微裂纹中，可以将损伤视为一种弹性退化。这种材料的退化反映在结构的非线性行为中。基于连续介质损伤力学 (continuum damage mechanics，CDM) 的非线性分析提供了保守的和可信的结果。基于 CDM 机理，一些研究人员研究了混凝土坝的地震响应[57−60]。

在本研究中采用的损伤模型是一个基于弹性脆性行为的二阶张量，它最初是由 Ghrib 和 Tinawi [57] 用于混凝土重力坝的二维分析的。在本节中，这个模型被推广到拱坝的三维分析。这里采用的损伤模型既适用于各向同性材料又适用于各向异性材料，并可以用来监测由张应力造成的局部断裂。施加的荷载是地震运动引起的，在压缩下的损伤发展是不考虑的。所考虑损伤的本构关系应当能够体现出混凝土在地震作用下的非线性行为，包括应变软化效应和刚度退化效应以及当应力逆向回落时应当观察到的部分恢复效应。为了使断裂局部化，所采用的网格能客观性地满足与网格相关的硬化模量技术，该技术在本构关系中，引入了一个内部几何因子。使用该模型得到的结果表明，混凝土坝的抗震性能可以得到令人满意的预测。

7.8.2 由地震引起拱坝损伤机理的动力诠释

图 7-47 给出了在拱坝上组合荷载作用的示意图。从有限元法得到的标准位移模式，可将地震荷载作用下的拱坝系统整体的动力平衡方程离散化为

$$[M]\{\ddot{U}\} + [C^*]\{\dot{U}\} + \{P^*(\{U\})\} = \{F_{\rm st}\} + \{F_{\rm eq}\} = \{R_{\rm ext}\} \tag{7-21}$$

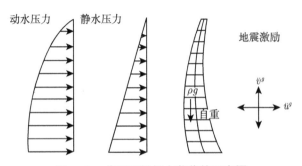

图 7-47 作用于拱坝上荷载的示意图

其中，$[M]$ 是系统的质量矩阵，由单元质量矩阵 $[M]^e$ 集成；$[C]$ 是按式 (7-18) 或式 (7-19) 系统建模的阻尼矩阵；$\{P^*(\{U\})\}$ 是恢复力向量，$\{F_{st}\}$ 是静态荷载向量，包括大坝自重和静水压力；向量 $\{F_{eq}\}$ 是沿三个整体坐标方向，均匀自由场地面加速度的地震荷载向量。

$\{U\}$ 是自由场地面运动组合荷载所引起的节点的未知位移矢量，顶上的点代表对时间的导数。在一般情况下，$\{P^*(\{U\})\}$ 是位移和应力-应变历史的一种非线性函数，它们取决于非线性本构关系。在线性分析的情况下，这个应力项可以简单地以通常的形式写成：

$$\{P^*(\{U\})\} = [K]\{U\} \tag{7-22}$$

其中，$[K]$ 是系统的刚度矩阵，它由式 (7-14) 给出的单元刚度矩阵 $[K]^e$ 集成获得。

大坝自重静荷载的矢量对每一个单元计算为

$$\{F_{st}\}^e = \int_{v_e} \rho[N]^T \left\{ \begin{array}{c} 0 \\ g \\ 0 \end{array} \right\} dv_e \tag{7-23}$$

其中，$[N]$ 是形状函数矩阵；ρ 是质量密度；g 是重力加速度。

地震激励可以定义为基岩运动或地表的刚性基础激励。在第一种情况下，动力输入可以应用于下列方式之一：(a) 加速度历程，(b) 速度历程，(c) 应力 (或压力) 历程，(d) 作用于岩石基或一定的边界面的力的历程。在第二种情况下，地震加速度转化为体积力。第二种方法是常用的结构工程方法，因为在大多数情况下，只有自由场运动是已知的。假设，在结构基础的自由场激励是由于刚体的运动 $u^G(t), v^G(t)$ 和 $w^G(t)$ 的结果，地震激励的荷载向量为

$$\{F_{eq}\}^e = -[M][T_u^G T_v^G T_w^G] \left\{ \begin{array}{c} \ddot{u}^G(t) \\ \ddot{v}^G(t) \\ \ddot{w}^G(t) \end{array} \right\} \tag{7-24}$$

其中，标记 G 代表刚体运动。矩阵 T_u^G, T_v^G 和 T_w^G 是结构表面运动与自由场运动 $u^G(t)$, $v^G(t)$ 和 $w^G(t)$ 之间的对应分量的变换矩阵。同样，$\ddot{u}^G(t)$, $\ddot{v}^G(t)$ 和 $\ddot{w}^G(t)$ 分别是沿着水平、垂直、横向的地震加速度历程。对于大坝-水库相互作用的水动力压力，采用附加的水质量估算技术。这给许多实际问题提供了一个流体动力学压力合理的近似。

对于结构的动力分析，当结构受到动力加载时，数值模拟中的阻尼应当能够体现系统中的能量吸收。在岩石和混凝土中，材料阻尼主要是材料的滞后性 (即假定与频率和刚度无关)，但在数值分析中，由于问题的路径依赖性，难以体现这种类型的阻尼。另外，由于缺乏在地震荷载作用下混凝土坝阻尼机理的实验结果，这种阻尼的建模是一项艰巨的任务。因此，对目前的分析，Rayleigh 黏滞阻尼 (与刚度–质量成比例的阻尼阵)，被许多研究者[27,38,52] 所采用。这里分析中的阻尼阵就是按第 4.4.8 小节，由作者发展提出的式 (4-238)∼ 式 (4-254) 所给出的建模方法来实现的。所采用的 Rayleigh 阻尼参数 α^*, β^* 是在对应的损伤下，由系统的两个基本频率比所确定的比例系数来确定的，通常在堤坝基频上对混凝土是 3%∼7%。刚度矩阵 $[K^*(\Omega(t))]$ 是由第 7 章中式 (7-16) 给出的非线性割线刚度矩阵，其中，$[D^*]$ 被 $[\tilde{D}^*]$ 定义在正交各向异性损伤空间中，用损伤切线本构矩阵替换，这在第 4 章中已经推导过。

由于混凝土已被假定为一个弹–脆性材料，上述修改了的本构矩阵，应当包括混凝土的脆性行为。一般在地震中，大坝是受到应变率为 $(10^{-4}\ \mathrm{s}^{-1} < \varepsilon < \mathrm{s}^{-1})$ 的高应变率的交变激励，结构安全是由抗拉强度与相应的裂缝控制。因此，混凝土由地震造成的损伤主要是来自拉伸应力。另外，当应力是压缩时，假定材料保持其原有的强度，除非是非常高的压缩应力引起的碎裂现象发生，在地震荷载作用下，这种情况通常不常见。这意味着对所有的分量，可以提出一个线性弹性关系的假设。根据 El-Aidi 和 Hall 的文献 [61]，在阻尼矩阵中，与质量成比例的那项也被省略了，因为它会在时间积分的过程中，提供一些人为的数值稳定性结果。

7.8.3 混凝土材料本构关系中的动力损伤行为

由于等效应变的概念[8] 对各向异性损伤状态不适用，张我华等[26,29,37,39,42] 基于等效内力和等效互补的弹性能量，采用主各向异性损伤张量和非对称有效应力张量，开发出一种对称的各向异性弹性损伤本构矩阵。

在脆性材料的情况下，根据主应力是拉伸还是压缩，对第 4 章中定义的损伤本构关系进行进一步修改，包含在压缩应力状态下不提供损伤发展的效应。此外，值得强调的是，当应力是压缩的，该材料保留其原来的损伤强度，不产生新的损伤发展导致的强度损失。在本模型中，总的能量耗散率是由非弹性变形所引起非弹性耗散 $\{\sigma\}^{\mathrm{T}}\{\dot{\varepsilon}_{\mathrm{in}}\}$ 和由内部变量的变化所引起的内部耗散 $\{Y\}^{\mathrm{T}}\{\dot{\Omega}\}$ 所组成的。这可以被描述为

$$\mathrm{d}\Phi^*/\mathrm{d}t = \{\sigma\}^{\mathrm{T}}\{\dot{\varepsilon}_{\mathrm{in}}\} + \{Y\}^{\mathrm{T}}\{\dot{\Omega}\} \geqslant 0 \tag{7-25}$$

其中，$\mathrm{d}\Phi^*/\mathrm{d}t$ 是总能量耗散率；$\{\varepsilon_{\mathrm{in}}\}$ 是非弹性应变矢量；$\{Y\}$ 是与损伤向量 $\{\Omega\}$ 和 $\{\sigma\}$ 有关的各向异性损伤应变能释放率；$\{\dot{\Omega}\}$ 是主损伤向量的速率。由第 4 章

中式 (4-73)、式 (4-78) 和式 (4-108)、式 (4-138) 给出。损伤应变能释放率的表达式，由式 (4-20)～ 式 (4-28) 给出，对黏–弹–塑性重新用式 (4-180) 和式 (4-181) 表示。

不等式方程 (7-25) 在所有荷载情况下，总会导致一个正值。但 $\partial[D^*]/\partial\{\Omega\}$ 将是负值，因此 $\{Y\}$ 将始终是正值，并且 $\{\Omega\}$ 是一个不可逆的变量，它的值只能增加或保持不变，于是 $\{\dot\Omega\}$ 总是为正或零。对于非弹性耗散，$\{\sigma\}^{\mathrm{T}}\{\dot\varepsilon_{\mathrm{in}}\}$ 可以考虑以下四种荷载工况：弹性区域内的加载/卸载和非弹性 (损伤) 区的加载/卸载。

在弹性区域中，$\{\dot\varepsilon_{\mathrm{in}}\}$ 将始终为零，无非弹性应变能的耗散。在非弹性区域，加载 (即 $\{\sigma\} > 0$) 会导致损伤值增加，从而导致 $\{\dot\varepsilon_{\mathrm{in}}\}$ 的增加和正能量的耗散；卸载时，将导致弹性响应 (因此 $\{\dot\varepsilon_{\mathrm{in}}\}$ 将保持不变)，也就没有非弹性应变能耗散。

在混凝土结构的抗震性能中，即使在强烈的地震下，似乎在压缩荷载下，基本是无损伤的，因为压应力与混凝土抗压强度比较，是普遍较低的[58]。由 Bazant 和 Lin[62] 提出，并被 Ghrib 和 Tinawi[57] 应用于任何与时间有关的实际瞬态荷载模型，因此，也能被用于地震分析。

众所周知，混凝土和土工材料最终表现出应变软化，导致强度的完全丧失。在这些材料中，割线模量随着应变减小[56]。对于大体积的混凝土，有一种从单向拉伸实验得到的典型应力–应变关系显示于图 7-48 中。在开始时，直到高达最大应力的 60%，材料的应力和应变之间都存在线性关系。而后，微裂纹在试样内发展，在曲线中表现为至拉伸强度的非线性特征曲线。在峰值后的区域，在试样的最薄弱截面上有更多的微裂纹在发展 (断裂过程区，FPZ)。而且，它们随着变形的增加，引起拉伸强度从峰值 f_{t}' 到零的持续减少。形成越来越多的微裂纹，直到最后它们凝聚形成宏观裂纹。在峰值后的区域，所有的断裂能量都消耗在 FPZ。这种材料的行为称之为应变软化[63]。因此，混凝土材料的应力–应变关系分为两个区域：① 从 0 到 f_{t}'；② 软化区。三角应力–应变图假设被广泛地应用于单轴加载中。这给出了线性应变软化关系。但不同的实验证据表明，采用一个初始陡峭地下降，并尾随有长尾巴的阶跃应变软化曲线的假设，更符合实际[63]。因此，根据图 7-49，指数型应变软化模型为

$$
\begin{aligned}
\sigma(\varepsilon) &= E\varepsilon, & \varepsilon \leqslant \varepsilon_0 \\
\sigma(\varepsilon) &= f_{\mathrm{t}}'[2\mathrm{e}^{-\alpha(\varepsilon-\varepsilon_0)} - \mathrm{e}^{-2\alpha(\varepsilon-\varepsilon_0)}], & \varepsilon_0 < \varepsilon < \varepsilon_{\mathrm{cr}} \\
\sigma(\varepsilon) &= 0.0, & \varepsilon \geqslant \varepsilon_{\mathrm{cr}}
\end{aligned}
\tag{7-26}
$$

其中，f_{t}' 是拉伸强度；ε_0 是相应的应变门槛值；E 是弹性模量；α 是一个无量纲常数。在上述关系中，采用了一个最大的应变 $\varepsilon_{\mathrm{cr}}$，其值不得超过应变软化，并与 Bazant[64] 给出的研究结果一致。在本节的研究中，$\varepsilon_{\mathrm{cr}}$ 的值是在当其相应的应力

等于 $0.02 f_t'$ 时计算得到的, 这是一个合理的值. 于是有

$$\varepsilon_{cr} = \varepsilon_0 + \frac{\ln\left[\dfrac{2 + \sqrt{4 - 4\lambda}}{2\lambda}\right]}{\alpha} \tag{7-27}$$

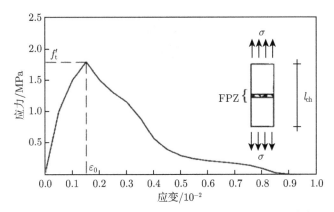

图 7-48　大体积混凝土的典型拉应力–应变实验曲线[63]

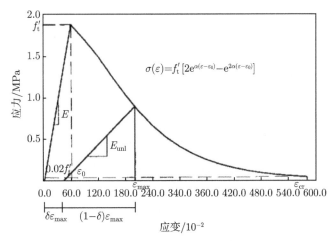

图 7-49　大体积混凝土中应力–应变曲线的指数软化模型裂纹及张开/关闭准则[63]

当 $\lambda = 0.02$ 时,

$$\varepsilon_{cr} = \varepsilon_0 + 4.6/\alpha \tag{7-28}$$

如果单位面积的断裂能量 G_f 定义为

$$G_f = l_{ch} g_t \tag{7-29}$$

其中，g_t 是材料总能量的上限，其应力–应变曲线下的总面积为[56]

$$g_t = \int_0^\infty \sigma(\varepsilon) \mathrm{d}\varepsilon = \frac{3f_t'}{2\alpha} + \frac{f_t'^2}{2E} \tag{7-30}$$

l_{ch} 是特征长度。从式 (7-29) 和式 (7-30)，常数 α 为

$$\alpha = \frac{3}{\varepsilon_0 \left[\dfrac{2EG_f}{l_{ch} f_t'^2} - 1 \right]} \geqslant 0.0 \tag{7-31}$$

其中，特征长度 l_{ch} 是一个几何常数，它是作为测量样品中的 FPZ 的长度引进的，且等于与裂缝正交的该单元的长度。参数 l_{ch} 在制定单位体积比能 (应力–应变曲线下的面积) 与按式 (7-29) 定义的单位面积的断裂能量 G_f 的关系时起作用。利用式 (7-29) 可以保障材料消耗的能量守恒。

式 (7-31) 中，括号内的项，其分母应该是正的。于是，$l_{ch} \leqslant 2EG_f/f_t'^2$ 给出了保证网格的客观性的准则。较大的 l_{ch} 值，对应较大的断裂过程区域，并且，材料脆性也强。对大于此限制的值，材料行为变脆 (即当应力达到峰值后，没有应变软化特性)，然而在小的特征长度的情况下，这个准则可用于对材料的应变软化特性建模[57]。

根据应变能等效的假设，各向异性损伤参数可以按文献 [33]，[37] 中的条款，用杨氏模量定义为

$$\Omega_i = 1 - \sqrt{E_i^*/E_i} \tag{7-32}$$

因此，从式 (7-26) 可得，在单轴的情况下，更适合的损伤变量定义为

$$\Omega = 1 - \sqrt{\left(\frac{\varepsilon_0}{\varepsilon}\right) \left[2\mathrm{e}^{-\alpha(\varepsilon-\varepsilon_0)} - \mathrm{e}^{-2\alpha(\varepsilon-\varepsilon_0)} \right]} \tag{7-33}$$

在上述方程中，损伤参数的定义，可以用图 7-50 中的图形来解释。从这个图中，可给出损伤参数的另一种表示为

$$\Omega = 1 - \sqrt{\frac{\triangle OBC \text{面积}}{\triangle OAC \text{面积}}} \tag{7-34}$$

其中，面积 $\triangle OBC$ 表示存储在损伤的材料中的或该损坏的材料可恢复的弹性能量，并且，$\triangle OAC$ 面积是等效的非损伤材料的弹性能[57]。应当指出的是，在三维情况下，在三个主方向有三个主损伤变量。

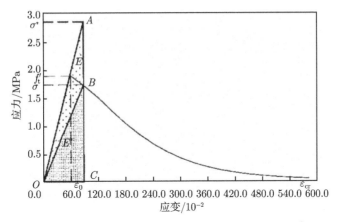

图 7-50 基于应变能等效假设的损伤参数的定义[63]

众所周知的是, 引入的特征长度意味着在网格中使用的单元尺寸的大小是受限制的, 但是, 对通常用于混凝土大坝的抗震分析的材料参数, 通过局部处理的方法可以得到一个合理的网格尺寸, 在非局部处理的概念中, 则相反。非局部处理的方法虽然避免了基于网格方向的偏差, 但需要提供足够细化的网格。

高加载速率和加载历史的影响必须在大坝抗震分析中受到重视[63,64]。应变率对材料性能的影响考虑为一个动力放大因子 (DMF)。应当注意的是, 在动力荷载作用下, 由于惯性和黏性增加的材料的阻尼, 已经被明确地考虑到动力平衡方程中。根据混凝土在动力荷载下断裂性能的文献, 在混凝土坝抗震分析中, 取拉伸强度和断裂能 20%的那个动力放大因子, 似乎是足够的[65,66]。如果地震荷载被认为是循环荷载, 当应力的符号由拉应力变为压缩时, 裂缝趋于闭合。在这种变化过程中, 混凝土不能恢复其全部变形。据图 7-49, 最大应变的一些部分是非弹性的、永久的。Dahlblom 和 Ottosen[67] 介绍了一个由最大发展的主应变对应的开裂 $\delta = 0.2$ 是非弹性的。因此, 总应变分为两部分: 弹性 $\varepsilon_{\rm e}$ 部分和非弹性 $\varepsilon_{\rm in}$ 部分。

$$\varepsilon = \varepsilon_{\rm e} + \varepsilon_{\rm in} = \varepsilon_{\rm e} + \delta\varepsilon_{\max} \tag{7-35}$$

应该指出的是, 如果式 (7-32) 应用于主应变和三维情况, 将有三个这样的方程。此外, 当应力状态的变化从拉伸到压缩时, 先前得到的最大拉伸主应变将保持不变, 并且由于裂缝的闭合, 该材料被假定为具有其原来的刚度特性。可以发现: 按卸载路径重新对裂纹加载, 直到主应变大于其最大值 $\varepsilon_{\max}$, 当应变小于 $\varepsilon_{\rm in}$ 时, 它应该代表裂缝是闭合的。于是图 7-49 中, 卸载再加载模量等于

$$E_{\rm unl} = E\frac{(1-\Omega)^2}{1-\delta} \tag{7-36}$$

7.8.4　动力方程的时间积分算法

在空间中的控制偏微分方程离散化后，所得到的方程可以对于时间进行积分。时间积分部分是整个分析环节中的一个重要方面，因为求解方案的效率、经济性和准确性在很大程度上取决于它。在发展时间域的运动方程积分的高效算法方面，已经做了大量的工作。在众多的研究者中，Belytschko[68]，Hilber 等 [69]，以及 Valli-appan 和 Ang [70] 已经报道了一些常用的直接积分方法的评价。

广泛应用于结构动力学的隐式算法包括 Houbolt 方法、Wilson-θ 方法和 Newmark 系列参数方法等。应该指出的是，由于离散化的运动方程的非线性性质，对于混凝土的本构关系，最理想的是使用一个所谓的以多次校正预测为模式的迭代处理方法，例如，对每一个时间步上的线性方程组，用改良的 Newton Raphson 法。但是，半离散方程的高阶模态是离散过程中的伪次生贡献，不代表控制微分方程。因此，为了获得稳定性，它通常被看作是可取的，并且往往是必要的方法。为了除去高频模态分量的参与，激活某种形式的算法阻尼是一种尝试。在目前的研究中，损伤演化和/或裂缝的张开/关闭是本问题非线性的根源。在前面的章节中所描述的各种本构模型，包括当荷载逆向转回时，刚度等级的重新集成技术，都会导致严重的响应僵硬化现象，并可能在模型中引入附加的冲击波。因此，使用一个控制高频模态数值耗散的算法，是非常重要的。在 Newmark 参数系列中，就实现了无条件的稳定性，其所提供的两个参数的限制为：$\gamma \geqslant 0.5, \beta \geqslant 1/4(\gamma + 1/2)^2$。在该方法中，可能会产生的数值耗散量可以连续地被参数 γ 控制。当 $\gamma = 0.5$ 时，该方法不具有耗散性。对于一个固定的时间步长，在该方法中的耗散量是当 γ 超过 0.5 的值时的一个关于 γ 的增函数。还有一种以一组无条件稳定的参数为系列的单步长公式，称为 $\alpha-$ 方法[70]，已经被证明具有改进算法阻尼的功效特性，它可以被自由参数 α 连续地控制。当 $\alpha = 0.0$ 时，耗散量可推荐的范围为 $-1/3 \leqslant \alpha \leqslant 0$。所以，该方法是无条件稳定的，而且具有二阶精度以及良好的高频耗滤波特性。在本节的研究中，改进的 $\alpha-$方法用于了积分运算[71]。该方法对随时间的变化的位移和速度在第 N 个时间步长使用的 Newmark 公式为

$$
\begin{aligned}
\{U^N\} &= \{U^{N-1}\} + \Delta t \{\dot{U}^{N-1}\} + \frac{1}{2}\Delta t^2[(1 - 2\beta\{\ddot{U}^N\}] \\
\{\dot{U}^N\} &= \{\dot{U}^{N-1}\} + \Delta t[(1 - \gamma)\{\ddot{U}^{N-1}\} + \gamma\{\ddot{U}^{N+1}\}]
\end{aligned}
\tag{7-37}
$$

对修正的运动方程

$$
\begin{aligned}
&[M]\{\ddot{U}^N\} + (1 + \alpha)[C^*]\{\dot{U}^N\} - \alpha[C^*]\{\dot{U}^{N-1}\} + (1 + \alpha)[K^*]\{U^N\} \\
&- \alpha[K^*]\{U^{N-1}\} = (1 + \alpha)\{R_{\text{ext}}^N\} - \alpha\{R_{\text{ext}}^{N-1}\}
\end{aligned}
\tag{7-38}
$$

其中，β 和 γ 是 Newmark 的系数；α 是控制数值耗散的参数。为了实现无条件稳

定性和二阶精度, 其值应在以下范围:

$$\alpha \in \left[-\frac{1}{3}, 0\right], \quad \beta = \frac{1}{4}(1-\alpha)^2, \quad \gamma = \frac{1}{2} - \alpha \tag{7-39}$$

在时间 $N\Delta t$ 将其代入速度和加速度, 借助于上述方程中 $(N-1)\Delta t$ 时的位移, 下列增量形式的运动方程, 在时间步长 N, 对一个特定的迭代 $k+1$ 可得到

$$\left[\frac{1}{\beta\Delta t^2}[M] + \frac{(1+\alpha)\gamma}{\beta\Delta t}[C^*] + (1+\alpha)[K^*]\right]_k^N \{\Delta U^N\}_{k+1}$$

$$= -\alpha\{R_{\text{ext}}^{N-1}\} + (1+\alpha)\{R_{\text{ext}}^N\}$$

$$+ [M]\left\{\frac{1}{\beta\Delta t^2}[\{U^{N-1}\} + \Delta t\{\dot{U}^{N-1}\} + (\frac{1}{2} - \beta)\Delta t^2\{\ddot{U}^{N-1}\}]\right\}$$

$$+ [C^{*N}]_k\left\{-(1+\alpha)[\{\dot{U}^{N-1}\} + (1-\gamma)\Delta t\{\ddot{U}^{N-1}\}]\right.$$

$$+ \frac{\gamma(1+\alpha)}{\beta\Delta t}[\{U^{N-1}\} + \Delta t\{\dot{U}^{N-1}\} + \left(\frac{1}{2} - \beta\right)\Delta t^2\{\ddot{U}^{N-1}\}]\right\}$$

$$+ \alpha[C^{*N-1}]\{\dot{U}^{N-1}\} + \alpha\{P^{*N-1}\}$$

$$- \left[\frac{1}{\beta\Delta t^2}[M] + \frac{\gamma(1+\alpha)}{\beta\Delta t}[C^*]\right]_k^N \{U^N\}_k - (1+\alpha)\{P^{*N}\}_k \tag{7-40}$$

或以一种简单的形式:

$$[\bar{K}^{*N}]_k\{\Delta U^N\}_{k+1} = \{\Delta R^N\}_k \tag{7-41}$$

时间 N 的第 $k+1$ 个位移增量等于:

$$[U^N]_{k+1} = \{U^N\}_k + \{\Delta U^{N-1}\} \tag{7-42}$$

在每一个时间步的开始, 作为一个对 $\{U^N\}_1$ 的估计, 要用到前一步时间步长的位移 $\{U^{N-1}\}$, 因为系统矩阵是根据这个位移计算的。通过预测-校正技术与改良的 Newton Raphson 法相结合来解决上述的非线性方程。

7.8.5 计算机算法实现

在 7.7 节描述过的本构关系和损伤模型在一个拉格朗日非线性动力有限元程序中被实施了。

线性等参元的应用是因为其对于以断裂为基础的模型, 具有最优异的局部化处理功能[52,57]。预期损伤存在区域的单元尺寸, 必须满足最大容许单元维数的准则。此外, 在所有区域, 单元的尺寸应该是满足波的传播准则的。在该方法中, 每个单元中的损伤演化是可以被确定的, 从而可以对损伤传播和损伤增长来建模。脆性材料采用的应力–应变定律如下: 每个点局部定义的损伤变量是通过直接修改该单元的相应行为得到的。应变是在每个积分点计算的, 并且以在高斯点的平均值作

为整体单元行为的代表。在各向同性情况的一般假定下，特征长度等于垂直于裂纹方向的单元长度，并且它可以近似地定义为单元体积的三次方根。主应变可从一个单元的平均应变得到，平均应变可从该单元的面积上计算得到，而且，该单元的特征长度 l_{ch} 可以用于计算损伤变量，由此得到本构矩阵。本构矩阵是根据每个单元的损伤状态和裂纹的张开/闭合来更新的。在每个单独的高斯点的应力从各自的总应变和最近的矩阵 $[\tilde{D}^*]$ 计算得到。单元的刚度矩阵也使用相同的 $[\tilde{D}^*]$ 来更新。因此，系统的刚度矩阵将会在每一个时间步长内，由于裂纹的状态时而从开启到关闭的改变，而发生变化。可以假定，开裂启动时一个点的最大拉伸主应变大于 ε_0，裂纹的方向被假定为在损伤点正交于最大拉伸主应力。

预测结构在地震荷载作用下破坏后的响应需要特殊的数值分析技术。对以断裂分析为基础的混凝土结构，由于高度局部性损伤或分岔模式，标准的弧长法[72]可能对其不收敛[54]。因此，需要在一个时间增量中，用改进的 Newton Raphson 法对动力平衡方程进行迭代。由此，在每次迭代中计算了总位移后，再计算应变，并在元素的中心取平均值，然后再确定其相应的主应变。下一步，可能会发生两种不同的情况：

(1) 如果单元在上次时间步骤中已经损伤，根据该主应变 ε 的值，有三种不同的情况可能会出现：

• 如果 $\varepsilon \geqslant \varepsilon_{\max}$，则单元是处在加载阶段。从式 (7-33) 计算损伤值，然后更新 $\varepsilon_{in} = \delta\varepsilon$ 和 $\varepsilon_{\max} = \varepsilon$。

• 如果 $\varepsilon_{in} \leqslant \varepsilon \leqslant \varepsilon_{\max}$，则该单元处于卸载阶段，但裂缝是张开的。使用前一时间步的损伤值作为当前的损伤：$\Omega = \Omega_{old}$。

• 如果 $\varepsilon_{in} \leqslant \varepsilon$，则裂纹闭合，且单元处于压缩状态。按假定无损发展可计算。

(2) 如果单元没有损伤，主应变小于 ε_0，对非损伤的单元应采用弹性性能计算。否则，如果 $\varepsilon > \varepsilon_0$，则在所有的候选单元中，首先在特定的迭代中启动软化，采用最高拉伸应变能密度。然后，只允许每个迭代中有一个新的软化单元产生，即在一个特定的时间步长内，执行几个迭代就可以了。

• 计算出损伤变量后，就可以计算出本构矩阵和应力。从这些单元的应力来确定该单元的内力向量为

$$\{P^*\}_e = \int_{v_e} [B]^T \{\sigma^*\}_e dv_e \tag{7-43}$$

• 集成上述力矢量给出了该迭代中的全局恢复力向量，它将用于下一次迭代，检查每次迭代中不平衡力的收敛性。该收敛准则被定义为

$$f_{norm} = \frac{\|\{\Delta R\}_{n+1}^k\|}{\|\{\Delta R\}_{n+1}^1\|} \leqslant Tol \tag{7-44}$$

其中，$\|\{\Delta R\}_{n+1}^k\|$ 是在 $n+1$ 时间和第 k 步迭代步中的不平衡力向量的欧几里得

范数；$\|\{\Delta R\}^1_{n+1}\|$ 是在 $n+1$ 时间和第一次迭代的不平衡力向量的欧几里得范数。误差 Tol 是给定的公差。当 $f_{\text{norm}} \leqslant$ Tol(比如说 10e^{-10})，或是在指定的时间步长内迭代次数超过预先指定的值 (例如 10) 时，求解便晋级到下一个时间步长。

7.8.6 地震中拱坝复杂荷载响应的数值结果

前几节所描述的计算模型，被应用于拱坝承受地震荷载的分析。为了经济的计算，选定一个小双曲拱坝作为研究对象，大坝的荷载选取 Koyna 大地震的两个地震荷载分量 (纵向的和垂直的)。地震波由基础垂直地传播向大坝。Koyna 的地震记录按 Richter 规范定为里氏 6.5 级，导致地面运动的峰值加速度沿横向为 $0.49g$，沿垂直方向为 $0.34g$，如图 7-51 所示。

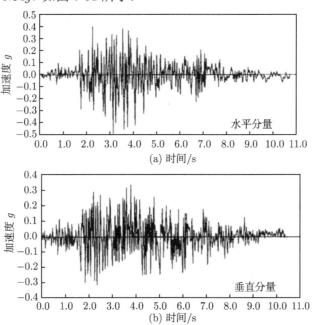

图 7-51 Koyna 地震的地面加速度记录

大坝的几何形状被理想化为：高度为 36m；顶峰长度为 72m，在坝基的最大宽度为 10m；坝顶部的厚为 2m。大坝按八节点等参单元离散 (图 7-52)。

整个坝采用相对细而均匀的网格划分，厚度方向采用两个单元。所选择的网格尺寸满足开裂过程中发生应变软化所需的最大特征长度准则。在该研究中，不包括坝与基础的相互作用，大坝被假定固定在其基础上。为了使大坝的抗震性能分析研究可信，网格模型中包括了基础部分，这种分析是非常必要的。作者对这种类型的大坝和重力坝以及拱坝的分析研究都作出过一些成果，这其中使用到有限元和边界元 FE-BE 耦合的方法[73-75] 和吸收能量边界单元的方法进行研究分析[42]。在本节的三维分析中，这样的建模没有被包括在内。

该大坝材料特性是：$E=36.0\times10^6$kPa, $\nu=0.20$, $\rho = 2400.0$ kg/m^3, $f'_t = 1.667\times10^3$ kPa, $G_f = 210.0$ N/m。

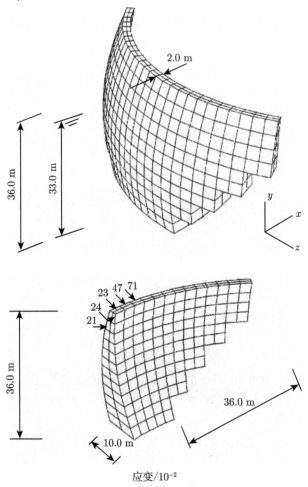

图 7-52　拱坝几何结构与有限元网格离散模型

为了包括高应变率对地震的动力作用的影响，需要将拉伸强度和断裂能增加 20% 来计算。考虑黏性阻尼，取其阻尼比为 $\zeta = 0.05$，它与当前的刚度成正比。

荷载是由坝体自重、水库作用的静水压力和动水压力，以及 Koyna 地震波的横向和垂直的分量共同作用组成的。满库容的水位被假定为 33m 高。其流体动力学效应被近似地在纵向方向上的添加附加质量来替代。在时域中，使用 α–方法进行时间积分，取 $\alpha = 0.1$ 和时间步长为 0.002s。对作用大坝的 Koyna 地震记录使用了两种不同的比例因子 3.5 和 3.75 进行了分析。

图 7-53～图 7-55 显示了在三个不同时间时的损伤模式图。

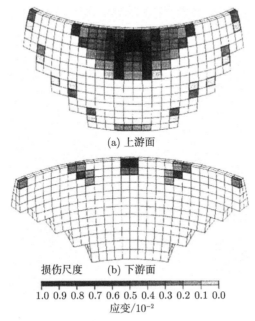

(a) 上游面

(b) 下游面

损伤尺度

1.0 0.9 0.8 0.7 0.6 0.5 0.4 0.3 0.2 0.1 0.0
应变/10^{-2}

图 7-53 以 Koyna 地震的 3.5 倍缩放因子，在时间 3.0s，记录的堤坝两侧破坏模式

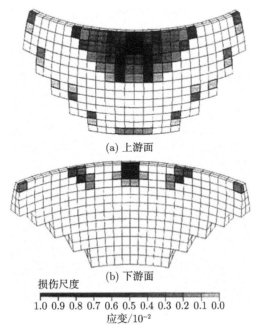

(a) 上游面

(b) 下游面

损伤尺度

1.0 0.9 0.8 0.7 0.6 0.5 0.4 0.3 0.2 0.1 0.0
应变/10^{-2}

图 7-54 以 Koyna 地震的 3.5 倍缩放因子，在时间 3.4s，记录的堤坝两侧破坏模式

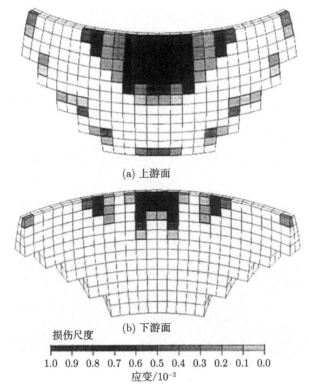

(a) 上游面

(b) 下游面

损伤尺度

1.0　0.9　0.8　0.7　0.6　0.5　0.4　0.3　0.2　0.1　0.0

应变/10^{-2}

图 7-55　以 Koyna 地震的 3.5 倍缩放因子记录的拱坝在最终时间的破坏模式

　　由于地基的无限刚度，应力集中引起了坝基的损伤。大坝的上游水运动期间，损伤局部化出现在坝中央悬臂顶端 (图 7-53)。

　　在大坝的下一个逆向运动时，其上游面的单元进一步软化，会在坝下游剖面形成裂纹 (图 7-55)。之后，没有额外的损伤发生，而且振动模态主要是由两个主要裂纹区的裂纹打开和关闭来体现的。

　　图 7-56~图 7-58 是对这两个不同的比例因子分别作出的。正如预期的那样，较高的损伤值出现在中心悬臂的顶端。

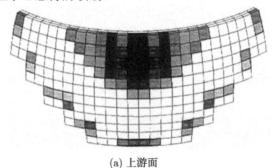

(a) 上游面

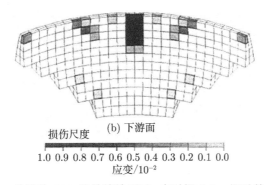

(b) 下游面

损伤尺度

1.0 0.9 0.8 0.7 0.6 0.5 0.4 0.3 0.2 0.1 0.0
应变/10⁻²

图 7-56　以 Koyna 地震的 3.75 倍的缩放因子,在时间 3.0s,记录的堤坝两侧破坏模式

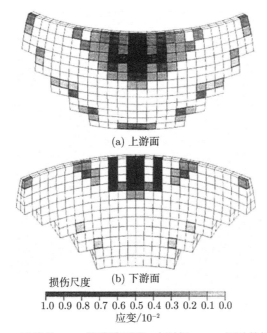

(a) 上游面

(b) 下游面

损伤尺度

1.0 0.9 0.8 0.7 0.6 0.5 0.4 0.3 0.2 0.1 0.0
应变/10⁻²

图 7-57　以 Koyna 地震的 3.75 倍缩放因子,在时间 3.4s,记录的堤坝两侧破坏模式

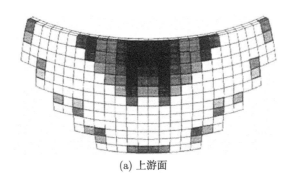

(a) 上游面

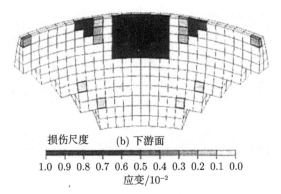

损伤尺度　　(b) 下游面

1.0 0.9 0.8 0.7 0.6 0.5 0.4 0.3 0.2 0.1 0.0

应变/10^{-2}

图 7-58　以 Koyna 地震的 3.75 倍缩放因子记录的拱坝在最终时间的破坏模式

图 7-59 和图 7-60 分别为在不同的比例缩放因子下坝顶中心悬臂处位移和加速度时间历程的波峰之间的对比。

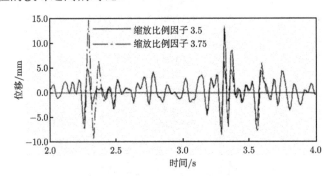

图 7-59　不同的缩放因子下坝顶中心悬臂处水平位移的时间历程

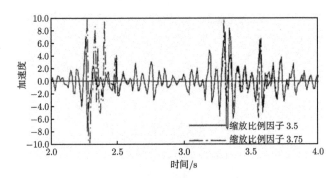

图 7-60　不同的缩放因子下坝顶中心悬臂处水平加速度的时间历程

图 7-61 和图 7-62 中显示了一些单元中的损伤同由文献 [58] 所定义的全局损伤指标一起演化的时间历程，该全局损伤指标由下面的公式给出：

$$\Omega_{\text{global}} = \frac{\sqrt{\sum_e \int_{v_e} \Omega^2 \mathrm{d}v_e}}{\sqrt{\sum_e \int_{v_e} \mathrm{d}v_e}} \tag{7-45}$$

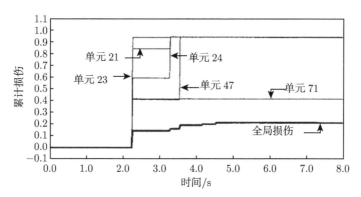

图 7-61　3.5 倍的 Koyna 地震缩放因子下, 一些单元中记录的累积损伤时间历程

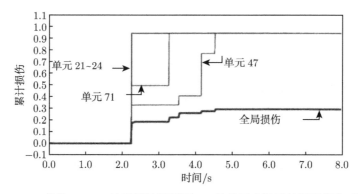

图 7-62　3.75 倍的 Koyna 地震缩放因子下, 一些单元中记录的累积损伤时间历程

损伤的演变图 7-61 和图 7-62 的比较表明, 在两个不同的缩放比例因子下, 不同的单元有相对不同的损伤演化表现。

在图 7-63～图 7-65 中, 给出了在下游面和上游面选择的某些单元中, 法向应力的变化状态。

这些图形表明, 开裂后, 抗拉强度完全消除了。如图 7-63～图 7-65 所示, 在大坝上游侧的单元 24, 21, 23, 其在 x 方向和 y 方向的法向应力是相对于在 z 方向的法向应力比较小, 这表明裂缝是在横向扩展的。线性和非线性解的比较表明, 拉伸应力可以达到 4.0MPa, 这远超过混凝土的抗拉强度。此外, 可以看出, 在地震过程中的压应力低于混凝土的抗压强度, 因此, 在拉伸和压缩退化的情况下, 损伤分析不需要使用两个单独的内部损伤变量就可以得到相近的结果。

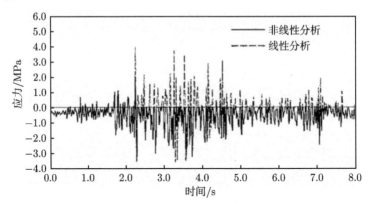

图 7-63　3.5 倍的缩放因子下单元 24 中应力 σ_{zz}^* 的时间历程

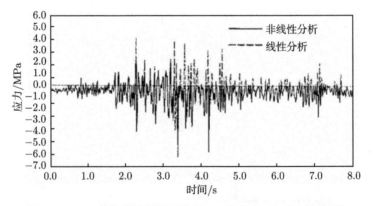

图 7-64　3.5 倍的缩放因子下单元 21 中应力 σ_{zz}^* 的时间历程

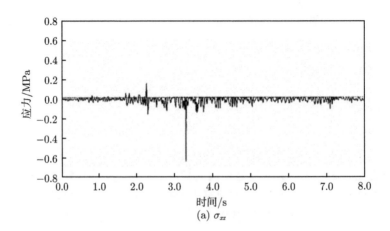

(a) σ_{xx}

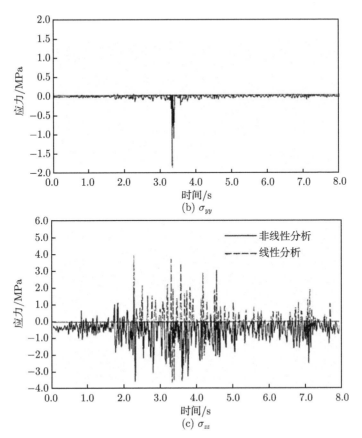

图 7-65　3.5 倍缩放因子下, 单元 23 中的法向净应力的时间历程

参 考 文 献

[1] 张楚汉, 王光纶. 混凝土坝破坏机理与安全稳定分析的前沿问题, 水利、水电工程科学前沿. 北京: 清华大学出版社, 2002.

[2] 何蕴龙, 陆述远, 段亚辉. 重力坝地震动力响应分析. 世界地震工程, 1998, 14(3): 32–36.

[3] 陈健云, 林皋, 李静. 高拱坝的非线性开裂静动力响应分析. 世界地震工程, 2001, 17(3): 85–90.

[4] 夏宏良, 蒋作范, 李学政, 等. 龙滩水电站枢纽区工程地质条件概述. 水力发电, 2003, 10: 30–33.

[5] 肖峰, 欧红光, 王红斌. 龙滩碾压混凝土重力坝设计. 水力发电, 2003, 10: 41–44.

[6] 欧红光, 狄原涪, 冯树荣. 龙滩水电站碾压混凝土重力坝设计. 红水河, 2001, 20(2): 21–24.

[7] Kachanov L. Introduction to continuum damage mechanics. Martinus Nijhoff Pubshers, 1986, 54(2): 481.

[8] Lemaitre J. A Course on Damage Mechanics. Berlin Heidelberg New York: Springer-Verlag, 1992.

[9] Lemaitre J, Chaboche J L. Mechanics of Solids. Cambridge: Cambridge University Press, 1990.

[10] Kachanov L. Continuum model of medium with crack. J. of Engg. Mech. Division., ASCE, 1982, 106: 1039–1051.

[11] Krajcinovic D, Fonseka G U. The continuous damage theory of brittle materials, Part I general theory. Trans. ASME, J. of Appl. Mech., 1981, 48: 809–824.

[12] 水利电力部. 水工建筑物抗震设计规范 (SDJ10-78). 北京：水利电力出版社, 1979.

[13] Yeh C H. Tensile stresses in arch dams// Proceeding of China-US Workshop on Earthquake Behavior of Arch Dams. Beijing, China, 1987: 279–289.

[14] U. S. Bureau of Reclamation. Design of criteria for concrete arch and gravity dams. Engineering Monograph, 1977, (19).

[15] Guide to select seismic parameters. ICOLD Bulletin, 1989: 72.

[16] Committee on Safety Criteria for Dams. Safety of Dams-Flood and Earthquake Criteria. National Academy Press,1985.

[17] CDSA. Dam safety guidelins. 1995.

[18] Raphael J M. Tensile strength of concrete. ACI Journal, 1984, 81(2): 158–165.

[19] Cbopra A K. Earthquake analysis, design and safety evaluation of concrete arch dams// Proc. Tenth world Conference on Earthquake Engineering. 1992, 13: 6763–6772.

[20] Bischoff P H, Perry S H. Compressive behaviors of concrete at high strain rates. Materials and Structures, 1991, 24: 425–450.

[21] Javier M L, Ross C A. Review of strain rate effects for concrete in tension. ACI Material Journal, 1998, 95(6): 735–739.

[22] Comité Euro-International du Béton. CEB-FIP model code, 1990. Trowbridge, Wiltshire, UK: Redwood Books, 1993.

[23] Rossi P, Jan G M, Mier V. Effect of loading rate on the strength of concrete subjected to uniaxial tension. Material and Structures, 1991, 27: 422–424.

[24] Bui Quoc T. Cumulative damage concepts with interaction effect consideration for fatigue or creep// Proc.6-th Int. Conf. SMIRT. P. L., 9/1, 1981, 32: 346–355.

[25] Krajcinovic D. Continuous damage mechanics revisited: basic concept and definitions. J. Appl. Mech., 1985, 52: 829–834.

[26] 张我华, 邱战洪, 余功栓. 地震荷载作用下堤坝及岩基的脆性动力损伤分析. 岩石力学与工程学报, 2004, 23(8), 1311–1317.

[27] 张我华, 陈云敏, 金冀. 损伤材料的动力响应特性. 振动工程学报, 2000, 13(2)：211–224.

[28] Zhang W H, Valliappan S. Continuum damage mechanics theory and application, part I – theory, part II – application. Int. J. Damage Mechanics., 1998, 7: 250-273, 274–297.

[29] Zhang W H, Valliappan S. Analysis of random anisotropic damage mechanics problem of rock mass, partI-probabilistic simulation, partII-stitistical estimation. J. Rock mechanics and Rock Engineering, 1990,23(1):91–112;23(3): 241–259.

[30] 王良琛. 混凝土坝地震动力分析. 北京: 地震出版社, 1981.

[31] Kawamoto T, Ichikawa Y, Kyoya T. Deformation and fracturing behaviour of discontinuous rock mass and damage mechanics theory. Int. J. for Num. and Analy. Meth. Geomechanics, 1988, 12(2): 1–30.

[32] Kyoya T, Ichikawa Y, Kawamoto T. A damage mechanics theory for discontinuous rock mass// 5th Int. Conf. Numerical Method. in Geo-mechanics. 1985: 69–480.

[33] Valliappan S, Zhang W H, Murti V. Finite element analysis of anisotropic damage mechanics problem. J..Engg. Frac. Mech., 1990, 35(6):1061–1076.

[34] 高文学, 刘运通, 杨军. 脆性岩石冲击损伤模型研究. 岩石力学与工程报.2000, 19(2): 153–156.

[35] Kachanov L M. Introduction to continuum damage mechanics. Martinus Nijhoff Publishers, Brookline MA02146, USA, 1986.

[36] Marigo J J. Modelling of brittle and fatigue damage for elastic material by growth of micro-voids. Engg. Fracture Mech., 1985, 52: 593–600.

[37] Zhang W H. Numerical analysis of damage mechanics problems . Sydney: School of Civil Engineering University of New South Wales, Australia, 1992.

[38] Zhang W H, Murti V, Valliappan S. Influence of anisotropic damage on vibration of plate. Sydney: University of N. S. W, Australia, 1990.

[39] Yu W, Sun X, Wang S, et al. Analysis of launching safety of the warhead of artillery-fired missile// Wang Y J, et al. Proc. on Progress in Safety Science and Technology, Part. B. Int. Symp. 2004' ISSST , Science Press Beijing / New York, 2002, 3: 1500–1502.

[40] 王立利. 应立波基础. 北京: 机械工业出版社, 1983.

[41] 陈健云, 林皋, 李静. 高拱坝的非线性开裂静动力响应分析. 世界地震工程, 2001, 17(3): 85–90.

[42] Zhang W H, Cai Y Q. Continuum damage mechanics and numerical application. Berlin-Heidelberg: Springer –Verlag GmbH, 2008.

[43] 李德玉, 陈厚群. 高拱坝抗震动力分析和安全评价. 水利水电技术, 2004, 1: 45–48.

[44] 林皋, 陈健云. 混凝土大坝的抗震安全评价. 水利学报, 2001, 2: 8–15.

[45] Zienkiewicz O C, Valliappan S, King I P. Stress analysis of rock as a no-tension material. Geotechnique, 1968, 18: 56–66.

[46] Saouma V E, Bruhwiler E, Boggs H L. A review of fracture mechanics applied to concrete dams. Dam Engineering, 1990, 1: 41–57.

[47] Peakau O A, Batta V. Seismic cracking behaviour of concrete gravity dams. Dam Engineering, 1994, 1: 5–29.

[48] Feltrin G, Wepf D, Bachnmn H. Seismic cracking of concrete gravity dams// DGEB Publication 4, German Society for Earthquake Engineering and Structural Dynamics Hannover. 1990.

[49] Chapuis I, Rebora B, Zilnmermann T. Numerical approach of crack propagation analysis in gravity dams during earthquakes// Proceedings of 15th ICOLD Congress, Q. 57, Lausanne, R. 26, 1985: 451–474.

[50] Droz P. Numerical modelling of non-linear behaviour of massive un-reinforced concede structures. Swiss Federal Institute of Technology. Lausanne, French, 1987.

[51] Ayari M L, Saouma M E. A fracture mechanics based seismic analysis of concrete gravity dams using discrete cracks. Engineering of Fracture Mechanics, 1990, 35: 587–598.

[52] Bhattacharjee S S, Leger P. Seismic cracking and energy dissipation in concrete gravity dams. Earthquake Engineering and Structural Dynamics, 1993, 22: 991–1007.

[53] Onate E, Oliver J, Bugeda G. Finite element analysis of nonlinear response of concrete dams subjected to internal loads// Bergan P, Bathe K J, Wunderlich K. Europe US Symposium on Finite Element Method for Non-linear Problems (Trondheim). Berlin, 1986: 653–671.

[54] de Borst R. Computation of post-bifurcation and post-failure behaviour of strain softening solids. Computers and Structures, 1987, 25: 211–224.

[55] Murti V, Valliappan S. The use of quarter point element in dynamic crack analysis. Engineering Fracture Mechanics, 1986, 23(3): 585–614.

[56] Lubliner J, Oliver J, Oiler S, et al. A plastic-damage model for concrete. International Journal of Solids and Structures, 1989, 25(3): 229–326.

[57] Ghrib F, Tinawi R. An application of damage mechanics for seismic analysis of concrete gravity dams. Earthquake Engineering and Structural Dynamics, 1995, 24: 157–173.

[58] Cervera M, Oliver J, Faria R. Seismic evaluation of concrete dams via continuum damage models. Earthquake Engineering and Structural Dynamics 1995: 24: 1225–1245.

[59] Cervera M, Oliver J, Manzoli O. A rate dependent isotropic damage model for the seismic analysis of concrete dams. Earthquake Engineering and Structural Dynamics, 1996, 25: 987–1111.

[60] Valliappan S, Yazdchi M, Khalili N. Earthquake analysis of gravity dams based on damage mechanics concept. International Journal for Numerical and Analytical Methods in Geomechanics, 1996, 20: 725–751.

[61] El-Aidi B, Hall J F. Nonlinear earthquake response of concrete gravity dams. Part I and Part 2. Earthquake Engineering and Structural Dynamics, 1989, 18: 853–865.

[62] Bazant Z P, Lin F L. Non-local smeared cracking model for concrete fracture. Journal of Engineering Mechanics ASCE, 1988, 114: 2493–2510.

[63] Bruhwiler E. Fracture of mass concrete under simulated seismic action. Dam Engineering, 1990,1(3): 153–175.

[64] Bazant Z P. Snapback instability at crack ligament tearing and its implication for fracture micromechanics. Cement and Concrete Research, 1987, 17(6): 951–967.

[65] Bruhwilcr E, Wittmann F H. Failure of concrete subjected to seismic loading conditions. Engineering Fracture Mechanics, 1990, 35: 565–571.

[66] Reinhardt H W, Weerheijim J. Tensile fracture of concrete at high loading rates taking account of inertia and crack velocity effects. International Journal of Fracture, 1991, 51: 2462–2477.

[67] Dahlblom O, Ottosen N S. Smeared crack analysis using generalized factious model. Journal of Engineering Mechanics, ASCE, 1990, 116: 55–76.

[68] Belytschko T. An overview of semi-discretization and time integration procedures// Belytschko T, Hughes T J R. Computational Methods for Transient Analysis. Elsevier: New York, 1983, 1: 1–65.

[69] Hilber H M, Hughes T J R, Taylor R L. Improved numerical dissipation for time integration algorithms in structural dynamics. Earthquake Engineering and Structural Engineering, 1977, 5: 283–292.

[70] Valliappan S, Ang K K. A method of numerical integration. Computational Mechanics, 1989, 5: 321–336.

[71] Miranda I, Fercncz R M, Hughes T R. An improved implicit-explicit time integration method for structural dynamics. Earthquake Engineering and Structural Dynamics, 1989, 18: 643–653.

[72] Crisfield M A. A fast incremental/iterative procedure that handles snapthrough. Computers and Structures, 1981, 13: 55–62.

[73] 李鸿波, 张我华, 王亚军. 混凝土拱坝在爆炸荷载作用下脆性动力损伤有限元分析. 浙江大学学报 (工学版), 2007, 41(1): 29~33.

[74] 李鸿波, 张我华, 陈云敏. 爆炸冲击荷载作用下重力坝三维各向异性脆性动力损伤有限元分析. 岩石力学与工程学报, 2006, 25(8): 1598~1605.

[75] 李鸿波, 张我华, 邱战洪. 用三维有限元分析混凝土重力坝及其岩基结构在爆炸冲击荷载作用下的各向异性脆性动力损伤力学问题. 2005 两岸工程力学研讨会, 2005.

[76] Valappan S, Zhang W H, Murti V. Finite element analysis of anisotropic damage mechanics problems. J. of Engg. Frac. Mech., 1990, 35: 1061–1076.

彩　　图

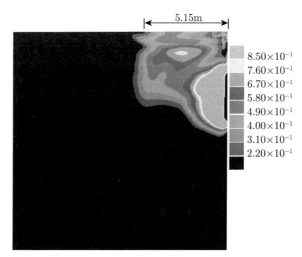

图 5-9　计算损伤等值线损伤标量超过 0.22[36]

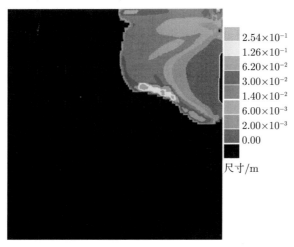

图 5-10　计算的碎片的平均尺寸等值线 [36]

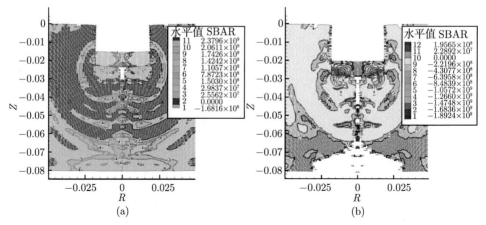

图 5-15　圆平板弹头冲击混凝土靶标造成的平均应力场和损伤场的模拟 [21]

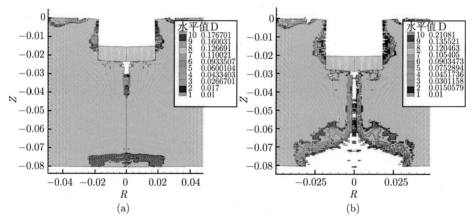

图 5-16　靶标中损伤场的模拟 [21]

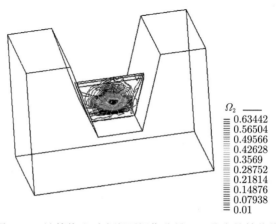

图 7-19　计算终止时上潮面损伤分量 Ω_2 分布的等值线

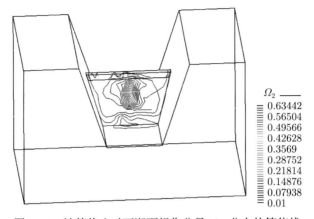

Ω_2 ——
0.63442
0.56504
0.49566
0.42628
0.3569
0.28752
0.21814
0.14876
0.07938
0.01

图 7-20　计算终止时下潮面损伤分量 Ω_2 分布的等值线

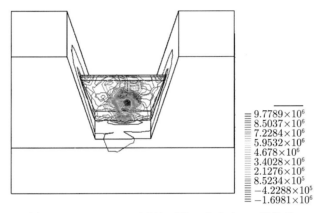

9.7789×10⁶
8.5037×10⁶
7.2284×10⁶
5.9532×10⁶
4.678×10⁶
3.4028×10⁶
2.1276×10⁶
8.5234×10⁵
−4.2288×10⁵
−1.6981×10⁶

图 7-21　$t=10.5\mathrm{ms}$ 时上潮面第一主应力 σ_1 等值线

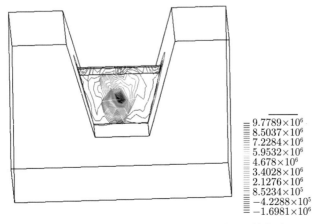

9.7789×10⁶
8.5037×10⁶
7.2284×10⁶
5.9532×10⁶
4.678×10⁶
3.4028×10⁶
2.1276×10⁶
8.5234×10⁵
−4.2288×10⁵
−1.6981×10⁶

图 7-22　$t=10.5\mathrm{ms}$ 下潮面第一主应力 σ_1 等值线

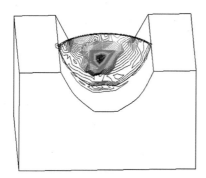

图 7-28　计算终止时刻下潮面损伤分量
Ω_1 等值线

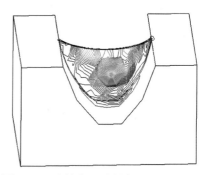

图 7-29　计算终止时刻上潮面损伤分量
Ω_1 等值线

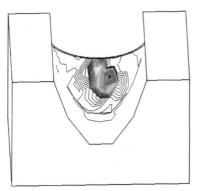

图 7-30　$t=10.0\text{ms}$ 时上潮面上应力
σ_x 的等值线

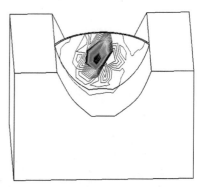

图 7-31　$t=10.0\text{ms}$ 时下潮面上应力
σ_x 的等值线